« ESPACES RURAUX »

races d'hier
pour l'élevage de demain

Annick Audiot

Ouvrage publié avec le concours

du Bureau des Ressources Génétiques,
du Conservatoire du Patrimoine Biologique Régional de Midi-Pyrénées
et de la Fédération des Parcs Naturels Régionaux de France

INSTITUT NATIONAL DE LA RECHERCHE AGRONOMIQUE
147 rue de l'Université, 75007 Paris

© INRA Paris, 1995 - ISBN : 978-27380-0581-6
© Éditions Quae, 2023 - ISBN : 978-2-7592-3823-1

à Julien, Marie, Justine

Nous sommes les Héritiers de ceux qui sont morts,
Les Associés de ceux qui vivent,
La Providence de ceux qui naîtront.

Edmont About (1828-1885)

Remerciements

Ce travail s'inscrit dans la filiation des recherches des généticiens qui, les premiers, ont alerté sur le risque d'impasse génétique vers laquelle conduisait inéluctablement une application généralisée des techniques modernes de sélection et sur l'intérêt des races locales dans certains systèmes d'élevage.

Je tiens particulièrement à exprimer ma reconnaissance à Jean-Claude Flamant et Bertrand Vissac qui ont su tisser la "fibre conservatoire" grâce à laquelle j'ai pu me forger un mode de raisonnement, toile de fond du présent ouvrage, et qui m'ont soutenue et aidée de leurs remarques et de leurs suggestions aux différentes phases de la conception et de la rédaction. Je ne saurais oublier Bernard Bibé pour sa pertinente implication à l'origine de mes premières années d'activité.

Cette synthèse se nourrit de l'expérience acquise au cours des multiples rencontres, sur le terrain, avec les "vrais acteurs de la conservation", les éleveurs. Ils ont su me communiquer leur attachement à leurs races : Qu'ils trouvent ici l'expression de ma profonde gratitude.

L'implication et le soutien de la Fédération des Parcs Naturels de France, au début des années 80, ont été déterminants. Merci à tous ceux, nombreux, qui ont contribué à initier et à mettre en oeuvre cette action.

Merci également au Conseil Régional de Midi-Pyrénées et à son Président Marc Censi qui m'ont donné les possibilités d'organisation et d'animation d'une action régionale, à tous les collègues et partenaires de l'INRA, des Instituts Techniques, du Bureau des Ressources Génétiques, de l'UNLG, du CEREOPA, de la Société d'Ethnozootechnie, du CNRS et bien d'autres encore ... qui m'ont aidée à aller plus loin ; nombre d'informations sont empruntées à nos collaborations, ils se reconnaîtront !

Le manuscrit a été également lu par Michel Chauvet, François Vallerand, Roger Cassini et Jean-Jacques Lauvergne qui m'ont fait bénéficier de leurs conseils et critiques constructives. Je leur en sais sincèrement gré.

Le concours de Gilles Cattiau, auquel je dois l'iconographie et la conception de l'illustration de la page de couverture, a été d'une qualité essentielle.

Les encouragements de mes compagnons au quotidien de l'Unité de Recherches sur les Systèmes Agraires et le Développement de Toulouse m'ont été précieux : qu'ils soient assurés de mon amitié.

Préface

Cet ouvrage participe aux préoccupations sur la conservation des ressources génétiques de la planète qui se sont faites jour dans les années 1960 : l'appel du Club de Rome et sa traduction politique dans la Conférence de Stockholm. Ces premières alertes étaient focalisées sur l'avenir des ressources naturelles, renouvelables ou minières. Or l'évolution de l'économie de l'élevage et de l'intensification de ses systèmes de production conduisent à des réflexions analogues concernant les races animales.

En effet, les perfectionnements considérables des techniques de l'amélioration génétique ont mis aussi les espèces domestiques en situation d'érosion. Les méthodes de la sélection animale ont été de mieux en mieux ajustées dans leurs objectifs aux exigences des filières économiques de production alimentaire de masse, et de plus en plus efficaces dans leur mise en oeuvre, encadrées notamment en France par des constructions législatives cohérentes avec les finalités recherchées. Pour des raisons d'efficacité, elles ont limité leur intervention à un nombre limité de grandes races, tandis que les autres, réputées moins compétentes dans ce nouveau contexte, étaient menacées de disparition.

Ceci résultait de la volonté politique de dynamiser les filières animales par la transformation du système paysan : l'élevage est devenu le support d'une industrie des productions animales dont la vache Holstein, le porc Large White, ainsi que les souches de volailles de quelques firmes mondiales, constituent le matériel animal incontournable dans les unités d'élevage les plus performantes.

Pour apprécier l'ampleur des progrès scientifiques accomplis, il faut aussi souligner le rôle exemplaire joué par les recherches physiologiques sur l'animal dans le progrès des connaissances médicales : qu'il s'agisse de la procréation et du transfert d'organes, les relations entre biologistes médicaux et animaux ne sont plus séparés que par les règles de l'éthique.

Les chercheurs en biologie et génétique animales ont donc baigné de plus en plus dans une culture technique et scientifique ayant perdu de vue les fonctions multiples qui sont celles de l'élevage et des éleveurs dans toute société, qu'elle soit développée ou pas. Les progrès techniques et la transformation des filières ont eu pour conséquence la banalisation des produits animaux dans l'activité marchande agro-alimentaire. Pourtant le monde animal se place fondamentalement à l'interface entre l'homme et le monde végétal. Historiquement, l'animal a constitué l'auxiliaire du travail des paysans pour le labour. Il a été longtemps la seule source d'énergie pour assurer les déplacements, et sa contribution à la fonction d'habillement est évidente (la laine, les peaux, les fourrures). Or de nouvelles attentes de la société, où l'animal peut retrouver des fonctions spécifiques, sont aujourd'hui en cours d'émergence : demandes en produits alimentaires typés, tourisme rural et loisirs, aménagement de l'espace conduisant à mettre en avant l'intérêt de certaines formes d'élevage extensif.

Face aux transformations touchant les élevages et la fonction des animaux, certains chercheurs ont réagi à partir des années 60 selon leur propre référence à une culture agraire, référence souvent marquée par leurs origines familiales. Certains ont fait le pari, à travers la mise en place de travaux pluridisciplinaires, d'inscrire leurs recherches zootechniques à l'interface avec les recherches en sciences humaines et les sciences écologiques. Tel était le cas du programme pionnier engagé sur l'Aubrac par les ethnologues du CNRS et du Musée des Arts et Traditions Populaires : une race d'hommes exploitait là une race de bovins régionale. Tel était le cas aussi de l'interdisciplinarité tentée et réussie avec les éleveurs des vallées pyrénéennes du Luchonnais (Action DGRST "Gestion des Ressources Naturelles Renouvelables"') : les modèles techniques de transformation de l'élevage étaient inadaptés au matériel animal local, aux contraintes comme aux possibilités des ressources pastorales.

Annick Audiot a travaillé depuis près de 20 ans dans la mouvance de ces débats et des divers groupes de chercheurs qui les ont nourris dans le cadre d'orientations disciplinaires variées. Elle a constitué le trait d'union nécessaire entre ces derniers et les éleveurs et institutions en résistance aux modèles techniques dominants et à l'expansion des grandes races. Son activité a été elle aussi de l'ordre de l'engagement personnel.

Elle a débuté à Toulouse, comme étudiante de l'Ecole Supérieure d'Agriculture de Purpan, en s'intéressant à l'espèce chevaline qui représentait les formes d'élevage d'herbivores les plus menacées par la disparition de la traction animale. Le cheval est, pour Jacques Mulliez ("Les chevaux du royaume"), l'espèce la plus vouée, hiver comme été, à l'usage des interstices des systèmes agraires. Il s'agissait de sauver, avec l'administration des Haras et le Parc Naturel du Marais Poitevin, le Baudet du Poitou dont il ne restait plus que 40 exemplaires : on pressentait que l'originalité de cet animal de grand format ne pouvait pas disparaître et qu'elle répondait à des besoins dans le cadre d'usages ruraux spécifiques.

Son itinéraire s'est ensuite inscrit au sein de la Fédération des Parcs Naturels de France. Ces derniers étaient préoccupés de la gestion des territoires faiblement anthropisés où subsistaient des éleveurs de races menacées. Le lien entre ces situations était à faire et à organiser. C'est ainsi qu'Annick Audiot a étendu son travail à l'ensemble des espèces domestiques.

Cette évolution s'est produite alors que quelques années auparavant la Commission Nationale d'Amélioration Génétique du Ministère de l'Agriculture, instance de Conseil sur les grands programmes de sélection, décidait de participer à l'inventaire et à la protection des ressources génétiques des animaux domestiques "de rente" à la hauteur de 0,4% de son budget. Cette disposition avait aussi un autre mérite, celui de reconnaître les initiatives des chercheurs généticiens et des ingénieurs des instituts techniques d'élevage qui opéraient jusqu'alors en francs-tireurs, regroupés dans le cadre de la Société d'Ethnozootechnie dont ils avaient suscité la création.

Sous la pression de l'intergroupe sénatorial des Parcs Naturels, Annick Audiot a été intégrée à l'INRA où elle fait maintenant partie de l'Unité de Recherches sur les Systèmes Agraires et le Développement au Centre de Recherches de Toulouse. Avec le soutien scientifique et administratif de ce Centre qui dispose d'un fort potentiel de recherches génétiques, Annick Audiot a pu développer des travaux sur la conservation des ressources génétiques animales et végétales. Elle anime le Conservatoire du Patrimoine Biologique Régional de Midi-Pyrénées : la région est particulièrement riche en ce domaine. Il faut souligner que ce travail, que certains pouvaient considérer un temps comme aux marges des intérêts du développement économique, suscite maintenant des intérêts nouveaux : ainsi, le Conseil Régional de Midi-Pyrénées et son Président de la Commission "Agriculture et Economie Rurale", André Valadier, défenseur de la race et des terroirs de l'Aubrac, engage une politique de promotion de rentes culturelles et de nouvelles formes de développement local. Dans un contexte de crise de l'agriculture, d'autres régions prennent aujourd'hui la même orientation.

Ce document est en définitive un témoignage de l'action d'éleveurs à la fois résistants aux normes techniques et économiques, et innovants dans l'utilisation et la valorisation d'un matériel génétique inscrit dans le patrimoine culturel national. Il traduit aussi le souci de certains chercheurs de dépasser les voies classiques du développement pour élargir la palette des solutions dans une situation de crise et de mutation, ou au moins pour permettre que cet élargissement reste possible lorsqu'il sera nécessaire le moment venu. Le mérite d'Annick Audiot est d'avoir su organiser et analyser les informations recueillies dans le cadre des nombreuses actions de conservation des races locales auxquelles elle a contribué, afin de dégager, à travers leur diversité, les principes qui conditionnent leur efficacité et qui font des races anciennes l'élément incontournable d'une nouvelle modernité.

Bertrand VISSAC

Chef du Département de Recherches
sur les Systèmes Agraires et le Développement
INRA-Paris

Jean-Claude FLAMANT

Président du Centre
INRA de Toulouse

Sommaire

Genèse de ce livre

La sélection et l'extension de races animales et variétés végétales à hauts rendements, l'uniformisation des modes d'exploitation agricole et des produits commerciaux ont largement contribué à augmenter la production agricole et à satisfaire la
demande alimentaire. Mais, parallèlement, de nombreuses races
animales et variétés végétales étaient abandonnées, rétrécissant
ainsi la diversité biologique de la nourriture de l'humanité par
réduction du polymorphisme et du pool génique des espèces
domestiquées.

Dès le début des années 70, le Ministère de l'Agriculture a
consenti des moyens financiers pour conduire les premières
actions de conservation des races animales : 0,4% du budget
annuel consacré à l'amélioration génétique (chapitre 44-50) est
affecté à des programmes de conservation dont la mise en oeuvre
est décidée par la Commission Nationale d'Amélioration
Génétique (CNAG). Il leur a donné également une audience internationale en participant au premier groupe d'experts constitué
par l'Organisation des Nations Unies pour l'Alimentation et
l'Agriculture (FAO) afin d'établir un rapport sur l'état des ressources génétiques animales de ferme à l'échelle mondiale (FAO,
1975).

Ce livre, concernant essentiellement les "gros animaux de
rente", est le témoignage de dix années de passion pour notre
patrimoine génétique animal, dix années également d'action et
de réflexion. Une rencontre avec le **Baudet du Poitou** a éveillé
l'instinct conservateur qui sommeille en chacun d'entre nous. La
seule race asine française originale, utilisée traditionnellement
pour la production de mulets et produit d'un savoir-faire jalouse-
ment préservé au cours des âges, était en train de disparaître
(Audiot, 1978) ...

En 1980, Vissac et Cassini présentaient, au Ministère de l'Agriculture, un rapport sur la conservation du patrimoine génétique, rapport qui allait donner naissance, en avril 1983, au Bureau des Ressources Génétiques.

Dans le même mouvement, et après diverses discussions entre le Ministère de l'Environnement et l'Institut National de la Recherche Agronomique (INRA), ce dernier décidait, en 1980, de mobiliser pour cette cause une plus grande partie de ses moyens. Incité par la clairvoyance de Pierre Grison, un contrat d'études de la Mission des Etudes et de la Recherche (Ministère de l'Environnement et du Cadre de Vie, Comité Faune et Flore) intitulé "Inventaire et dynamique des populations d'animaux domestiques utilisant les ressources fourragères de milieux peu anthropisés" servit d'amorce à cette initiative. Il s'agissait, au travers d'une analyse comparative conduite sur l'ensemble du territoire national, de comprendre les relations entretenues, à l'échelle d'un système agraire, entre des populations locales d'animaux domestiques et les couverts végétaux.

Ce fut pour nous l'occasion de prendre - dans le cadre du Département de Génétique Animale au Centre INRA de Toulouse - des contacts systématiques avec les Parcs Naturels et organismes préoccupés par la réalisation d'opérations de sauvegarde de races.

Cet investissement constitua un préalable au "Protocole d'accord " établi en 1981 entre la Direction de la Protection de la Nature (Ministère de l'Environnement) et l'INRA. Il confiait à l'INRA le soin de définir et d'encadrer un programme de recherche et d'action pour la conservation des races rustiques, à faible effectif et en voie de disparition, utilisées dans l'agriculture traditionnelle des Parcs Nationaux et Régionaux. La Fédération des Parcs Naturels de France, qui jouait un rôle moteur dans cette action largement soutenue par la Commission inter-Parcs "Gestion Scientifique des Espaces Naturels", nous mit à la disposition de l'INRA pour réaliser une fonction d'animation et de coordination. Ce programme s'insérait dans la politique générale menée par le Ministère de l'Agriculture depuis les années 70 en faveur des races menacées, mais en apportant la contribution d'acteurs nouveaux : le Ministère de l'Environnement et les Parcs Naturels.

L'impulsion donnée a suscité de nombreuses demandes que nous avons dû, chemin faisant, intégrer dans notre démarche. En définitive, les interventions ont largement débordé le cadre des Parcs Naturels, nous conduisant également à prendre en considération les problèmes posés par un certain nombre d'interlocuteurs divers : associations d'éleveurs, lycées d'enseignement agricole, parcs zoologiques ...

Notre travail, au sein d'une unité de recherches de l'INRA, nous a placée dans une situation exemplaire d'interface entre des organismes demandeurs d'appui technique et des chercheurs ayant élaboré les concepts et méthodes adaptés au problème de la conservation des races.

Au cours de plusieurs années successives, nous avons eu ainsi la possibilité d'être confrontée aux cas concrets de la plupart des races françaises menacées. Inversement nous avons fait profiter directement les Parcs des méthodes d'évaluation des races locales et des procédures de conservation et de gestion des petites populations élaborées par la Recherche. L'appellation "race locale" fait ici référence à l'adaptation des races à des conditions de milieu particulières et à leur liaison à un système technique et social local.

C'est donc sur une action de grande envergure, née de l'ambition conjointe des Parcs Naturels et de l'INRA de mobiliser et d'analyser tous les éléments relatifs à la gestion des populations animales à petits effectifs, que s'appuie le présent ouvrage. A partir de cette expérience, il tente d'apporter des éléments de raisonnement et d'action à ceux qui se considèrent responsables de la défense et de la valorisation du patrimoine génétique. Il est construit sur la base des connaissances acquises au contact de ces actions, matérialisées par les notes prises au cours de ces rencontres et par les analyses bibliographiques qu'elles ont engendrées.

Il ne s'agit pas ici de dresser l'inventaire exhaustif de tous les travaux réalisés dans ce domaine mais, à partir de cette somme d'informations, de comprendre comment la connaissance des processus biologiques et socio-économiques peuvent concourir à l'élaboration de programmes de conservation et *a fortiori* de gestion de races locales. Nous avons mobilisé à cet effet les représentations systémiques qui sont propres au Département de Recherches sur les Systèmes Agraires et le Développement (SAD) de l'INRA, en intégrant les "points de vue" des acteurs et la diversité des stratégies de conservation mises en oeuvre.

Une leçon fondamentale se dégage de toutes ces expériences : l'action indispensable de conservation des ressources génétiques va bien au-delà de leur maintien dans un statut de pièces de musée. Les races locales anciennes sont garantes d'une partie de l'information biologique et culturelle que représente le patrimoine génétique des espèces vivantes. A ce titre, et dans l'ignorance actuelle des besoins génétiques du futur, leur conservation s'inscrit d'abord dans le souci plus global de préservation de la biodiversité qui est aujourd'hui l'un des défis auquel doit faire face l'humanité (Chauvet et Olivier, 1993).

Toutefois, les ressources oubliées peuvent d'ores et déjà acquérir une nouvelle modernité par l'ouverture vers de nouvelles formes de valorisation économique. La mise en oeuvre de techniques modernes devient indispensable pour leur sauvegarde comme pour leur évaluation.

Point question, par conséquent, de figer ce patrimoine dans un passéisme nostalgique, ni simplement de le "geler" dans la crainte de demain ! Les possibilités de réhabilitation des races animales anciennes dans de nouvelles logiques de production ne sont plus, aujourd'hui, une utopie : elles s'inscrivent directement dans l'actuelle réflexion sur l'avenir du monde rural menée dans le cadre de la Politique Agricole Commune (PAC) et intégrant une agriculture plus diversifiée et plus respectueuse de l'environnement. Le futur se conjugue déjà au présent !

L'évolution des races animales domestiques

"En ce siècle où l'homme s'acharne à détruire d'innombrables formes vivantes, après tant de sociétés dont la richesse et la diversité constituaient de temps immémorial, le plus clair de son patrimoine, jamais sans doute, il n'a été plus nécessaire de dire, comme le font les mythes, qu'un humanisme bien ordonné ne commence pas par soi-même, mais place le monde avant la vie, la vie avant l'homme, le respect des autres avant l'amour propre ; et que même un séjour d'un ou deux millions d'années sur cette terre, puisque de toute façon il connaîtra un terme, ne saurait servir d'excuse à une espèce quelconque, fût-ce la nôtre, pour se l'approprier comme une chose et s'y conduire sans pudeur ni discrétion."

Claude Lévi-Strauss

Les races, leur formation, leur amélioration

L'étude de l'histoire des différentes régions rurales montre que leurs systèmes de production ont périodiquement été affectés par des transformations. Ces dernières étaient nécessaires même si leur rythme parfois assez lent a pu les rendre imperceptibles à l'échelle d'une vie humaine. Les systèmes d'élevage anciens, laborieusement établis par les générations antérieures, cherchant à s'adapter aux contraintes et aux possibilités de leur environnement naturel - et que nous avons tendance à qualifier de "cohérents" pour leur époque - ont fait l'objet de remaniements profonds successifs pour tenir compte de nouvelles conditions techniques et économiques.

L'éventail des races actuelles est le fruit d'un processus d'évolution et de différenciation du matériel animal, entamé depuis des millénaires, dans lequel le phénomène de domestication a joué un rôle déterminant. La race n'est pas une entité statique, ni même une donnée "naturelle". Elle est le résultat d'une histoire durant laquelle sont intervenus de nombreux facteurs : migrations d'animaux, mutations de gènes, modifications du contexte économique et politique. Ainsi, la diversité des "hommes de la terre" et l'hétérogénéité des milieux exploités ont-elles organisé, au fil des générations, la diversité de chaque espèce. La France, par sa position géographique charnière en Europe de l'Ouest et de par la diversité de ses conditions pédo-climatiques et de ses systèmes agraires, est devenue le réservoir d'une variabilité extraordinaire de matériel animal domestique.

Jusqu'au 19ème siècle cependant, on peut considérer que les populations animales, à quelques exceptions près - les brebis **Mérinos** et les chevaux, du fait de leur rôle stratégique pour la fourniture des armées (vêtements et montures) - ont peu évolué depuis la phase de domestication. La sélection naturelle jouait fortement lors des épidémies, disettes et guerres et si, au mieux, une sélection dirigée était réalisée pendant les périodes plus propices à l'accumulation du capital, elle impliquait des objectifs multiples de production. Les gènes concernés différaient dans les deux situations : adaptation aux contraintes d'un côté, production de l'autre. Or, du fait des oppositions "moyennes" entre ces deux catégories de gènes, le pool génétique des populations est probablement resté relativement stable sur cette longue période (Bonnemaire et Vissac, 1988).

L'économie vivrière n'accordait une place à l'élevage que dans la mesure où celui-ci contribuait d'abord au travail agricole, à la fourniture de lait et de laine pour une autoconsommation familiale, ou encore à la production de fumier. La production de viande n'était pas recherchée pour elle-même. Les "populations animales" étaient alors en équilibre avec certaines formes d'activité économique souvent autarciques basées essentiellement sur la production de céréales, élément de base majeur de la vie européenne. Les animaux n'intervenaient qu'en appui de celle-ci à l'intérieur des systèmes d'exploitation. Il n'y avait pas d'activité économique ayant pour finalité les productions animales en dehors toutefois - comme le fait remarquer Mulliez (1984) - des zones d'herbages où la pâture constituait l'utilisation la plus naturelle du terroir, parfois la seule possible. Les premiers exemples de développement d'une production animale en vue d'une mise en marché concernent les chevaux élevés à des fins militaires et, à partir du 15ème siècle, le développement du marché mondial de la laine à base d'ovins **Mérinos** - privilège du Roi d'Espagne relaté par Carter (1964) dans son remarquable ouvrage "His Majesty's Spanish flock" -, types d'animaux correspondant alors le plus aux préoccupations économiques de la société (Boutonnet, 1986).

Il n'existait donc pas de "race animale" au sens volontariste qu'on lui connaît aujourd'hui. Les populations animales se différenciaient en "types" régionaux plus ou moins homogènes, adaptés à un milieu climatique et géographique et à un mode d'élevage (Laurans, 1989). On ne possède à leur propos que de rares témoignages quant à leur phénotype (format, pigmentation) telles les miniatures des "Très riches Heures du Duc de Berry", l'un des plus beaux manuscrits enluminés de cette époque du 14ème siècle.

La différenciation de races homogènes

La notion moderne de race d'animaux domestiques associée à la notion de standard[1], naît en Angleterre au 18ème siècle avec la première "révolution industrielle". Sont alors jetées les bases d'une agriculture et d'un élevage intensifs pour satisfaire les besoins de consommation des activités urbaines et industrielles en cours d'émergence et d'organisation. Le besoin apparut de disposer d'un matériel animal travaillé en fonction des perfor-

---

1. Le standard correspond à la description de l'animal idéal.

mances que l'on attendait de lui. Pour la première fois, l'élevage est pratiqué pour des finalités productives propres : le lait et la viande.

L'histoire des races ne saurait s'écrire sans souligner le nom de Bakewell (1725-1795) qui réalisa sur les ovins - dans le Comté du Leicester en Angleterre - les premières opérations de sélection rationnelle des géniteurs mâles sur un nombre limité de caractères (Russell, 1986). A sa suite, de nombreux éleveurs se réclament de son école et, dans telle ou telle région, tentent d'affirmer l'originalité de leur race à partir de son type, codifié à l'aide de caractères descriptifs. Ainsi se met en place la notion anglaise de race, laquelle implique *a)* un réseau d'éleveurs organisés, *b)* identifiant leurs animaux à un patron standardisé, *c)* image de marque d'aptitudes spécifiques, *d)* et en tirant profit. La base humaine et sociale de la race est donc clairement établie.

Un mouvement semblable de transformation de l'agriculture et de l'élevage s'amorce en France à la fin du 18ème siècle. Mais il est bloqué par la Révolution et l'Empire. Pendant ce temps, les races britanniques s'individualisent et leurs éleveurs s'organisent. Puis, la reprise des échanges économiques avec la Grande-Bretagne ouvre la porte de la France aux races anglaises à partir de 1830-1840.

Plusieurs phénomènes se produisent alors dans notre pays, successivement et sur 50 ans : c'est l'époque de "l'anglomanie". Ils sont tous imprimés du double souci de sélection et de commercialisation :

- diffusion en France des races sélectionnées en Angleterre, dans les populations locales présentant une variabilité des caractères extérieurs, puis fixation des types croisés (race bovine **Maine-Anjou** à partir de croisements continus entre la race **Durham** et la race **Mancelle** par exemple). Ainsi vit-on encore actuellement dans certaines de nos races, sur l'héritage des créations anglaises (**Shorthorn**, pour les bovins ; **Leicester, Kent** et **Southdown**, pour les ovins ; **Large White**, pour les porcins...) ;

- résistance d'un groupe d'éleveurs qui réagissent à ces importations mais qui, imprégnés des principes britanniques, vont s'organiser et fixer à leur tour "leur race" sur le modèle d'Outre-Manche (Geffroy, 1978) : c'est le cas du **Charolais** qui, à partir de 1840, s'oppose à l'implantation de la race **Durham** (Lefebvre Sainte Marie, 1849) ;

- maintien ou développement de populations locales ou régionales associées à des échanges spontanés de reproducteurs entre les éleveurs et à un contexte de production donné. La 3ème République voit la prise en charge de l'élevage par "l'administration" qui codifie les races et édicte des règlements qui conditionnent leur sélection et leur utilisation, tel celui réglementant la monte publique. Teintées d'un arrière-fond politique, ces races font souvent figure de "races électorales" (Vissac, 1970).

Sur le modèle britannique, les éleveurs se structurent en "sociétés d'élevage" et mettent en place les Livres Généalogiques. Leurs activités consistent à enregistrer, parmi leurs seuls adhérents, les naissances et la succession des générations, les mouvements d'animaux d'un élevage à l'autre, et à organiser des concours. Ces éleveurs d'élite pensent trouver, à travers la maîtrise de la reproduction, les moyens de conserver des caractères extérieurs et ainsi préserver la "pureté de la race". Ils se chargent aussi de diffuser la race au-delà de son berceau et de son aire d'extension d'origine par la vente des reproducteurs. L'élevage spécialisé en grand troupeaux favorise l'apparition des premières actions de sélection rationnelle basée sur l'observation visuelle de

"Les primes et distinctions dispersées lors des concours agricoles et comices stimulent les progrès et l'organisation des races"

la descendance des mâles. *A posteriori*, en référence aux connaissances génétiques actuelles qui s'inscrivent dans la filiation directe des travaux de Mendel[2] redécouverts en 1900, on peut considérer que l'association d'éleveurs fait alors oeuvre créatrice en cherchant à fixer à l'état homozygote un ensemble de gènes contrôlant les caractères extérieurs de telle manière que les produits soient toujours aussi homogènes que leurs parents. Les éleveurs se donnent en quelque sorte les moyens de créer, pérenniser et protéger une image de marque qui est censée correspondre à des qualités d'élevage (Flamant, 1988). Ce mouvement amorcé au cours du second Empire, et qui constitue la base de la sélection moderne en France, se prolongera jusqu'après la seconde guerre mondiale.

Race de Lourdes 1911

---

2. Au travers de ses travaux sur la mise en évidence des bases de la transmission héréditaire, Mendel (1822-1884) a été le fondateur des lois de l'hybridation.

L'ère industrielle est accompagnée d'une transformation radicale des objectifs et des pratiques de sélection. Alors que le passage d'une économie rurale de subsistance à l'économie de marché se généralise avec la création de vastes débouchés commerciaux, l'introduction dans l'économie des échanges, des productions de lait et de viande, conduit à transformer la hiérarchie des fonctions biologiques des animaux de ferme (reproduction, lactation) en faveur des fonctions de production.

Cette évolution coïncide avec une maîtrise et une artificialisation progressive des milieux de culture et d'élevage qui modifient profondément les différentes zones rurales. En effet, les progrès technologiques permettent la diminution de la population agricole et l'intensification de l'agriculture dans les régions les plus favorables à la mécanisation - zones de plaines principalement - tandis que la destruction des systèmes agro-pastoraux traditionnels fait apparaître, à partir de la deuxième moitié du 20ème siècle, de larges pans de régression agricole : zones de montagnes, zones humides, parcours et forêts méditerranéennes etc... où, avec une taille croissante des troupeaux, l'élevage conquiert des espaces qui lui deviennent exclusifs.

En dehors des zones où l'élevage se développe "par défaut", se mettent en place des systèmes d'élevage intensifs et industriels. Le matériel animal nécessaire à leur développement est conçu dans une perspective de recherche d'une productivité individuelle maximum associée à une meilleure efficacité de transformation des aliments. A des rythmes différents suivant les espèces et les groupes raciaux, les races sont soumises à des changements de milieux et d'usages.

Mais les dispositions administratives, voire législatives, vont aussi avoir en France une influence déterminante dans ces évolutions, en tant qu'instrument d'accompagnement de la politique de l'élevage. Jusqu'à la moitié des années 70, l'évolution des races bovines est dominée par les options de Quittet, Contrôleur Général de l'Agriculture, qui, depuis 1950, met en application les mesures issues du plan Monnet en 1947 : en prônant la simplification du cheptel par une réduction du nombre de races et l'augmentation de leur spécialisation, le Ministère de l'Agriculture entend ainsi restaurer l'économie de l'élevage en France. Parmi celles-ci figurent en particulier :

- la reconnaissance des races en fonction de leur intérêt pour la production ;

- le regroupement dans un même vocable de plusieurs races (**Charolais** et **Nivernais**, ou bien encore toutes les races du Sud-Ouest - regroupement auquel résiste la **Limousine** qui garde sa personnalité, mais qui entraîne la disparition de la race du **Quercy** et de la **Blonde des Pyrénées**) ;

- l'interdiction d'agrément pour l'insémination artificielle des taureaux des races condamnées (voire la suppression de certains

Les grandes étapes de la formation des races modernes. Le cas des ruminants

"A un nom sont associés une base théorique, des outils et une forme d'organisation"

	...1800 ...1820	1830	1880-85	1920...	1950	1960	1970	1990
	de la population ...			**à la race**		**..............**	**lignée souche clone ...**	
base théorique		en 1859 Darwin formule en Angleterre les bases d'une théorie de la sélection fondée sur la sélection morphologique des individus et l'organisation raciale	la jonction des travaux de Darwin et Mendel permet la mise en place des schémas collectifs de sélection actuels fondés sur la maitrise du progrès génétique vers des objectifs économiques définis (1 ou 2 caractères)	bases théoriques de la génétique quantitative (Lush, 1930)				
mode d'élevage	activité d'élevage liée à un système autarcique éleveurs paysans	un élevage en grands troupeaux se développe en Angleterre					élevage en conditions contrôlées	
outils	premières opérations de sélection rationnelle des géniteurs mâles sur un nombre limité de caractères – chez les ovins (Blakewell) – chez les bovins (Collins)		• identification d'objectifs de sélection • enregistrement de généalogies • pointages individuels	• développement du contrôle laitier • stations de testage	mise en place et développement de l'insémination artificielle		• conservation du sperme à basse température • traitement automatique de l'information • schémas de sélection sur index de performances et spécialisation des objectifs de sélection/utilisation	application des techniques du génie génétique (création ou multiplication d'individus ou de famille)
formes d'organisation	l'anglomanie apporte à la France ses principes d'organisation		extension des Sociétés d'élevage et des livres généalogiques (Herd-Book, Flock-Book)				la loi sur l'élevage et le décret relatif à l'amélioration génétique du cheptel du 14 juin 1969 aboutissent à la création des UPRA et de la CNAG (Commission Nationale d'Amélioration Génétique) instance d'arbitrage de la loi	

taureaux dans les centres d'insémination artificielle) et la règlementation de la monte publique.

La traduction administrative, par voie législative, des principes de la sélection issus des recherches en génétique quantitative va donner, à partir des années 70, un effet amplificateur à cette politique[3].

L'amélioration génétique qui vise à optimiser l'adaptation des animaux aux diverses conditions d'élevage et de ses performances aux exigences du marché, peut s'obtenir par deux voies principales : la sélection en race pure et le croisement entre races.

La sélection a bénéficié d'une importante évolution de son efficacité au fur et à mesure que s'imposaient successivement les différents "outils" actuellement utilisés et la mobilisation des technologies d'accompagnement de plus en plus perfectionnées.

L'évolution de l'efficacité de la sélection en race pure

L'introduction dès 1908, chez les éleveurs de vaches laitières du Pays de Caux, du contrôle laitier initié par les Danois, marque le départ en France d'une orientation de la sélection sur des objectifs quantifiés et spécialisés. Après la mise en place du Comité Fédératif National du Contrôle Laitier, le professeur Leroy crée, en 1949, l'Association Française de Zootechnie puis la Fédération Européenne de Zootechnie dont les premières activités sont largement dominées par les questions de l'organisation du contrôle de performances et du calcul des lactations.

Cette première étape est suivie en 1951 par le lancement des premiers programmes de contrôle de descendance (testage) des taureaux d'insémination du Centre de Charmoy (Yonne) en races **Normande** et **Française Frisonne Pie Noir** à l'initiative de l'équipe de recherches de Poly, Poutous et Vissac (Vissac *et al*, 1959 ; Poutous et Vissac, 1962). Deux ans plus tard, le "Syndicat d'Elevage et de Contrôle Zootechnique de la race **Pic Rouge de l'Est**" coordonne la mise en place du programme du testage de taureaux **Montbéliards** et **Tachetés de l'Est** initié en 1951 en race **Montbéliarde** par la coopérative d'élevage et d'insémination du Jura. Ce programme, conçu par Auriol, doit être considéré comme une première européenne et mondiale : dès cette époque, il met - pour cette région du Jura où les 3/4 du lait produit sont destinés à la fabrication de fromage et principalement de gruyère - l'accent sur la faisabilité d'une sélection des aptitudes fromagères des laits à partir des quantités de matières azotées totales (Auriol, 1954).

A partir des années 20, les actions d'homogénéisation phénotypique des populations ont été progressivement complétées par la mise en place de méthodes d'amélioration des races fondées sur une mesure plus objective des caractères à améliorer et dépas-

3. Les décisions administratives relatives à l'éradication de certaines maladies (tuberculose, fièvre aphteuse, brucellose) et les abattages consécutifs contribuent également à accélérer la régression des races non agréées à petits effectifs.

sant la seule conformité à un standard. Même dans les races spécialisées pour la production de viande où les caractères morphologiques constituent des indicateurs du rendement des animaux, les organisations d'élevage instaurent des méthodes objectives de contrôle de caractères à plus forte valeur prédictrice (vitesse de croissance, vitesse d'engraissement, développement squelettique, musculaire ...) et adaptés au nouvel objectif d'efficacité économique que constitue la croissance musculaire. Les contrôles de croissance des agneaux se développent à partir de 1955 dans les grands troupeaux Ile de France du Bassin Parisien gérés par des éleveurs d'élite. Ceux concernant les bovins débuteront eux dans la Nièvre. Ils correspondent en fait à la systématisation des méthodes de sélection massale utilisées précédemment.

Puis intervient la création des premières stations de contrôle destinées à mesurer les performances individuelles des animaux et à conduire les opérations de sélection dans des milieux homogènes ou protégés. C'est en 1957 qu'est créée à Jouy-en-Josas, la première station de testage des verrats. La race ovine **Lacaune** fait une première parmi les schémas de sélection laitiers avec la création du Centre d'Elevage de Jeunes Mâles au Haras du Bourguet en 1955.

Les bases théoriques de la génétique quantitative fondées sur la base de l'additivité des effets des gènes et du milieu ont été exprimées à partir des années 30 par l'américain Lush, mais leur application sur une grande échelle a été seulement permise à partir des années 60 par la mise en oeuvre de techniques nouvelles de reproduction et par l'informatique. Elles ont conduit à l'émergence des premiers schémas intégrés de sélection, qui s'appliquent aux possibilités d'amélioration génétique d'un nombre limité de caractères productifs.

Les formes prises par ces programmes dans les différentes espèces animales combinent les principes généraux de la sélection généalogique moderne (choix sur ascendance) avec les performances individuelles des reproducteurs et enfin celle des individus apparentés (descendance notamment). Le traitement informatique de l'information utilise des méthodes statistiques de plus en plus sophistiquées (tel le BLUP, *Best Linear Unbiased Prediction* sigle anglais pour "modèle linéaire non biaisé") et nécessite l'usage de gros ordinateurs. Associé à des informations généalogiques liées à la réalisation du contrôle de paternité, il a pour but d'évaluer - à partir des résultats du contrôle d'aptitude en fermes ou en stations (contrôle individuel ou contrôle sur descendance) - la part de la supériorité productive des reproducteurs transmissible à la descendance. Cette "valeur génétique" est estimée selon un "indice" qui rassemble de façon optimale l'ensemble des performances des reproducteurs et de ses apparentés. Les différents caractères pris en compte sont pondérés en fonction de leur valeur économique relative. Les meilleurs animaux sont alors diffusés dans toute la population, d'où l'intérêt des "accouplements raisonnés" (ou dirigés) entre les meilleurs parents (mâles x femelles) pour produire les jeunes de la génération suivante. Rappelons en effet qu'un parent transmettant la moitié de ses gènes, il transmet, en espérance mathématique, la moitié de sa supériorité génétique à son produit. L'efficacité de ces schémas est donc liée à la fois à l'intensité du choix que l'on peut faire à chaque génération sur les reproducteurs mâles et femelles et à la précision des estimées de leur valeur génétique.

On comprend dès lors le rôle déterminant joué par certaines découvertes biologiques et scientifiques dans ce processus accéléré de maîtrise technique assurant le passage de la gestion de la reproduction du niveau du troupeau à celui de la population : avec le développement de l'insémination artificielle il devenait possible de féconder plusieurs milliers de femelles avec un seul taureau ! De plus, la congélation du sperme assurant la conservation de la faculté procréatrice de ce géniteur, on pouvait évaluer les productions de ses filles, donc le "tester" et le comparer à d'autres, avant de privilégier l'utilisation des meilleurs taureaux !

Puis ces innovations se sont étendues à la voie femelle (contrôle des chaleurs ; production, transfert et conservation d'embryons multiples) et plus récemment à la fécondation *in vitro* pour s'affranchir de plus en plus complètement du temps (conservation des supports biologiques).

La mise au point de ces différents outils de travail a mis en lumière les insuffisances de l'organisation des races et des pratiques traditionnelles des Livres Généalogiques anciens qui, de fait, ne concernaient qu'un nombre réduit d'éleveurs et ne garantissaient qu'une médiocre efficacité génétique. En vue de faire émerger en France les conditions d'un élevage compétitif par rapport aux productions agricoles et par rapport aux productions animales d'autres pays (Pays-Bas, Allemagne, USA, Angleterre), il fallait mettre au point un dispositif permettant de cumuler le maximum de progrès génétique de génération en génération et de mettre en oeuvre les connaissances scientifiques.

La mise en oeuvre de la Loi sur l'Elevage du 28 Décembre 1966[4] conçue par Jacques Poly, alors chef du Département de Génétique Animale de l'INRA, organise l'amélioration génétique des bovins, porcins, ovins et caprins sous l'autorité de la CNAG (Commission Nationale d'Amélioration Génétique) et permet la mobilisation des crédits publics dans le cadre d'un chapitre spé-

---

4. La loi du 28 décembre 1966 sur l'élevage bovin, porcin, ovin et caprin représente l'ossature de la réglementation actuellement en vigueur. Elle organise l'amélioration génétique autour de la notion de race : le Ministère de l'Agriculture détermine les races ou les variétés pour lesquelles il y a lieu d'encourager les actions d'amélioration génétique, et éventuellement les standards auxquels les animaux concernés doivent satisfaire (Bougler, 1992).

Extrait de la loi sur l'élevage

L'Assemblée nationale et le Sénat ont adopté,

Le Président de la République promulgue la loi dont la teneur suit :

Art. 1er. — La présente loi a pour objet l'amélioration de la qualité et des conditions d'exploitation du cheptel bovin, porcin, ovin et caprin. Ses dispositions pourront être appliquées, par décret en Conseil d'Etat, en tout ou en partie, à d'autres espèces animales, après avis des organisations professionnelles intéressées.

TITRE Ier

Amélioration génétique du cheptel.

Art. 2. — Des décrets en Conseil d'Etat et, en application de ces décrets, des arrêtés du ministre de l'agriculture rendent obligatoires et définissent les méthodes suivant lesquelles sont assurés :

1° L'identification des animaux, l'enregistrement et le contrôle de leur ascendance, de leur filiation et de leur performance ;

2° L'appréciation de la valeur génétique des reproducteurs et la publication des renseignements les concernant.

Art. 3. — Les décrets et arrêtés prévus à l'article 2 ci-dessus fixent également :

1° Les conditions exigées pour la tenue et pour l'agrément des livres généalogiques et zootechniques ;

2° Les normes applicables au choix et à l'utilisation des animaux reproducteurs employés en monte naturelle ou artificielle et les conditions de leur utilisation ;

3° Les règles auxquelles sont soumis les essais de nouvelles races ou les essais de croisements présentant un intérêt pour l'économie de l'élevage ou pour la conservation et la protection de certaines races ;

4° Les garanties, en particulier d'ordre zootechnique et sanitaire, exigées pour l'exportation ou l'importation des animaux et de la semence.

* * *

Art. 5. — L'exploitation des centres d'insémination, qu'ils assurent la production et la mise en place de la semence ou l'une seulement de ces deux activités, est soumise à autorisation.

Cette autorisation est accordée par le ministre de l'agriculture, après avis de la commission nationale d'amélioration génétique prévue à l'article 11.

* * *

Art. 11. — Une commission nationale d'amélioration génétique assiste le ministre de l'agriculture dans son action pour améliorer la qualité génétique du cheptel.

* * *

TITRE II

Organisation de l'élevage.

Art. 13. — Dans chaque département, groupe de départements ou région naturelle vouée à l'élevage, un établissement de l'élevage agréé après avis du conseil supérieur de l'élevage reçoit mission d'améliorer la qualité et la productivité du cheptel.

Il oriente, coordonne, contrôle et peut exécuter directement les actions collectives de développement concernant l'élevage dans les conditions fixées par la réglementation en vigueur sur le financement et la mise en œuvre des programmes de développement agricole.

Il assure, en tout état de cause, l'identification des animaux, l'enregistrement des renseignements concernant les sujets inscrits à un livre zootechnique, l'enregistrement des productions des animaux soumis au contrôle des performances, la recherche appliquée, l'information et le contrôle techniques des vulgarisateurs.

* * *

Art. 14. — Conformément aux orientations définies par le ministre de l'agriculture et en liaison avec les organisations professionnelles intéressées, des instituts techniques nationaux animent et coordonnent l'activité des établissements départementaux ou interdépartementaux de l'élevage.

Ils assument les missions d'intérêt commun et procèdent, en particulier, aux recherches appliquées de portée générale.

* * *

Art. 16. — Un conseil supérieur de l'élevage est placé auprès du ministre de l'agriculture qui le consulte sur la conduite des actions intéressant l'élevage.

* * *

La présente loi sera exécutée comme loi de l'Etat.

Fait à Colombey-les-Deux-Eglises, le 28 décembre 1966.

C. DE GAULLE.

Par le Président de la République :

Le Premier ministre,
GEORGES POMPIDOU.

Le garde des sceaux, ministre de la justice,
JEAN FOYER.

Le ministre de l'équipement,
EDGARD PISANI.

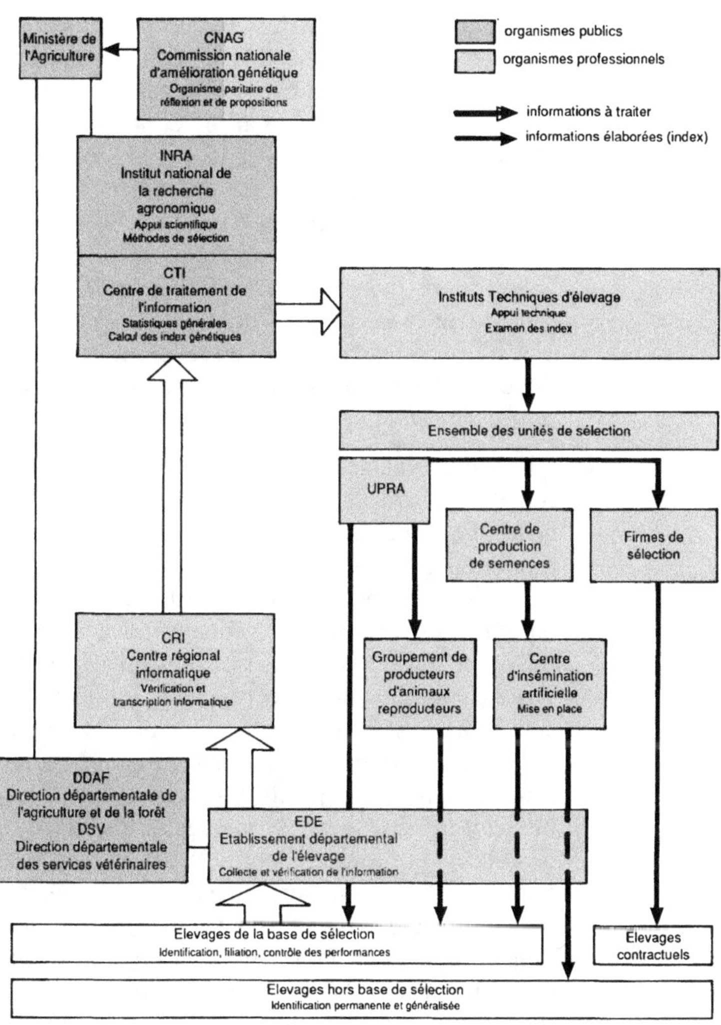

Relations entre les organismes s'intéressant à l'amélioration génétique des animaux (source : Bulletin de l'élevage français, 1987, numéro spécial).

cifique du budget du Ministère de l'Agriculture. En première approximation, l'efficacité potentielle de ces schémas est proportionnelle à la taille de la population dans une perspective de bonne valorisation des moyens collectifs et des crédits publics. Elle est notammment conditionnée par la maîtrise des réseaux informatisés de traitement des données collectées en ferme (les Centres Régionaux Informatiques - CRI - gèrent les fichiers régionaux ; le CTIG (Centre de Traitement de l'Information Génétique) du Centre INRA de Jouy-en-Josas traite l'ensemble des données au niveau national et calcule les index génétiques) et par la maîtrise - facilitée par le développement de l'insémination artificielle - des accouplements des reproducteurs mâles encouragés par les techniciens et conseillers agricoles[5]. Les acteurs impliqués dans la gestion d'une race sont bel et bien les véritables garants de cette efficacité. C'est pourquoi la Loi sur l'Elevage institue les UPRA (Unité de Promotion de Race) qui constituent la nouvelle structure qui organise cette action technique à l'échelle d'une race en fédérant les différents partenaires (livre généalogique, organisme de contrôle de performances, centre d'insémination artificielle par exemple).

Une conséquence importante de cette nouvelle organisation concerne la stratification des éleveurs au sein des races traditionnelles. Les schémas modernes de sélection ont fait éclater la hiérarchie sociale admise dans les races jusqu'alors organisées selon le modèle anglo-saxon pour installer une nouvelle hiérarchie reposant sur une évaluation quantitative de l'efficacité technique (Flamant *et al*, 1991). Les éleveurs du noyau de sélection d'une race ne sont plus des sélectionneurs individuels regroupés en un club mais sont associés au sein d'un réseau d'action collective. Leur responsabilité directe sur le choix des reproducteurs se trouve diminuée au profit des techniciens et des organismes qui mettent en oeuvre les techniques de reproduction et le système de collecte et de traitement de l'information. Dans la **structuration pyramidale** qui part d'un sommet créateur de "progrès génétique" vers une base utilisatrice, la fonction des éleveurs "sélectionneurs" est dépersonnalisée en une "base d'informations" qui constitue ensuite la "base de sélection", noyau sur lequel reposent les plans d'accouplements raisonnés. Quelques éleveurs participent certes aux commissions de validation des reproducteurs, mais avec une forte intervention des représentants du Ministère de l'Agriculture. Quant aux "Centres de Production de Semence", auxquels est confiée la gestion des schémas d'amélioration génétique au travers des programmes de sélection et de testage des taureaux d'insémination, ils ont évolué selon une logique faisant

---

5. Cette loi confie à des organismes départementaux, les EDE (Etablissements de l'Elevage), le soin d'enregistrer les filiations.

Union nationale des unités de sélection et de promotion de races et des autres organismes tenant les livres généalogiques

Constitués pour la plupart des races entre 1880 et 1920 - le premier créé fut celui du Pur Sang Anglais en 1833 - les **Livres Généalogiques** sont de véritables registres d'état civil comportant pour chaque race et pour chaque reproducteur méritant d'y figurer, l'appellation, le numéro d'inscription et l'ascendance du sujet (parents et parfois grands-parents et arrières grands-parents, le nombre de générations étant déterminé pour chaque race). Au-delà de l'aide ainsi apportée aux éleveurs dans leur travail de sélection, les Associations chargées de la tenue de ces livres d'origine interviennent au plan technique dans la définition du standard de chaque race : elles ont permis d'en préciser les caractères ethniques et de contribuer à leur homogénéisation respective, malgré parfois le faible nombre d'animaux inscrits*.

Ces associations ont naturellement été conduites à intégrer dans leurs actions, au fur et à mesure de leur apparition, les nouveaux outils et les nouvelles technologies intéressant le domaine de l'élevage : le contrôle de performances, l'insémination artificielle, l'indexation de la valeur génétique des reproducteurs ...

Pour conduire avec encore plus d'efficacité les programmes de sélection et de promotion des diverses races, les Livres Généalogiques se sont, en France, transformés dans les années 1970 en UPRA, Unités Nationales de Sélection et de Promotion, en intégrant à leur structure tous les partenaires concernés par la sélection, et donc par le devenir de chaque race : tous les éleveurs participant au travail de sélection, c'est-à-dire identifiant et contrôlant leur cheptel, les organismes assurant la mise en oeuvre des programmes de sélection (centres d'insémination artificielle, stations de sélection ...), les utilisateurs de la race et de ses produits (groupements de producteurs, etc.).

L'UPRA est ainsi, à la fois par définition (La Loi sur l'Elevage de 1966) et par construction, l'organisme qui a en charge tout le travail de sélection et de promotion de chaque race : elle en définit les orientations ; elle établit la grille de qualification des reproducteurs et délivre aux animaux qualifiés les attestations correspondantes ; elle coordonne l'action de ses adhérents en matière de conduite de programmes de sélection et de promotion. Elle dispose pour cela du fichier central de la race, forme moderne de l'ancien livre généalogique : c'est ce fichier informatisé qui constitue l'outil de travail n° 1 de l'UPRA et lui permet, d'une part, d'assurer la gestion génétique de la race (conduite de son programme global de sélection), d'autre part, d'apporter son appui à tous ses adhérents dans la conduite de leurs actions.

Les problèmes posés étant souvent analogues d'une race à l'autre, toutes les UPRA se sont regroupées au niveau de chaque espèce en une Fédération, ces Fédérations étant à leur tour rassemblées, au niveau national, au sein de l'UNLG.

L'UNLG a une triple vocation :
- rôle de représentation de l'ensemble des UPRA dans toutes les instances publiques et professionnelles où les UPRA ont à être représentées ;
- rôle de coordination des actions entreprises par les Fédérations et Associations membres ;
- rôle technique par la mise à la disposition de ses adhérents et des organisations autres, de tous les éléments techniques devant leur permettre de résoudre les problèmes qui se posent à eux. Ce rôle de bureau d'étude est assuré par une équipe travaillant en liaison étroite avec les Services publics (Ministère de l'Agriculture, INRA ...) et professionnels (Instituts Techniques, etc ...).

Les registres peuvent être fermés ou ouverts. Ils sont dits "fermés" lorsque l'inscription est subordonnée à la connaissance des deux, trois ou quatre générations d'ascendants. Généralement les livres des mâles sont fermés. Ils sont qualifiés d'"ouverts" quand l'inscription d'un animal sans origine connue ou dont les parents sont seuls identifiés demeure possible sous réserve de mériter un pointage dont le seuil est fixé par l'UPRA, et d'avoir accompli des performances se situant au moins à un niveau également déterminé par l'UPRA. Dans ce cas l'inscription est prononcée à titre initial. Elle concerne essentiellement les femelles.

Stud-book ....livre généalogique des équidés ; *Herd-book* ....livre généalogique des bovins
Flock-book ....livre généalogique des ovins ; *Pig-book* ....livre généalogique des porcins

UNLG
16, rue Claude Bernard
75231 Paris Cedex 05

large place aux critères d'efficacité économique. Ils disposent aujourd'hui de moyens collectifs de contrôle (stations, laboratoires d'analyse) et parfois de traitement prioritaire de l'information.

Depuis la promulgation de cette loi et de ses décrets d'application, le Ministère de l'Agriculture a consacré des moyens importants à l'amélioration génétique. Il s'agit, en l'occurrence, d'un investissement qui sera suivi sur le long terme, tout en s'adaptant à l'évolution des demandes en matière de production agricole.

Le processus de l'érosion génétique

A partir des années 50, la France a donc fait un effort considérable pour rendre son agriculture plus productive afin de couvrir les besoins alimentaires d'une population croissante et de garantir une autosuffisance nationale des productions agricoles.

En moins de 50 ans, les politiques volontaristes successives d'orientation de l'élevage et de son amélioration génétique, fortement marquées par les options de Quittet puis par la Loi sur l'Elevage votée par Edgard Faure, ont hissé le cheptel français à une place de choix sur l'échiquier de l'élevage européen et mondial. Cette notoriété ne se limite pas seulement à l'importance des effectifs et aux niveaux de production, elle est largement confortée par l'originalité et l'intérêt du nombre de races dans les différentes espèces animales.

Mais les processus d'érosion génétique sont aujourd'hui la contrepartie de transformations économiques profondes et de l'efficacité des programmes d'amélioration génétique. En effet, la mise en oeuvre des schémas modernes de sélection pèse sur la dynamique et la structure des populations animales, de même qu'elle contribue, avec les mesures administratives et financières qui l'accompagnent, à creuser l'écart de production entre les races qui tirent pleinement parti de programmes performants et les autres dont l'intérêt apparaît plus local et qui, de ce fait, sont "dominées" par les premières.

Les effets conjugués de ces différents facteurs ont eu pour corollaire :

- la réduction du nombre de races opérationnelles bénéficiant de l'efficacité croissante des programmes de sélection avec des objectifs spécialisés ; celles-ci ont pu devenir plus exigeantes d'un point de vue nutritionnel et peuvent donc manifester à la longue certaines carences (troubles de la fertilité, fragilité pathologique, etc...) ;

- la disparition de races locales au profit d'un nombre limité de races d'extension nationale et internationale ;

- et, dans certains cas, la diminution de la variabilité génétique intra-race liée à la valorisation de celle-ci pour **créer du progrès génétique** sur un nombre limité de caractères économiquement intéressants : la sélection, en changeant les fréquences géniques, fait disparaître les configurations les moins adaptées aux objectifs recherchés, mais réduit aussi la capacité évolutive ultérieure de la population.

Ainsi bon nombre de nos races françaises, individualisées au cours des derniers siècles, et gérées antérieurement par des éleveurs qui ont cherché à adapter leurs animaux aux contraintes pédo-climatiques, à leurs goûts et à leurs objectifs propres - dont ceux de production -, ont-elles été soit abandonnées, soit supplantées ou absorbées par celles réputées plus performantes et répondant mieux aux enjeux économiques de la production de masse.

D'autres facteurs ont aussi convergé pour accélérer cette évolution régressive : condamnées par la disparition pure et simple des éleveurs traditionnels, ou victimes de la dégradation des systèmes agraires dans lesquels leurs propriétaires sont insérés, ces races ont été, dans tous les cas, reléguées au rang d'antiquités de l'élevage par une action technique collective qui les a progressivement disqualifiées. Une soixantaine d'entre elles appartenant aux espèces bovine, ovine, caprine, porcine, chevaline et asine sont actuellement concernées : elles sont communément qualifiées de "races en péril".

Ce phénomène ne s'est pas manifesté avec la même rapidité chez les différents animaux domestiques. Pour les espèces les plus intensifiables et industrialisables telles les volailles (qui ont déjà atteint le stade ultime de la sélection àtravers la notion de "souche") et les porcs, le développement d'élevages industriels selon des modèles relativement standardisés (niveau croissant de contrôle du milieu lié à une forte efficacité de transformation des céréales) s'est soldé par une réduction drastique du nombre de races. En France le **Large White** et le **Landrace** se partagent l'essentiel de la production porcine. L'élevage bovin est également caractérisé par une forte spécialisation des productions : la domination mondiale de la **Holstein** n'a pas épargné la France où elle prédomine dans le peloton de tête des races laitières en reproduisant le modèle américain d'intensification laitière ; la production de viande par les vaches allaitantes repose, elle, sur *trois races* à fort développement musculaire avec une faible adiposité de la carcasse (la **Charolaise**, la **Limousine** et la **Blonde d'Aquitaine**, dont l'extension est maintenant mondiale, *représentent à elles trois* 86% du cheptel national des races à viande) et autrefois destinées à la traction animale. En revanche, la population ovine, même après la mérinisation[6] puis l'introduction des races anglaises, a relativement mieux conservé sa variabilité du fait de modes d'exploitation utilisateurs d'espaces - par conséquent adaptés à la diversité des milieux naturels - et d'une moindre efficacité des techniques de reproduction. Chez les che-

---

6. Le terme "mérinisation" qualifie le croisement des populations locales d'alors avec le **Mérinos** développé par Napoléon 1er au début du 19ème siècle pour améliorer la qualité de la laine.

vaux, la multiplicité des races et des types de produits commercialisés a permis la mutation rapide d'un élevage dont le poids économique a quitté le secteur agricole pour émarger à celui, croissant, des loisirs.

Cependant, alors que point à l'horizon l'ère du "génie génétique", l'attention portée aux "ressources génétiques" va croissante. La nécessité du maintien de la diversité devient peu à peu, depuis quelques années, un nouvel enjeu national et international. Cette tendance nouvelle, à la fois révolutionnaire et conservatrice, tente d'opposer au courant dominant d'homogénéisation, des forces de rappel garantes des équilibres naturels face à l'incertitude de demain.

Les ressources génétiques françaises résident à la fois dans la puissance des races portées par des programmes de sélection parmi les plus performants au monde (cf. race ovine laitière **Lacaune**) et dans la diversité des races anciennes maintenues malgré tout.

Ces deux types de populations répondent aujourd'hui à des besoins complémentaires. En effet, les bouleversements importants que connaît le monde agricole occidental invitent à nuancer quelque peu les schémas intensifs dont la domination paraissait encore inéluctable il y a 10 ans, et les excédents structurels que connaissent certaines productions (lait, viande, céréales) exhortent à plus d'innovation. Dans ce contexte d'incertitude, la préoccupation conservatrice des races anciennes est conjointe avec la nécessité d'une diversification des productions et les incitations au développement de l'extensification imposées par un contexte économique différent (énergie, main-d'oeuvre et capital plus coûteux, terre de plus en plus disponible).

Les artisans de la sauvegarde des ressources génétiques traditionnelles, en maintenant intactes les races locales au sein des agro-écosystèmes français, offrent au "concept" de diversification en vogue aujourd'hui, l'occasion de prendre pied sur un matériel génétique original et empreint d'une forte valeur sociale et culturelle.

Le **Baudet du Poitou**, le porc **Gascon**, le mouton **Boulonnais**, la **chèvre du Rove**, ... longtemps restés dans les "coulisses" du développement économique ... font "peau neuve". Ils essaient de monter sur la scène des stratégies alternatives du paysage rural de l'an 2000 : leur "planche de salut".

L'histoire de la conservation

La nécessité de gérer les ressources génétiques ne se limite pas au simple territoire français : depuis une quinzaine d'années, chercheurs et pouvoirs publics essaient d'inventorier, à l'échelle mondiale, les populations menacées et d'en conserver le plus large éventail (Hodges, 1984 ; Maijala *et al*, 1984 ; FAO, 1981 ; Bougler, 1985).

Un mouvement d'opinion

Cette récente dynamique est liée à toute une panoplie d'objectifs sociaux apparus plus ou moins simultanément, même si l'un prend plus ou moins le pas sur l'autre à l'échelle de quelques années.

Après la prise de conscience des limites du développement industriel et des conséquences sur la société (Club de Rome, Conférence de Stockholm sur l'Environnement tenue en 1972 sous l'égide des Nations Unies), émergent les signes d'une crise socio-économique et culturelle fondamentale et mettant en cause la fragilité des systèmes de production à fortes consommations intermédiaires pour de fortes productions individuelles.

En France, les chercheurs qui ont pris conscience du phénomène d'appauvrissement du matériel biologique sont ceux aussi qui ont été à l'origine des programmes d'amélioration génétique des grandes races performantes (Vissac, 1972 ; Bibé et Vissac, 1975). La Société d'Ethnozootechnie, depuis sa création en 1971, a joué un rôle majeur dans le développement d'un mouvement d'opinion en faveur des races menacées, en premier lieu par la sensibilisation de chercheurs, enseignants, cadres de l'administration et de la profession agricole au niveau national.

Parallèlement, dès les années 70, les gestionnaires des Parcs naturels régionaux et nationaux s'intéressent aux races domestiques qu'ils considèrent à la fois comme des composantes importantes de l'identité locale et des éléments de la biodiversité nationale. La préoccupation des uns et des autres n'est pas de mettre en cause la légitimité et l'utilité économique des programmes modernes de sélection, mais de contribuer à maintenir vivantes des races qui n'ont pas fait l'objet des mêmes choix.

Créé lors de la conférence de Stockholm, le Programme des Nations Unies pour l'Environnement (PNUE) - conscient des menaces qui pèsent sur le patrimoine génétique de la biosphère - sollicite l'Organisation des Nations Unies pour l'Alimentation et l'Agriculture (OAA = FAO) pour examiner les problèmes touchant aux ressources génétiques animales (Projet FAO/PNUE). Cet intérêt conjoint débouche en 1980 - lors d'une consultation technique des pays membres de l'ONU - sur l'élaboration d'un programme pilote élargi au monde entier. Les recommandations visent une "stratégie mondiale de conservation et d'aménage-

Les ressources génétiques animales dans les organisations internationales
(d'après Ollivier, 1989)

L'Organisation des Nations Unies (FAO)

L'activité de l'ONU et plus particulièrement de sa branche Alimentation et Agriculture, connue sous le sigle FAO remonte au début des années 60. Un jalon historique marquant fut la *Conférence des Nations Unies pour l'Environnement*, tenue à Stockholm en 1972 qui aboutit à la création *du Programme des Nations Unies pour l'Environnement* (PNUE).

Les initiatives de la FAO ont d'abord été axées sur la gestion des ressources génétiques des pays en voie de développement, à l'aide d'outils tels que les banques de données et les banques de gènes. La FAO a réalisé en 1983-85 des expériences-pilotes sur des bases de données en Asie, en Afrique et en Amérique Latine. Elles ont été l'occasion d'études méthodologiques approfondies (FAO/UNEP, 1986 ; Hodges, 1986). En 1985, cette organisation recommandait la création de banques de données régionales dans chacune des 4 régions en voie de développement (Afrique, Asie, Amérique Latine et Caraïbes, Proche Orient), mais également en Europe et en Amérique du Nord. Des expériences-pilotes ont parallèlement été conduites pour la constitution de banques de gènes avec conservation par le froid de semence et d'embryons ; elles ont été assorties de l'étude des problèmes que soulève leur mise en œuvre dans les pays en voie de développement. Grâce aux efforts conjoints de la FAO et de la FEZ, un accord pour créer une "Banque de Données Mondiale sur les Ressources Génétiques Animales" fut signé en février 1988.

La Fédération Européenne de Zootechnie (FEZ)

La Commission de Génétique Animale de la FEZ a créé en 1980 - sur les recommandations du Programme des nations unies pour l'environnement - un Groupe de travail sur les Ressources Génétiques Animales, en vue de faire le point de la situation dans les pays membres (Europe et bassin méditerranéen). Un premier bilan de l'activité du groupe a été publié par Maijala et *al* (1984). Une de ses activités est l'organisation d'enquêtes sur les populations animales dans les pays membres, à intervalles réguliers, pour les espèces bovine, caprine, équine, ovine et porcine.

L'analyse des réponses de l'enquête réalisée en 1985 - sur la base d'un questionnaire comprenant, pour chaque race, les 5 chapitres suivants : (1) information générale, (2) origine et développement, (3) description (caractères visibles et particularités génétiques), (4) qualification, (5) performances - fait ressortir que, sur la trentaine de pays membres, 17 ont répondu, fournissant des renseignements sur 148 races bovines, 45 caprines, 73 équines, 64 porcines et 183 ovines (Maijala, 1987). Le nombre des races à effectif en diminution ne dépasse pas celui des races à effectif en augmentation, alors que l'enquête de 1983 mettait en exergue une prédominance de la première catégorie. La contribution de la France à ce travail a été réalisée sous l'égide du Bureau des Ressources Génétiques (BRG) et de l'Association Française de Zootechnie (AFZ) avec le concours de l'Union Nationale des Livres Généalogiques (UNLG), des Instituts techniques et de l'Institut National de la Recherche Agronomique (INRA). L'ensemble des réponses aux questionnaires a été rassemblé en une série de brochures ronéotées (Bougler, 1985). En outre, les renseignements concernant les populations ovines et caprines ont été rassemblés dans un livre édité par le BRG (Lauvergne, 1987).

La totalité de ces informations a été transférée en 1988 à la Banque de données européenne, établie en 1987 à l'Institut de Génétique Animale de l'Ecole Vétérinaire de Hanovre avec le concours de la Fondation Allemande pour la Recherche. Elles ont été remises à jour et éditées dans un ouvrage "Genetic diversity of European livestock breeds" (Simon et Buchenauer, 1993).

L'Association Française de Zootechnie

L'Association Française de Zootechnie (AFZ), association 1901, a été fondée en 1949 par le Professeur AM Leroy. Sous la Présidence de Julien Coléou, Professeur de Zootechnie, Président du Département des Sciences Animales de l'INA-PG, elle a retrouvé, depuis 1985, une dynamique nouvelle. Carrefour de toutes les espèces animales, elle a été l'organisatrice de la 41ème Réunion Annuelle de la FEZ, tenue à Toulouse en Juillet 1990.

En tant que membre français de la FEZ, qui regroupe 31 pays européens et méditerranéens, elle est intégrée dans un réseau international.

Sa mission :

Faire progresser la diffusion et l'application des connaissances relatives au secteur et filières des produits animaux, soit :
- promouvoir les contacts et les échanges entre spécialistes praticiens ;
- organiser des réunions et des mises au point sur des problèmes d'actualité ;
- mettre en place des commissions d'étude fonctionnant autour de thèmes tels que : prospectives des productions animales, informatique et élevage, qualité des produits animaux destinés à l'alimentation humaine ;
- développer des actions spécifiques ;
- collaborer avec les organisations étrangères.

· Ses adhérents :

Des personnes physiques ou morales relevant : d'organismes publics et d'administrations, des instituts scientifiques et techniques, des syndicats professionnels et des offices interprofessionnels, des industriels de l'amont des filières de produits animaux, des entreprises des secteurs de transformation et de distribution, des organismes financiers.

AFZ
16, rue Claude Bernard
75231 Paris Cedex 05

ment des ressources génétiques animales". Les travaux d'un groupe d'experts font l'objet de réunions et publications périodiques (OAA et PNUE, 1976, 1981, 1984a, 1984b, 1987, 1990).

La seconde rencontre des experts de la FAO, qui s'est tenue en Juin 1986 à Varsovie en même temps que le symposium scientifique organisé sous l'égide de la Fédération Européenne de Zootechnie (FEZ) par la Société Polonaise de Zootechnie (PSAP), a été l'occasion d'un premier échange sur les possibilités d'utiliser et de valoriser les races animales d'effectifs limités dans le contexte européen (OAA/PNUE, 1987). Lors de la 38ème Réunion Annuelle de la Fédération Européenne de Zootechnie, à Lisbonne en 1987, les thèmes "Gestion des ressources génétiques animales" et "Races locales" ont occupé une large place. "Gestion et utilisation des ressources génétiques animales" ont également fait l'objet de débats lors du Congrès Mondial de Zootechnie à Helsinski en 1988.

La première conférence internationale sur les programmes de conservation des races d'animaux domestiques a été organisée en Septembre 1989 à Coventry en Grande Bretagne par le *Rare Breed Survival Trust* (Alderson, 1990)[7]. La volonté de coopération

---

7. Association créée en 1973 à l'initiative de la Société Zoologique Londonienne et de la Société Royale d'Agriculture d'Angleterre (RASE). Cette organisation est dotée de moyens importants qui lui permettent de réaliser un grand nombre d'opérations concrètes de conservation et de poursuivre une politique de communication.

Société d'Ethnozootechnie

Le thème de la conservation des ressources génétiques a conduit en 1971 à la création de la Société d'Ethnozootechnie, à l'initiative et sous la présidence du Professeur Raymond Laurans, ancien directeur de la Bergerie Nationale de Rambouillet. L'objectif principal de cette Association est centré sur l'étude de l'évolution des relations entre l'homme, les animaux domestiques et les milieux dans lesquels ils vivent.

Elle organise des voyages et journées d'études (donnant lieu à la parution de comptes-rendus) consacrées à des thèmes divers recherchant la collaboration de tous ceux qui (praticiens, scientifiques ou érudits) s'intéressent à des questions concernant l'ethnozootechnie dans les diverses disciplines (zootechnie, ethnologie, écologie, histoire etc... etc...) et non abordées par leurs institutions ou groupes professionnels.

Plusieurs journées ont été consacrées au thème de la conservation des ressources génétiques ("Races domestiques en péril" en 1975, 1978, 1983, 1993) et à l'exploitation des zones marginales par les races rustiques ("Zones marginales et races rustiques" en 1979 et "Les animaux domestiques dans les parcs naturels et les zones difficiles" en 1982).

Depuis 1981, la Société d'Ethnozootechnie diffuse une lettre de la société au-delà du cercle des sociétaires. Cette lettre fait état de l'activité de la Société ; y sont mentionnés les travaux en cours de chacun de ses membres, les colloques, journées d'études, réunions, missions, expositions, la parution de textes législatifs, circulaires, livres ou articles ayant un rapport avec l'ethnozootechnie.

Société d'Ethnozootechnie
25, Boulevard Arago
75013 Paris

Le Bureau des Ressources Génétiques

Le Bureau des ressources génétiques a été créé en 1983 par le Ministre de la Recherche, sur proposition d'André Cauderon, à la suite du rapport de Bertrand Vissac et Roger Cassini sur la conservation du patrimoine génétique réalisé en 1980. Structure interministérielle lors de sa création, puis rattaché en 1988 à la Direction Générale de la Recherche, il est constitué, depuis avril 1993, en Groupement d'intérêt scientifique (GIS) auquel adhèrent 9 partenaires : les 3 Ministères de l'Agriculture et de la pêche, de l'Enseignement supérieur et de la recherche, de l'Environnement ainsi que le CIRAD, le CNRS, le GEVES, l'INRA, le MNHN et l'ORSTOM.

Son but : animer et coordonner au plan scientifique les différentes actions menées en France en faveur de la diversité génétique tant végétale qu'animale et microbienne ; rassembler et organiser les informations ; conseiller les pouvoirs publics et les représenter dans les activités internationales en matière de diversité génétique.

Parmi les activités du BRG : l'organisation de colloques sur des thèmes sensibles, la publication d'inventaires permettant de valoriser ce qui est fait en France et de faciliter l'élaboration d'une politique nationale, le soutien aux actions menées par les divers organismes de recherche.

Bureau des Ressources Génétiques
57, rue Cuvier
75231 Paris Cedex 05

internationale affichée lors de cette confrontation a été concrétisée par la création du *Rare Breed International* dans le cadre de la seconde conférence de Budapest en Août 1991 (Alderson et Bodo, 1992).

Le spectre d'intérêts couvert par la notion de conservation des ressources génétiques des animaux de ferme est donc forcément large et si les objectifs poursuivis par les acteurs des différents pays impliqués dans cette démarche sont très proches, les modes d'organisation varient considérablement. Ils intégrent à des degrés divers les préoccupations d'éleveurs locaux, les intérêts scientifiques et la responsabilité nationale.

La méthode la plus largement répandue consiste cependant à entretenir *in situ* des animaux vivants. En France, comme d'ailleurs dans la majeure partie des pays d'Europe méridionale, la sauvegarde des ressources génétiques animales s'inscrit généralement dans le cadre des systèmes agraires traditionnels. Les pays anglo-saxons ont pris l'option d'une conservation "sportive" réalisée dans des parcs publics, des fermes privées ou des réserves naturelles. Les animaux y sont présentés au public. Le *Rare Breed Survival Trust* a servi de modèle pour la création d'associations du même type dans de nombreux autres pays d'Europe occidentale.

<table>
<tr><td>• L'approche globale</td><td style="text-align:right">Un courant de recherche</td></tr>
</table>

A partir des années 70, un regain d'intérêt pour les races "rustiques" a conduit à remettre en question les méthodologies évaluatives utilisées jusqu'alors, en vue de mieux cerner les avantages comparatifs de certains génotypes, de mettre en cohérence l'amélioration génétique et celle des systèmes d'élevage et, en fin de compte, de valoriser les interactions entre génotype et milieu au niveau régional (Vu Tien Khang *et al*, 1979).

Des études réalisées sur les populations bovines élevées traditionnellement dans les zones dites "difficiles" ont contribué à identifier des caractères positifs correspondant à des qualités indispensables pour la réussite du système d'élevage local. Ces systèmes où les interventions humaines sur les animaux sont réduites et où les besoins nutritionnels minima des mères sont couverts par des disponibilités fourragères de qualités et quantités variables, impliquent en effet la mise en oeuvre des aptitudes maternelles (10èmes Journées du Grenier de Theix, 1979).

Ainsi, par exemple, l'accroissement de la fréquence des vêlages difficiles, qui a coïncidé avec une large diffusion dans le monde des races continentales de grande taille telle que la **Charolaise**, a conduit les chercheurs généticiens à s'intéresser de façon prioritaire à l'amélioration de ce caractère chez les bovins. A partir de nombreuses observations réalisées aussi bien dans le cadre d'expérimentations planifiées (Bibé *et al*, 1974) que lors des contrôles de performances des populations, on a pu mettre en évidence que ce sont les femelles de races rustiques (petite taille et faible musculature) qui vêlent le plus facilement (Ménissier, 1974, 1979 ; Ménissier et Foulley, 1978), même dans le cadre d'un croisement industriel avec des races à viande à fort développement musculaire.

Par ailleurs, les limites du modèle classique de sélection basé sur l'additivité des actions globales du génotype et du milieu (P=G+E) - modèle qui exprime une réponse semblable de différents génotypes à une même variation de milieu et par là même des écarts constants entre ces génotypes quel que soit le milieu de production - sont apparues lorsqu'il a été appliqué à des génotypes et des conditions de milieu très différentes *a priori*.

Les différences de production observées sur des caractères classiques (vitesse de croissance, quantité de lait ...) dans différents milieux de production conduisaient les généticiens à introduire la notion d'interaction génotype-milieu pour mieux décrire les variations (P= G+E+"I")[8] d'un point de vue statistique (Bibé et Flamant, 1981). Cette interaction correspond par définition à l'écart entre l'action conjointe du génotype et du milieu sur un caractère et le modèle théorique (Bonaïti et Bertaudière, 1982).

Une approche de ces problèmes consiste à faire l'hypothèse que le niveau des performances zootechniques est simultanément sous la dépendance du génotype et du milieu tant pour le caractère de production lui-même (vitesse de croissance etc...) que pour des caractères d'adaptation qui n'interviennent pas lorsque les conditions d'élevage sont optimales (Bibé et Flamant, 1981). En d'autres termes, l'interaction génotype-milieu peut être considérée comme le corrolaire statistique du concept biologique d'adaptation (Bertocchio, 1989). Ceci conduit à envisager par voie de conséquence que le changement de milieu modifie l'intérêt relatif de certains génotypes et que des animaux sélectionnés dans des environnements plus favorables risquent de s'avérer par la suite inadaptés aux conditions réelles de production (Bouix, 1992).

Dans le même temps et à la lumière de l'action stimulante de la RCP **Aubrac** (Recherche Coopérative sur Programme, 1963-1965) et des études réalisées sur les deux races bovines **Aubrac** et **Gasconne** (Pyrénées), la réflexion sur les races locales a été pro-

---

8. Dans le modèle classique, P=G+E sans interaction exprime une réponse semblable de différents génotypes à une même variation de milieu et par là même des écarts constants entre ces génotypes quel que soit le milieu de production (Bibé et Flamant, 1981) : la valeur phénotypique (P) est décomposée en deux termes qui rendent compte respectivement de la somme des effets moyens de tous les gènes impliqués dans la réalisation du caractère soumis à évaluation (G) et de la somme des effets moyens du milieu (E).

longée au-delà des rapports entre la génétique et les évolutions macro-économiques. Elle a montré que leur disparition traduisait aussi la dépopulation des zones difficiles et des changements dans la conception du travail sur l'exploitation agricole (Bibé et Vissac, 1975, 1979).

En race bovine **Aubrac**, le passage d'un système de production ancien (lait principalement), exigeant en travail, en un système viande plus extensif mettait en oeuvre un croisement utilisant les complémentarités entre effets directs et maternels des gènes[9] (femelle rustique **Aubrac** x mâle boucher **Charolais**). Cette évolution, qui permettait d'envisager un avenir pour l'**Aubrac**, posait avec acuité mais clairement le double problème :

- du besoin de conservation d'animaux purs,

- du contexte le plus favorable à cette conservation : milieu où le croisement **Charolais** s'avère le moins efficace par rapport à l'**Aubrac** pur (Bibé et Vissac, 1975, 1979).

Dans un tel contexte, les qualités du matériel animal local se rapportent beaucoup moins à la quantification des niveaux de production réalisés qu'à l'identification des régulations exercées par les animaux (entre fonctions biologiques, entre les ressources alimentaires et les besoins de production) et des caractères biologiques leur permettant de vivre et de se renouveler quelles que soient les variations aléatoires du milieu (Audiot et Flamant, 1982 ; Vallerand, 1987), et que l'on qualifie sous le terme général de "**rusticité**". Les préoccupations en matière d'aménagement du territoire et les politiques de relance des économies de montagne ont rejoint cette analyse de l'efficacité de la liaison entre les races locales et l'exploitation des ressources naturelles dans les régions présentant des contraintes pédo-climatiques importantes (Bibé et Vissac, 1979).

Elles ont mis en évidence l'intérêt de développer, dans les régions où le problème de la gestion du matériel animal et de ses qualités apparaît central, des recherches à caractère pluridisciplinaire pour explorer les voies les plus réalistes d'utilisation des races, compte tenu du changement de conjoncture.

• *La gestion génétique des petites populations*

Dans la presque totalité des cas, ce sont des éleveurs qui assurent la sauvegarde des races animales domestiques menacées. Considérer la conservation de ces animaux d'un point de vue génétique revient à poser un problème méthodologique original :

---

9. On entend par "effets génétiques directs", les effets du génotype du veau sur l'expression de ses performances, et par "effets génétiques maternels" l'incidence du génotype de la mère à travers les effets de ses caractères maternels (comportement à la naissance, allaitement ...) sur l'expression des performances du veau.

celui de la gestion génétique de populations à petits effectifs. L'objectif est d'éviter une élévation trop rapide de la consanguinité et la réduction concomittante de la variabilité génétique qui sont les conséquences aujourd'hui bien connues de la limitation des effectifs sur la structure génétique d'une population.

Les travaux de Wright (1931), Malécot (1948) et Kimura et Crow (1963) ont permis d'appréhender le problème sur le plan théorique. On sait en effet que lorsque l'effectif d'une population est réduit, le faible nombre de reproducteurs utilisés à chaque génération et l'échantillonnage correspondant qui est fait de leurs gamètes conduisent à une fluctuation aléatoire de la fréquence des gènes présents dans le patrimoine génétique de la population - c'est la dérive génétique -. Ces échantillonnages successifs induisent une réduction de la variabilité génétique aboutissant, à plus ou moins long terme, à la perte de certains allèles (par conséquent de certains caractères) et à la fixation aléatoire d'autres allèles. En d'autres termes, le pool génique de la population s'appauvrit à chaque locus et, plus globalement, des combinaisons génétiques originales, entre les gènes situés à différents locus, peuvent être perdues.

Parallèlement, du fait du nombre borné d'ancêtres potentiels, chaque individu qui naît a une probabilité accrue de posséder en un locus autosomal quelconque deux gènes homologues - copies mendéliennes d'un même gène ancêtre - identiques. Ainsi l'apparition d'accouplements consanguins (accouplements entre individus apparentés) renforce la disparition progressive des hétérozygotes au profit des individus homozygotes. On parle alors de consanguinité, ce qui se résume tout simplement à l'existence d'un ancêtre commun à la lignée paternelle et à la lignée maternelle de l'individu en question.

Dans les faits, ceci se traduit d'une part par une uniformisation croissante des populations (conséquence sur les caractères qualitatifs qui sont déterminés par un petit nombre de couples de gènes tel la couleur du pelage) et l'apparition de tares génétiques (défauts de conformation, de constitution ...) et, d'autre part par la baisse relative de certaines performances des animaux (reproduction, production et adaptation) - c'est la dépression de consanguinité -.

L'étude des méthodes de gestion adaptées au cas des petites populations d'animaux domestiques a été développée en France dans le cadre du Département de Génétique Animale de l'INRA, depuis 1976. Une première série de travaux, qui avaient alors comme préoccupation majeure le maintien et la gestion de la variabilité génétique intra-race, conduisirent à élaborer des méthodes visant à minimiser l'accroissement du coefficient moyen de consanguinité (Chevalet et Malafosse, 1979 ; Rochambeau *et al*, 1979 ; Rochambeau, 1983a, 1983b ; Rochambeau et Chevalet,

1989). Leur mise en oeuvre par le Département des Sciences Animales de l'INA-PG en collaboration avec les Instituts Techniques des espèces concernées (ITOVIC, ITEB, ITP) et les associations d'éleveurs correspondantes au travers de leur organisme fédératif national l'UNLG (Malafosse *et al*, 1976) permit le développement des schémas de conservation des races bovines **Bretonne Pie-Noir, Rouge Flamande, Vosgienne**, de la race caprine **Poitevine**, des races ovines **Solognote** et **Mérinos Précoce**.

Les règles de gestion de ces schémas reposent sur trois principes essentiels :

- la division de la population en groupes de reproduction les plus uniformes possibles ;

- la circulation des reproducteurs mâles entre les groupes de reproduction ;

- un nombre aussi élevé que possible des reproducteurs mâles.

L'institutionnalisation

Un pas important a été franchi, il y a une quinzaine d'années, pour concrétiser cette préoccupation, lorsqu'un pourcentage minime certes (0,4 %) mais significatif, des crédits du Ministère de l'Agriculture consacrés à l'amélioration génétique, a été affecté, sur proposition des chercheurs de l'INRA, à la mise en oeuvre de programmes de conservation. C'était en quelque sorte la reconnaissance que la spécialisation des races et la réduction de la variabilité génétique, commandée par des besoins économiques immédiats, devaient s'acquitter d'une "taxe" pour le maintien de la diversité et la préservation du potentiel génétique susceptible de répondre aux besoins des générations futures. L'argument décisif avait été la réussite d'une action pilote, le programme de la race ovine **Solognote** (Barillet, 1975).

Cette nouvelle mobilisation a suscité en France une multitude d'interventions de natures très diverses ; pour témoin le nombre croissant de programmes développés et la liste des organismes qui interviennent dans ce domaine (Bougler, 1983a).

Les conférences, journées d'études, publications, articles de presse, émissions de radio et de télévision consacrées à ce thème ont suscité, à n'en pas douter, un mouvement d'opinion en faveur de la sauvegarde des races (Bougler, 1975a ; Laurans, 1985).

En avril 1983, le processus d'institutionnalisation franchissait une nouvelle étape avec la création d'un "Bureau des Ressources Génétiques". Cette structure, aujourd'hui constituée en Groupement d'Intérêt Scientifique, associe sous la tutelle du Ministère de l'Agriculture et de la Pêche (MAP), du Ministère de l'Enseignement Supérieur et de la Recherche (MESR) et du Ministère de l'Environnement (ME) les 6 autres membres fondateurs que sont le Centre de coopération internationale de recherche agronomique pour le développement (CIRAD), le

Centre national de la recherche scientifique (CNRS), le Groupement d'étude et de contrôle des variétés et des semences (GEVES), le Muséum national d'histoire naturelle (MNHN), l'Institut français de recherche scientifique pour le développement en coopération (ORSTOM) et l'INRA. Elle est chargée d'animer et de coordonner, sur le plan scientifique, les actions d'étude et de gestion du patrimoine biologique français, en particulier les animaux domestiques et les plantes cultivées (Cauderon, 1984). Elle représente également la puissance publique au niveau international. Un premier colloque sur la "Gestion des Ressources Génétiques des Espèces Animales Domestiques" s'est tenu à son initiative les 18 et 19 avril 1989 à Paris (BRG, 1989), un second, plus récent, sur les "Ressources génétiques animales et végétales" du 28 au 30 septembre 1993 à Montpellier (Colloque BRG/INRA, 1993).

L'enjeu Les enjeux de la conservation des races animales menacées dépassent celui de la simple gestion de la variabilité génétique. Ils sont tout à la fois scientifiques, moraux, culturels, écologiques, voire économiques.

Les races dites "locales" se sont principalement maintenues là où les conditions d'élevage privilégient le plus l'exploitation des ressources naturelles.

Dans la conjoncture agricole actuelle (quotas, jachère, gel des terres[10]) et pour affronter les mutations en cours, dans un contexte où le devenir de nombre d'exploitations reste préoccupant, le courant de pensée écologique, né de la prise de conscience des limites du développement industriel jugé à la fois dangereux et coûteux, suscite la recherche de voies alternatives de développement agricole.

L'émergence de nouveaux systèmes de production, plus économes en moyens qu'au cours des dernières décennies et valorisant les ressources de l'espace rural, invite à conserver une grande prudence quant à la gestion de notre matériel génétique animal (Béranger, 1988). En effet la réduction du capital génétique (au sens de réduction du nombre de gènes ou de combinaisons génétiques) - pour peu qu'elle concerne des races adaptées à un milieu spécifique - risque d'amenuiser considérablement les possibilités d'ajustement de l'espèce à certains systèmes d'élevage, à des productions particulières ou des caractéristiques futures. C'est surtout pour des caractères que l'on n'a ni étudiés, ni même remarqués auparavant, que les ressources génétiques qui n'appartiennent pas à un moment donné à la catégorie des

---

10. Le problème de "gel des terres agricoles", déjà évoqué par Mansholt (1965), ressurgit actuellement et, avec lui, la nécessité de gérer des zones abandonnées ou en voie de désertification.

plus usitées, peuvent potentiellement s'avérer précieuses. Il convient donc d'en préserver le plus grand nombre.

De nombreuses incertitudes pèsent en effet pour l'avenir, tant en ce qui concerne la nature des produits commerciaux qui seront demandés, que les milieux ou les systèmes d'exploitation dans lesquels cette production s'effectuera. Il est donc urgent que la diversité génétique soit de mieux en mieux comprise comme un facteur essentiel de souplesse permettant aux systèmes de s'adapter.

C'est dans cette optique que suite aux résultats d'une étude commandée par la DG XI (Direction Générale Environnement, Sécurité Nucléaire et Protection Civile) de la Commission des Communautés Européennes et conduite dans les 12 Etats membres sous la responsabilité de l'Institut de l'Elevage (Verrier *et al*, 1992), la Commission a décidé d'inclure, dans le dispositif "Agri-Environnement" des mesures d'accompagnement de la réforme de la PAC, qu'une aide aux races menacées de disparition soit dispensée aux éleveurs.

Attention, cela ne veut pas dire que les races locales vont à coup sûr répondre aux exigences de l'agriculture de demain ! Mais les changements actuels et le contexte général de concurrence grandissante impliquent fortement de lutter contre la perte de biodiversité. Leur originalité et rareté génétique peuvent en effet offrir, à certaines de nos races à petits effectifs, des opportunités pour transformer, sur leur propre territoire, leurs handicaps en atouts.

Dans le rapport qu'ils présentaient au Ministre de l'Agriculture, en juin 1980, Vissac et Cassini, insistaient sur "l'intérêt qu'il y avait de disposer de "terroirs" où pouvaient être étudiés et conservés *in situ*, non seulement les espèces animales en voie de disparition, mais le savoir et les pratiques des éleveurs et des agriculteurs et leur mode d'adaptation au milieu".

                                                         Bilan d'une expérience

Les Parcs Naturels Régionaux, liés à des territoires fragiles marginalisés par le processus de normalisation du développement agricole et destinés à conserver une diversité écologique - dont certains avaient déjà estimé essentiel d'engager des actions de sauvegarde et de remise en valeur des races menacées, dès lors qu'elles se trouvaient dans leur écosystème et à l'intérieur de leur zone - ont alors été reconnus dans leur rôle "pilote".

La mission confiée à la Fédération des Parcs Naturels de France avait pour principaux objectifs de privilégier "l'inventaire de la documentation et de l'information existantes", le "raisonnement sur les problèmes de conservation des races d'animaux de ferme" et de définir les bases scientifiques et techniques des interventions dans ce domaine.

Les Parcs Naturels Régionaux

Un Parc naturel régional est un territoire rural fragile, au patrimoine remarquable, qui s'organise autour d'un projet pour assurer durablement sa protection, sa gestion et son développement économique et social.

Le territoire "Parc naturel régional", classé par décret (pour 10 ans renouvelables) par le Ministère de l'Environnement, bénéficie d'une marque de qualité. Il est géré par un organisme autonome regroupant toutes les collectivités qui ont approuvé sa charte.

Cette charte détaille, pour chaque Parc naturel régional, les objectifs qu'il s'est fixés en matière de protection de l'environnement et de valorisation des potentialités agricoles, culturelles, touristiques et artisanales locales.

Les territoires des parcs comportent en effet, en grande majorité, un patrimoine particulièrement riche (milieux naturels exceptionnels ou d'un haut niveau biologique, architecture rurale très significative de la région, expression, arts et traditions populaires encore vivaces).

Les Parcs mettent au service de ces actions des moyens humains et financiers provenant essentiellement des Régions, des collectivités locales et de l'Etat pour impulser une véritable dynamique de développement durable alliant économie et environnement.

Depuis les années 80, ils ont joué un rôle évident dans la préservation des ressources génétiques:
- en tant que **structure permanente d'animation et de négociation**, les Parcs naturels interviennent auprès des agriculteurs pour susciter la constitution de groupes d'éleveurs ayant des objectifs communs d'utilisation et de gestion de la population (ce fut le cas du Parc naturel régional des Volcans d'Auvergne pour la race bovine **Ferrandaise**) ;
- en tant que **structure de développement local**, ils permettent de rechercher le prolongement d'intérêt économique que peut entraîner la mise en valeur des races menacées et l'intégration éventuelle dans des systèmes de production-transformation originaux ;
- en tant **qu'outil pédagogique**, ils poursuivent auprès du public une mission de sensibilisation, d'information et d'animation (cas exemplaire de l'Espace naturel régional Nord-Pas-de-Calais pour la race ovine **Boulonnaise**) ; la conservation des traditions anciennes peut, par des techniques culturelles appropriées, présenter un intérêt économique pour la région, valorisé par le tourisme (Ecomusée de Marquèze et ovins de race **Landaise**, Asinerie nationale expérimentale des **Baudets du Poitou**, Maison des fromages dans le Parc naturel régional des Volcans d'Auvergne).

On compte actuellement 27 Parcs naturels régionaux répartis sur 21 Régions.

Fédération des Parcs naturels régionaux de France
4, rue de Stockholm
75008 Paris

Plusieurs arguments ont présidé à ce choix :
- la mise en oeuvre d'interventions visant à se prémunir contre les phénomènes d'érosion génétique s'insère dans un objectif global de protection du patrimoine naturel et de développement local de leur territoire et de leur milieu humain ;
- préoccupés par la conception de systèmes d'utilisation de l'espace valorisant le patrimoine culturel et biologique, les Parcs constituent des territoires privilégiés pour la mise en place d'une politique de recherche et de développement sur les génotypes menacés et leur protection dans des systèmes de production ; ils prennent en compte non seulement des critères technico-écono-

miques, mais aussi des critères biologiques et écologiques, ainsi que des critères humains, sociaux et culturels ;

- les techniciens des Parcs ont l'énorme avantage de se trouver à la charnière entre d'une part, les intervenants extérieurs : administration, aménageurs, protecteurs ... et d'autre part, les tenants du sol, leurs structures professionnelles, les équipes de développement et de vulgarisation agricole et enfin les collectivités territoriales ; le Parc peut donc jouer un rôle important dans les tâches d'animation et de coordination au niveau local ; il offre de surcroît aux chercheurs une structure de dialogue avec ses différents partenaires socio-économiques, au sein de laquelle peuvent être discutés des projets d'étude et d'expérimentation.

A cette même époque, le discours tenu à l'échelon national par les milieux scientifiques, et notamment certains chercheurs de l'INRA, illustrait le caractère d'urgence pour que l'Etat renforce son assistance auprès des pionniers de la conservation en programmant des mesures pour la connaissance et le redéveloppement des races menacées. Mais compte tenu des trop nombreuses questions en suspens, les principaux responsables de la conservation ont dû se contenter de définir le cadrage général des actions à mener. Parmi les principales exigences retenues, on pouvait noter :

- la nécessité d'études et recherches pour mettre au point une méthodologie de caractérisation des races concernées ;

- l'intérêt de se doter d'une méthode permettant de classer les programmes de conservation en tenant compte simultanément des spécificités de chacune des races et des incidences techniques et financières des mesures proposées par leurs initiateurs ;

- le souhait de voir se créer une organisation susceptible de coordonner les différents programmes[11] et de réaliser un arbitrage des actions à retenir, les priorités d'interventions étant orientées vers les races jugées les plus menacées et les plus originales pour l'avenir ;

- le souci de revoir à la fois les modalités de financement et l'efficacité des aides pour pouvoir, à terme, les ajuster à la réalité locale ;

- l'importance de stimuler la connaissance et d'assurer la circulation des informations.

C'est dans ce contexte d'émulation qu'a débuté notre mission au sein des Parcs Naturels. Les problèmes à traiter étaient classés en deux types :

- sectoriels parce que les actions à mener devaient être identifiées Parc par Parc en liaison directe avec le (ou les) chercheur(s) qualifié(s)

- globaux du fait d'une réflexion menée en parallèle sur la façon d'aborder ces problèmes à l'interface recherche-développement.

---

11. Cette mission fut confiée en 1983 au Bureau des Ressources Génétiques.

Au terme des quatre années de collaboration avec les différents partenaires impliqués (éleveurs, organisations professionnelles, administration, instituts techniques, recherche, Parcs, associations), la réussite de certaines opérations et l'échec des autres nous démontraient, sur le terrain, la relative efficacité du concept de conservation qui était à la base de la sauvegarde des races menacées. Nous avons été amenée à nous interroger sur les fondements de la structuration actuelle de ces races. L'analyse de leur évolution et de l'histoire de leur conservation nous a conduit à engager une réflexion systématique et théorique qui, au-delà de la dimension génétique des programmes mis en oeuvre, intègre des facteurs humains (socio-économiques, idéologiques et culturels).

Cette analyse permet de proposer une approche scientifique des actions de conservation visant à :

- analyser les logiques qui sous-tendent l'organisation des programmes de conservation au niveau de chaque espèce,
- déterminer les outils méthodologiques nécessaires à la connaissance et l'évaluation des races concernées,
- prendre en compte les différents concepts attachés à la notion de race,
- réfléchir sur la pertinence de ces acquis en regard des interventions mises en oeuvre sur le terrain et des objectifs ou perspectives de nouvelles réalisations.

D'une conservation "spontanée" à une conservation "organisée"

"Même si une race locale pure ne paraît pas satisfaire aux indications économiques du moment, il est du devoir des Pouvoirs publics d'assurer la conservation d'un nombre suffisant d'individus de cette race pour reconstituer celle-ci dès que les circonstances viendront à se modifier. Il s'agit là d'un héritage dont chaque génération est comptable à l'égard de celle qui lui succède".

Jannin, 1929

Nous ne saurions trop insister sur le fait que c'est grâce aux éleveurs que certaines races animales subsistent actuellement. Ceux-ci, conservateurs par passion ou par tradition ou encore réfractaires au changement, ont continué à travailler avec le matériel animal local hérité de leurs proches ascendants. Ils se localisent souvent dans les régions défavorisées, "véritables zones refuges"[12] qui ont échappé à la dynamique dominante de modernisation et de standardisation. Une connaissance intuitive des qualités du matériel animal en regard des contraintes d'utilisation et de gestion des ressources naturelles justifie le caractère traditionnel de ces élevages.

Si donc la conservation "effective" de la plus grande masse du matériel animal a été réalisée jusqu'à présent par les éleveurs, les mouvements de conservation qui ont vu le jour dans les années 80 sont, pour la plupart, supportés par des courants intellectuels, voire militants (FFSPN, 1986). Bien que les conditions d'émergence de ces initiatives soient diverses, elles ont conduit inéluctablement au passage d'une conservation "spontanée" à une conservation "organisée" - revêtant un caractère officiel et assortie de soutiens techniques, scientifiques ou financiers, les acteurs "locaux" devenant, d'une façon institutionnelle ou non, les "relais" d'une politique nationale de conservation.

L'objet de ces actions est de maintenir des gènes ou des équilibres de gènes même si leur intérêt n'est pas perçu aujourd'hui. En fait au moment où ce mouvement s'engage, l'état des connaissances ne permet pas, dans la majorité des cas de préciser objectivement l'originalité de telle ou telle race[13]. On admet donc que le principe de la conservation est d'abord un postulat qui conduit

---

12. Lors de l'enquête FAO réalisée à partir de 1974, Lauvergne (1975a, 1978, 1979) est amené à développer la notion de "zone refuge" : l'élevage y est lié à l'existence d'une race locale et à l'exploitation des ressources fourragères naturelles et leur isolement géographique et technique en fait des isolats humains qui sont aussi des isolats pour le matériel animal et végétal utilisé (Corse, Oasis Sahariennes, îles grecques ...).

13. Sur avis favorable du Comité Consultatif pour l'Espèce Ovine de la Commission Nationale d'Amélioration génétique, la race ovine **Solognote** fut officiellement considérée en "réserve génétique" à partir de 1969.

à considérer par précaution que les différentes races régionales sont originales, donc à conserver tout ce qui existe (Devillard, 1980). Un inventaire rapide de la situation de la population (effectifs concernés, leur répartition, l'organisation des éleveurs) permet, en général de mesurer l'urgence et la nécessité de mise en place d'un programme de conservation : telle a été la première utilisation des moyens financiers dégagés par le 0,4% du Chapitre "Amélioration génétique" du Ministère de l'Agriculture dès 1977.

La réalisation, à l'échelle locale, de la plupart des actions s'avère souvent lente et laborieuse malgré l'appui de certains chercheurs, enseignants ou ingénieurs des Instituts Techniques, qui interviennent en premier lieu à titre d'experts. Les raisons en sont diverses ; elles tiennent notamment à la faiblesse des effectifs d'animaux en regard des différents partenaires concernés et à la nécessité de l'établissement préalable d'un consensus entre ces intervenants souvent porteurs de motivations et d'objectifs différents quant aux choix à réaliser et aux méthodes à mettre en œuvre (Audiot *et al*, 1983a). Les solutions adoptées revêtent alors des formes variées.

Dans ce contexte extrêmement différencié d'une race à l'autre, nous avons tenté de décrypter les objectifs et les règles de fonctionnement des schémas de conservation en identifiant les techniques utilisées, la structuration des troupeaux et l'organisation des différents "acteurs de la conservation".

La diversité des situations rencontrées nous a conduit à structurer notre réflexion en privilégiant comme premier niveau d'observation "l'unité biologique" sur laquelle peut, de façon théorique et administrative, s'appliquer un même schéma de conservation : l'espèce s'est imposée comme point d'ancrage de notre analyse.

Nous avons choisi de raconter successivement comment s'est organisée l'histoire de la conservation dans chacune d'elle, et ainsi d'illustrer de manière comparative comment se structure, selon les espèces, la hiérarchie des facteurs biologiques, techniques et humains intervenant dans un programme de conservation.

Les bovins

La diversité des races   • Le cheptel bovin français est caractérisé par une diversité de races intégrées dans des systèmes de production variés et dont on peut faire l'hypothèse qu'elles traduisent, à travers ces systèmes, une adaptation aux hétérogénéités du milieu et à l'environnement socio-économique.

L'évolution intervenue durant les cinquante dernières années, accompagnée de changements progressifs de type d'utilisation

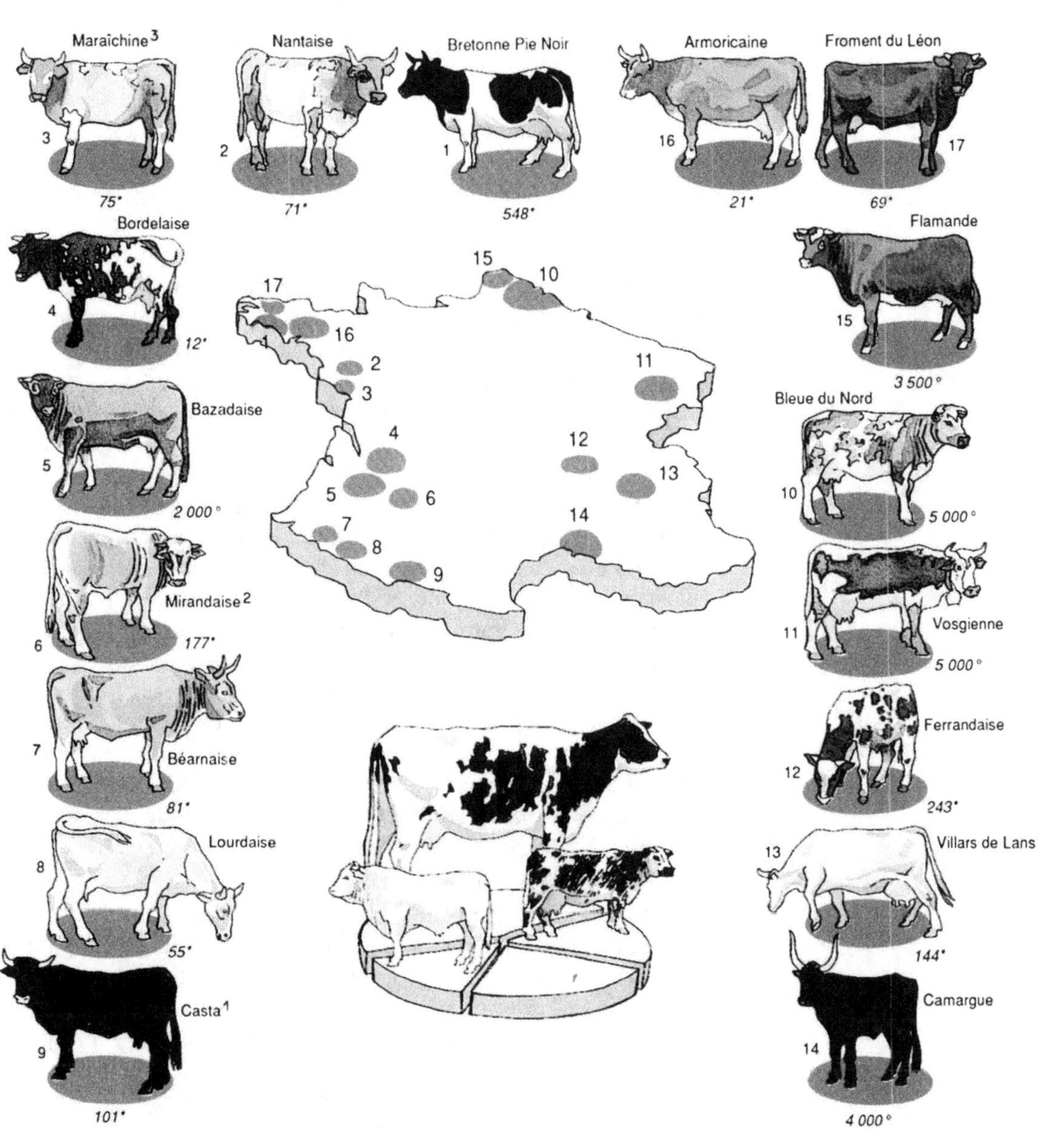

Races bovines françaises menacées

Les chiffres en italique indiquent le nombre de femelles reproductrices en 1992
Source : (°) Verrier et al., 1992 ; (*) fichier PETPE de l'Institut de l'Elevage
[1] Aure et Saint Girons
[2] Gasconne aérolée
[3] Parthenaise "type ancien"

Aquarelle : Isa Python
© Science et Vie - I. Python

(suppression de la traction, de la traite des vaches dans certaines races) a orienté l'élevage vers des systèmes de plus en plus spécialisés.

La production laitière, qui concerne 60% du cheptel de vaches françaises, a bénéficié la première de l'efficacité des schémas intégrés de sélection, modèle qui, nous l'avons vu, a fortement pesé sur l'organisation technique de l'amélioration génétique et l'encadrement de l'élevage en général. Pour ce qui est des vaches allaitantes, même si la base de l'alimentation est constituée de pâturage dans le cadre de systèmes d'exploitation diversifiés qui rendent le matériel génétique sensible à la diversité des conditions pédo-climatiques, le recours au croisement industriel pour la production de veaux de boucherie et l'importance des exportations vers l'Italie à partir du sud de la France ont soumis le cheptel allaitant à la domination progressive des races à fort développement musculaire.

Bref, l'élevage bovin représenté depuis le 19ème siècle par de nombreuses races à standard - Quittet en dénombrait encore 30 en 1963 avec des effectifs variant de quelques milliers de têtes à plusieurs millions d'individus - repose aujourd'hui sur un nombre limité de grandes races d'extension nationale et internationale dont la montée en puissance s'est réalisée au détriment de populations spécifiques à des milieux et systèmes locaux. En 1975, Bougler signalait déjà que quatre races reconnues représentaient 75% du cheptel national ; 20 ans plus tard, elles ne sont plus que trois (**Holstein, Charolaise** et **Normande**), la première se partageant avec la **Montbéliarde** et la **Normande** plus de 90% des effectifs de vaches laitières tandis que 95% d'entre elles sont fécondées par insémination artificielle.

• Il n'est donc pas étonnant de trouver aujourd'hui dans cette espèce une vingtaine de races à petits ou très petits effectifs relevant d'un programme de conservation (Avon et Duplan, 1983 ; Avon, 1986, 1990). Si certaines d'entre elles ont définitivement disparu (**Femeline-Bressane, Mézenc, Morvandelle**) on peut classer celles qui subsistent de façon différente selon qu'on privilégie : leur origine productive, leurs effectifs, les actions en cours ou bien la structuration actuelle de la race.

On peut ainsi distinguer :

— *D'anciennes races locales laitières* : **Bretonne Pie-Noir, Armoricaine, Froment du Léon, Ferrandaise, Villard-de-Lans, Auroise, Béarnaise, Lourdaise, Bordelaise**[14] , qui ne rassemblent pas plus de cinq cents sujets et comptent parmi les races à "très

---

14. Grâce à un important travail de recherches historiques et d'enquêtes de terrain réalisé dans la Région Aquitaine, "l'Association de Sauvegarde des Races Domestiques Menacées" a récemment retrouvé 12 vaches dont les robes de type "beyrette" témoignent de leur rattachement à l'ancienne race "**Bordelaise**" qui était considérée comme disparue depuis déjà plusieurs années.

petits effectifs" (TPE)[15*]. La plupart d'entre elles étaient, à l'origine des programmes, représentées par des femelles généralement âgées, mais d'excellente qualité, dispersées dans des troupeaux de petite taille dans lesquels elles coexistent parfois avec des animaux appartenant aux races dominantes ou issues de croisement(s) avec celles-ci.

La **Rouge Flamande**[16*] et la **Vosgienne**[17**], moins menacée, sont d'ailleurs l'objet d'un renouveau autour d'une tradition fromagère (fromage de Bergues et Munster fermier)[17*]. Les races **Abondance**, **Brune des Alpes**, **Pie Rouge des Plaines**, **Pie Rouge de l'Est** et **Tarentaise** présentent quant à elles des effectifs nettement plus importants[18***].

Des races mixtes "veau+lait" souvent utilisées pour le travail, qui ont vu leur système de production évoluer, à partir de 1970, vers la seule production de viande, passant d'aptitudes :
- "lait/viande/travail" à "viande" pour les races **Parthenaise**[**], **Aubrac** et **Salers**[***] (Avon et Duplan, 1983) ;
- ou "viande/travail" à "viande" dans le cas des races **Bazadaise**[**] et **Gasconne** à muqueuses noires[***] ;
- ou encore "lait/viande" à "viande" pour la **Bleue du Nord**[**] peu utilisée par le trait dans une zone typique à traction chevaline.

Elles comptent quelques milliers de vaches. Menacées il y a une vingtaine d'années par le croisement industriel avec des taureaux issus de races à fort développement musculaire (**Charolais ...)** - ou provenant de souches sélectionnées pour l'hypertrophie mus-

---

15. (*) Races à très petits effectifs (TPE) < 1000 femelles.
16. La Rouge Flamande, qui a autrefois compté plus de 600 000 vaches a été croisée avec la Danoise ; on tâche de conserver la race pure originelle.
17. (**) Races à petits effectifs (PE) 1000 < N < 10 000 femelles.
18. (***) Races à effectifs plus importants 10 000 < N < 100 000 femelles.

culaire (**Culard INRA 95 ...**) - , elles ont fait l'objet de programmes de conservation puis de relance et certaines retrouvent actuellement un regain d'intérêt national voire international comme par exemple la **Gasconne** ou la **Salers**.

Toutes les races n'ont pas vécu à l'identique le processus de spécialisation précédemment décrit. L'avenir de certaines d'entre elles, aujourd'hui orientées vers la production de viande par l'allaitement, réside dans l'originalité des systèmes de production qu'elles sous-tendent et dans la forte relation qu'elles entretiennent avec le territoire. La race bovine **Gasconne** a effectué en quelques années une reconversion de son utilisation initiale pour le travail des champs vers une production de viande de qualité ; non seulement cette race a dû faire des efforts considérables par une réorientation de sa sélection et un maintien des troupeaux en race pure, mais elle a entrepris aussi des actions de promotion qui la font mieux connaître en France et à l'étranger.

D'autres encore - qui étaient autrefois également liées à des systèmes agraires micro-régionaux - ont vu leur base spatiale s'étendre autour des sous-races plus productives. Puis la sélection s'est imposée entraînant des dispersions raciales liées à la délocalisation des systèmes d'élevage et facilitées par un encadrement technique performant (informatisation, congélation de sperme, groupements de reproducteurs). Ainsi la race **Salers**, race traite à l'origine, puis supplantée par les races laitières spécialisées, s'impose aujourd'hui comme vache allaitante dans des systèmes de production à faible charge de main d'oeuvre ; le noyau laitier qui a survécu est lui utilisé pour la production d'un fromage de qualité (système mixte : veau allaitant + traite). Soumise à une stricte organisation de la production, elle est exportée depuis déjà de nombreuses années et est maintenant présente sur les 5 continents dans 23 pays (Havy et Bibé, 1989).

Dans cette catégorie, les races **Gasconne aréolée** (encore appelée **Mirandaise**) et **Nantaise** (variante de la Parthenaise) connaissent une situation particulièrement difficile.

Des programmes de conservation...

• C'est en 1976 que fut lancé, en race **Bretonne Pie-Noir**, le premier programme de conservation de l'espèce bovine. Dès l'origine de l'opération, l'INRA (Colleau) et l'ISA de Beauvais (Quéméré) mirent au point un plan d'accouplement rotatif visant à optimiser le maintien de la diversité génétique pour un effectif donné de mâles (Quéméré *et al*, 1980). Ce type de schéma demeure aujourd'hui unique chez les bovins.

A partir de l'année suivante, une douzaine de programmes ont été successivement mis en place après inventaire des animaux survivants[19]. Les races les plus menacées se voyaient ainsi dotées

---

19. L'ensemble de ces races a été identifié et décrit à un moment ou à un autre de leur histoire.

La Bretonne Pie-Noir

Si au début du siècle, la race **Bretonne Pie-Noir** constituait la quasi-totalité des effectifs bovins du sud Finistère et du Morbihan, elle ne subsiste plus aujourd'hui qu'à l'état résiduel chez une poignée d'éleveurs professionnels ou amateurs.

Une enquête réalisée en 1975 permit de situer l'effectif aux alentours de 15 000 têtes (Quéméré et Bertrand, 1976). Cette situation aboutit l'année suivante à l'établissement d'un programme de sauvegarde, et le travail réalisé démontrait alors la faisabilité et l'intérêt d'une collaboration entre divers organismes (UNLG, INRA, CIA, EDE, ITEB).

Aujourd'hui les 548 femelles de race pure sont impliquées dans le programme de sauvegarde : un noyau désormais solide pour assurer un avenir à la race ! On peut à juste titre supposer que sans la remise en route de la Société des Eleveurs - en sommeil pendant plusieurs années -, puis la mise en place de ce programme, la race aurait probablement complètement disparu, conformément à l'opinion des éleveurs enquêtés en 1975, à leur conduite de renouvellement et au découragement général constaté chez tous ceux qui exploitaient encore un troupeau de race pure.

La **Bretonne**, c'est une vache pas ordinaire, plutôt petite, à peine 1m17 au garrot, aux cornes évasées, qui était rapidement devenue l'une des plus fameuses laitières de France après publication du premier Herd-Book en 1886. Elle donne un lait riche en protéines et en matière grasse (taux butyreux (TB) moyen de 43% en 1990 chez les éleveurs au Contrôle Laitier et protéique (TP) de 32,9%). Sa parfaite adaptation à des conditions de milieu plutôt difficile lui a valu de migrer dans les départements de l'Hérault et des Pyrénées où l'on a pu retrouver, chez des éleveurs "néo-ruraux", un petit réservoir d'animaux.

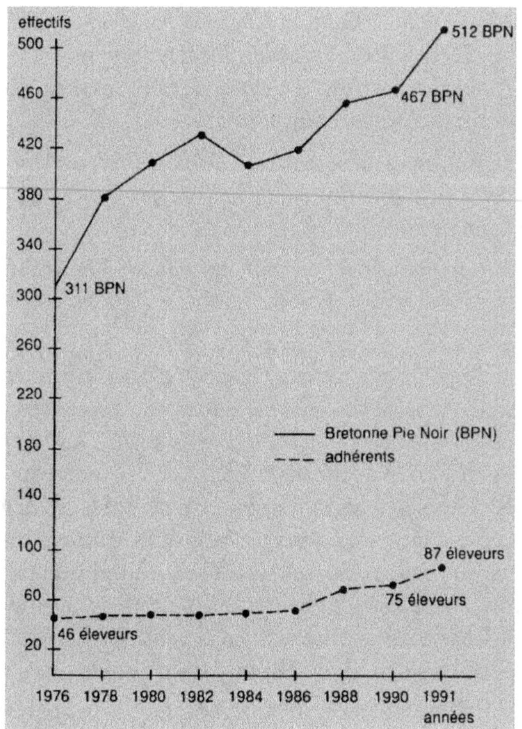

Evolution favorable des effectifs depuis la mise en place du Plan de Sauvegarde

50% du cheptel est actuellement détenu par des éleveurs qui ont fait le choix d'une production extensive et cherchent à tirer parti des aptitudes de la race par une valorisation élevée du litre de lait (beurre, fromage, yaourt...) au travers de créneaux biologiques et fermiers (Henry, 1992 ; Quénéré et Henry, 1992).

Depuis 1980, le Parc naturel régional d'Armorique confie à l'un de ses techniciens, l'animation du programme de sauvegarde. Bref, cette première action de conservation entreprise dans l'espèce bovine est en tous points exemplaire !

d'une assistance technique minimum assurée grâce à la participation financière du Ministère de l'Agriculture, par le Département de Génétique et Contrôle de Performances de l'Institut d'Elevage (ex Section Amélioration Génétique de l'ITEB, Institut Technique de l'Elevage Bovin, qui a fusionné fin 1991 avec l'ITOVIC, Institut de l'Elevage Ovin et Caprin). Une organisation locale (association, EDE - Etablissement Départemental d'Elevage -, Parc Régional ou Chambre d'agriculture) en assure généralement la gestion financière et l'animation.

Les objectifs assignés à ces programmes consistent à assurer la possibilité d'une reproduction normale des vaches de race pure sur le long terme tout en conservant :

- la variabilité sur les origines ou lignées paternelles à l'intérieur des populations où le nombre de géniteurs mâles est souvent limité ;

- la variabilité en "type" pour divers objectifs d'utilisation : ceci revient à conserver la variabilité des aptitudes pour des races qui ne sont pas nécessairement menacées d'extinction. Ainsi, par exemple, la conservation de l'aptitude laitière - qui ne correspond pas forcément à l'orientation actuelle des programmes de sélection - est envisagée pour les races **Aubrac, Maine-Anjou, Parthenaise** (dans le cadre du programme s'appliquant au rameau "**Maraîchin**") et **Salers** ; elle a motivé le programme de conservation de la **Béarnaise**, rameau trait de l'ancienne **Blonde des Pyrénées** absorbée au sein de la **Blonde d'Aquitaine** ;

- enfin la variabilité raciale ou hétérogénéité de l'apparence extérieure - du phénotype - de certains animaux (coloration en race **Ferrandaise**, par exemple).

La Maraîchine

Leur logique d'action est déterminée par le premier facteur limitant inhérent au nombre réduit - voire à l'absence - de reproducteurs mâles disponibles. Les techniques utilisées pour accroître la performance des schémas d'amélioration génétique (insémination artificielle et dans une moindre mesure tranfert d'embryons) se révèlent également efficaces pour la mise en oeuvre des programmes de conservation des bovins : le stockage de la semence congelée et son utilisation différée dans le temps jouent un rôle essentiel. Cette semence provient d'un nombre souvent limité de mâles dont la survivance est précaire mais qui représentent toutes les origines disponibles.

Les schémas utilisés - création de lignées mâles par utilisation de la variabilité existant chez les femelles et plans d'accouplement par rotation des familles de mâles sur les familles de femelles pour créer des "mâles de remplacement" en diversifiant à chaque fois le champ des origines - ont pour objectif de freiner l'appauvrissement du stock génétique de ces races (Avon, 1983a).

La conception de ces programmes à objectif exclusif de conservation génétique n'intègre aucune préoccupation politique ou économique. Elle se réfère à la race en tant qu'entité biologique : il s'agit de conserver des gènes. Elle propose cependant une solution originale d'utilisation dynamique d'un mode de conservation "fixiste" ou "statique" : pour la création des mâles de remplacement, le recours à la semence congelée - pendant un intervalle de temps déterminé par le nombre de lignées mâles à créer - est dépendant de la conservation d'un effectif suffisant de femelles vivantes ou à défaut d'embryons[20].

Les opérateurs techniques considèrent qu'au terme maximum d'une quinzaine d'années le contrat sera rempli lorsque le nombre optimum de mâles de remplacement, correspondant à une douzaine de lignées différentes, sera atteint dans chacune des races[21]. C'est là une étape de sauvegarde génétique, préalable indispensable à toute tentative de redynamisation du cheptel.

La petite taille des troupeaux, la facilité de maîtrise de la reproduction de l'espèce (détection des chaleurs relativement aisée) ainsi que l'intervalle de génération relativement élevé sont par ailleurs autant de critères qui conduisent l'éleveur bovin à traiter chaque animal séparément - la méthode mise en oeuvre par

---

20. La congélation d'embryons rend possible à tout moment un redémarrage très rapide de la souche (Yamada et Kimura, 1984) ; elle permet également, au prix d'un allongement corrélatif de l'intervalle de génération, d'augmenter l'effectif efficace de la race, donc de diminuer le risque de disparition. Comparée à la congélation de semence, cette méthode présente l'avantage de pouvoir regénérer une race en une génération, et d'offrir une meilleure garantie de conservation des combinaisons géniques et de leurs fréquences (Maijala, 1987a). Relativement coûteuse, elle n'a jusqu'alors été tentée pour les races à très petit effectif que pour les ovins (**Mérinos** de Rambouillet).

21. L'échéance est proche pour certaines d'entre elles.

l'Institut de l'Elevage repose sur la gestion génétique de la population par individu (et non par groupe d'individus) - et lui permettent de répondre aux contraintes de contrôle et d'enregistrement des filiations imposées par le programme.

Les principes adoptés présentent l'avantage de laisser aux éleveurs, partenaires de l'opération, une certaine marge de liberté et d'initiative dans la gestion de la reproduction des femelles : hormis pour les mères à taureaux destinées à procréer les "mâles de réserve" (mâles de remplacement), il n'y a pas de planification des accouplements. Le recours à la semence congelée par le biais de l'insémination artificielle contribue de ce fait à entretenir des habitudes de gestion des reproducteurs qui se veulent, la plupart du temps, individuelles[22]. Ainsi la conservation des races bovines procède-t-elle encore le plus souvent d'actions isolées. L'exemple de la race **Villars de Lans**, relaté par Avon et Vu Tien Khang (1985) en constitue une parfaite démonstration :

"Dans le berceau de la race (la montagne de Lans dans le Vercors), les élevages s'échangeaient rarement des reproducteurs. Ils vendaient à l'extérieur mais achetaient rarement. Il y avait donc une assez forte parenté entre les animaux d'un même troupeau, alors que la parenté était très faible d'un troupeau à l'autre. Mais lors de la mise en place du programme de conservation, le système était déjà dégradé. Quelques troupeaux du berceau s'étaient reconstitués après une élimination due à la prophylaxie (antibrucellique, principalement), à partir d'animaux récupérés dans des élevages qui disparaissaient ou se reconvertissaient dans une autre race. Néanmoins, du fait de la survivance des anciens circuits commerciaux et des jalousies pouvant exister entre éleveurs d'une même région, quelques-uns des meilleurs animaux se sont retrouvés dans des élevages de la zone périphérique qui, traditionnellement, achetaient mais élevaient peu.

L'insémination artificielle ... permet, aux premiers, de revenir à leur ancienne pratique de renouvellement du troupeau sans achat d'animaux à l'extérieur et, aux autres, de faire reproduire en race pure les quelques vaches Villard-de-Lans qu'ils possèdent et qu'ils n'espèrent plus renouveler à partir du berceau d'origine".

• Le coût des interventions mises en oeuvre est souvent élevé. Il est principalement dû à la dissémination des femelles ainsi qu'aux frais liés à l'achat des rares taureaux restant et à leur mise en pension dans un centre d'insémination artificielle pour prélèvement et stockage de la semence, soit environ 25 000 francs par animal.

Un certain nombre d'avantages sont consentis aux éleveurs pour encourager leur collaboration et leurs efforts. Ils intègrent,

---

22. Les éleveurs gardent le choix des femelles et l'insémination artificielle élargit leurs possibilités de choix des taureaux.

Les programmes de conservation des races bovines à très petits effectifs

Depuis 1977, la position constante de l'Institut pour la mise en oeuvre des programmes de conservation a été de prendre en compte toutes les races menacées existantes. Ces programmes ont pour objectif de freiner l'appauvrissement génétique de chaque race considérée en tirant parti de la variabilité qui subsiste et de permettre la reproduction en race pure tout en imposant le minimum de contraintes aux éleveurs et un minimum de charges financières à la collectivité. Ils tentent également de maintenir les qualités zootechniques exprimées chez les meilleurs animaux. La mise en place de chaque programme se fait en différentes étapes.

Inventaire des animaux

L'existence de taureaux a conditionné le démarrage des programmes. Fort heureusement, dans toutes les races retrouvées, des taureaux existaient, bien que dans la plupart des cas en nombre très réduit (en race **Lourdaise** il n'y avait plus qu'un seul taureau). Le décompte des souches mâles initiales étant fait, il fallait aussi repérer les vaches susceptibles de recréer d'autres mâles de qualité en apportant, de par leur origine, de la variabilité génétique à l'échantillon de mâles qui sera ensuite proposé aux éleveurs par l'insémination artificielle.

Création d'un stock de semence

- Prélèvement de certains des taureaux repérés dans l'inventaire initial.
- Accouplement programmé des mères à taureaux repérées dès que les premiers mâles sont disponibles en Insémination artificielle.
- Achat des veaux mâles issus de ces accouplements puis prélèvement en station d'un stock de semence suffisant par taureau (en moyenne 3 000 doses) ; toutes les opérations de prélèvement de semence et les pensions des taureaux sont facturées au programme par les coopératives mais il n'existe pas de statut légal protégeant ces semences.

Entretien des inventaires femelles

Tout élevage est visité au moins une fois par an. Le contact est donc maintenu avec l'éleveur ce qui est très important pour les uns et les autres. Comme la plupart des femelles de ces races ne sont plus soumises à un contrôle de performances toute information, qu'elle soit d'ordre généalogique ou zootechnique, doit être collectée lors de cette visite. Cette information est ensuite reprise dans le fichier PETPE (programmes des races à très petits effectifs) de l'Institut.

Fichier PETPE

Pour gérer cette information minimale sur les animaux concernés il a été constitué un fichier éleveur et un fichier animaux (mâles et femelles). Chaque année, une liste de femelles vivantes au 31 décembre de l'année écoulée, classées par élevage, est mise à jour et diffusée auprès des éleveurs et des personnes concernées par le programme. On peut même produire, à la demande, des certificats d'origine pour les animaux de ce fichier dont sont déjà connues, pour certains, trois ou quatre générations d'ascendants.

Institut de l'Elevage
Département Génétique et
Contrôle des Performances
149, rue de Bercy 75595 Paris Cedex 12

selon les cas, la gratuité de l'insémination artificielle en race pure (**Villard-de-Lans**), une prime pour tout "accouplement dirigé" correspondant à la mise en oeuvre du schéma de gestion génétique, la prise en charge du contrôle laitier (**Ferrandaise**) ou du contrôle de performances lorsque l'option est prise d'y recourir (**Villard-de-Lans**). Il ne s'agit pourtant là que de contributions symboliques, dérisoires en regard des coûts réels d'entretien supportés par les éleveurs.

Il paraît pourtant paradoxal de constater que, bien que les opérations de congélation de semence soient pour la plupart financées par des fonds publics, aucun statut ne garantit actuellement leur pérennité par les coopératives d'insémination artificielle qui, de fait, "adhèrent" au processus de conservation (Avon, 1986) !

Pour quel mode de gestion ?

• Au terme de cette description, il nous paraît cependant légitime de nous interroger sur les suites à donner dans le futur à une stratégie qui a privilégié jusqu'à présent la seule voie mâle. Alors que la congélation permet, théoriquement, l'insémination de vaches sorties de leur zone d'origine[23], elle n'a aucune influence directe sur la dynamique de renouvellement et de transmission du cheptel à court terme, ni sur la justification d'une revalorisation à long terme.

De fait, en 1990, Avon estimait "seules les races **Auroise, Bretonne Pie Noir, Froment du Léon** et **Villars-de-Lans** présentent une pyramide des âges normale avec un nombre important de femelles de renouvellement et des vaches adultes en pleine production alors même que toutes les autres sont en déséquilibre démographique après plusieurs années d'intervention sur la voie mâle".

Cet état précaire, conséquence directe d'un effectif réduit et dispersé, est aussi très lié à la nature même des motivations des éleveurs qui ont adhéré à la mise en place des programmes. En effet, ceux qui ont jusque-là collaboré à la sauvegarde génétique de ces races avaient pour charge prioritaire d'assurer la multiplication en race pure, situation qui s'est fort bien accommodée de la diversité des systèmes d'élevage du fait du poids affectif de la démarche. Du reste depuis 1990, toutes les races, excepté l'**Armoricaine** enregistrent une progression de leurs effectifs, ce qui démontre, sous réserve d'un appui technique minimum mais pérenne, la faisabilité d'une stratégie de conservation visant le maintien des populations en état de fonctionner, c'est-à-dire apte à se reproduire normalement.

A ce stade de réalisation, et au vu des expériences passées - , il semble que seule l'organisation collective des éleveurs, si souple

---

23. C'est le cas de l'**Auroise**, encore appelée **Casta** ou **race d'Aure et de Saint-Girons**, originaire de la montagne Ariégeoise, qui connaît actuellement une dispersion géographique importante au sein d'élevages néoruraux.

soit-elle, puisse contrecarrer les effets négatifs de la dispersion des animaux.

Le remarquable travail réalisé par la Société des Eleveurs de la race **Bretonne Pie Noir**, restée en sommeil pendant plusieurs années et remise en route en 1975, est à ce titre exemplaire (Henry, 1992).

Fédérer les éleveurs au travers d'un **projet collectif** respectueux des initiatives individuelles paraît être, pour chacune des races, une condition essentielle de valorisation à court terme de l'investissement technologique important réalisé par l'Institut de l'Elevage et les CIA[24].

Toutes les initiatives susceptibles :

— d'entretenir un réseau d'informations entre éleveurs, destiné à les soutenir et à stimuler leurs initiatives tant en matière d'élevage que de valorisation ;

— de promouvoir la reproduction en race pure des animaux dispersés en favorisant aussi bien l'utilisation de l'insémination artificielle que l'échange des géniteurs en cas de monte naturelle[25] ;

— d'assurer un taux de renouvellement suffisant du cheptel femelle qui puisse permettre la création de nouveaux troupeaux, fussent-ils conservatoires[26] ... méritent d'être encouragées. Assurant la représentativité des éleveurs, elles sont seules susceptibles de leur conférer le minimum de crédibilité pour redonner à ces populations naufragères un petit souffle de dynamisme et éviter qu'elles ne sombrent à jamais dans l'oubli, réduites aux paillettes et embryons congelés conservés par la bonne volonté de quelques CIA !

Les ovins et caprins

• Chez les **ovins** les causes de la diminution des effectifs de certaines races sont aussi liées, comme pour les bovins, à la transformation des systèmes agraires. Dans certains cas - le Bassin Parisien par exemple, où l'élevage des ovins était associé à la production de céréales, et certaines zones marginalisées en proie à un fort exode rural - c'est tout un système agraire qui a disparu, entraînant la disparition de troupeaux entiers[27]. Ailleurs, les

Les ovins

---

24. Sous réserve que cette organisation collective intègre les précautions techniques élémentaires, notamment le respect des plans d'accouplements ...

25. Ce mode de reproduction retrouve aujourd'hui de l'intérêt dans le nouveau mode de conservation associant les races locales et la gestion d'espaces naturels, nous y reviendrons par la suite.

26. Terme généralement utilisé pour signifier tout troupeau géré par des organisations autres que les éleveurs privés.

27. A partir des années 1950, les effectifs du **Berrichon de l'Indre** dont l'exploitation était jusqu'alors liée à l'ancienne économie agro-pastorale, chutent face à l'extension de la sylviculture.

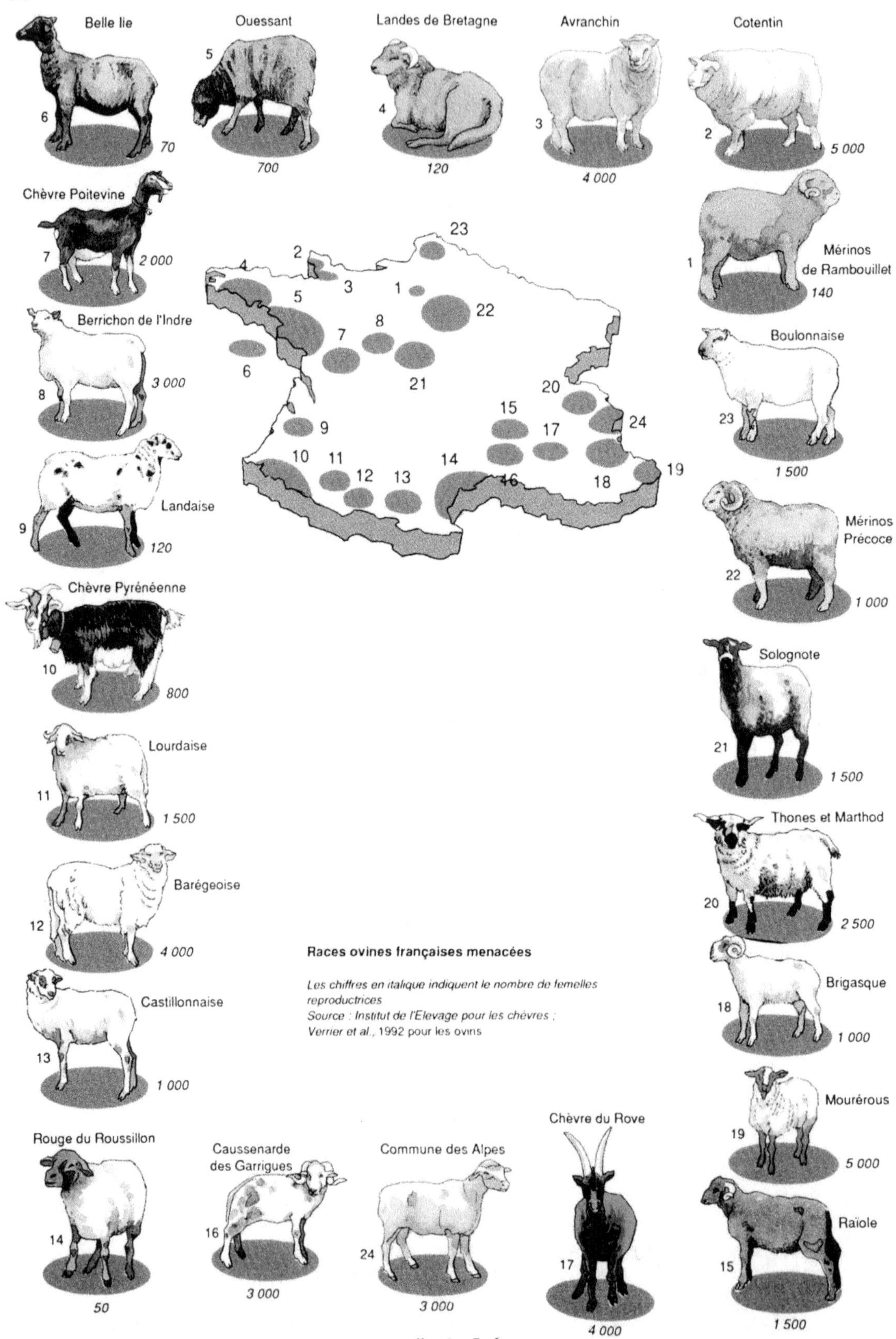

Races ovines françaises menacées

Les chiffres en italique indiquent le nombre de femelles reproductrices
Source : Institut de l'Elevage pour les chèvres ;
Verrier et al., 1992 pour les ovins

Aquarelle : Isa Python
© Science et Vie - I. Python

N

populations locales ont été très rapidement concurrencées soit par l'utilisation de béliers appartenant à des races en expansion (races d'herbage du Boulonnais à l'Avranchin remplacées par le **Texel** et le **Bleu du Maine**), ou encore par des races ou lignées aux aptitudes et phénotypes voisins, mais mieux fixées et sélectionnées (**Larzac** "fondue" dans la **Lacaune** ; extension de la **Préalpes du Sud** aux dépens de la **Commune des Alpes** ...).

Le recours à divers croisements, **croisement industriel** notamment qui vise à corriger la conformation jugée mauvaise des agneaux de certaines races (**Thones et Marthod, Lourdaise** ...) pour répondre aux objectifs économiques de production de viande, a entraîné rapidement d'importants problèmes de renouvellement de ces populations en race pure[28], compte tenu du faible intervalle de génération des ovins.

Toutefois, l'expansion de certaines races locales - jugées les "meilleures" ... ou considérées comme telles - au détriment d'autres proches, ne s'est pas imposée aussi rapidement que chez les bovins, espèce pour laquelle le phénomène laitier pour la grande consommation a joué un rôle déterminant d'homogénéisation des types génétiques et des conditions de production. Ce décalage, qui trouve également une autre raison dans la moindre efficacité de la diffusion des gènes par insémination artificielle[29] en élevage ovin, explique la conservation de particularismes locaux des systèmes d'élevage.

• La grande diversité des milieux et des systèmes d'élevage a permis le maintien d'un assez grand nombre de races (Quittet, 1965 ; Perret, 1986). La brebis a toujours été plus utilisée que la vache dans des systèmes à base de pâturage (pour la cueillette de ressources fourragères spontanées), que pour la consommation de fourrages spécialement cultivés pour elle[30]. Aussi, vingt cinq de ces populations sont-elles encore une réalité vivante dans certaines zones de montagnes et régions méditerranéennes (Alpes, Centre, Corse, Languedoc, Pyrénées) où le mode de conduite des troupeaux est souvent lié à l'exploitation des ressources fourragères locales. Des races que l'on avait considérées menacées il y a 20 ans (**Rava, Noire du Velay**) avaient cependant bien gardé cachée une potentialité de dynamisme local ; elles ont pu pro-

---

28. Notons cependant que l'éleveur ovin se rend compte plus vite que l'éleveur bovin des défauts des produits croisés de 2ème génération, ce qui autorise un retour plus rapide à la race d'origine.

29. L'insémination artificielle qui suppose l'utilisation de semence fraîche sur oestrus induit dans la majorité des cas, et qui ne concerne d'ailleurs qu'une fraction limitée du cheptel national ovin (4 % en 1982 d'après Bougler, 1983b), n'a été, qu'exceptionnellement utilisée dans les programmes de sélection et *a fortiori* de conservation de races ovines.

30. Ce phénomène est illustré dans les Pyrénées par la pratique du pâturage hivernal des ovins alors que l'hivernage des bovins se fait exclusivement à l'étable (cf. les travaux d'Annick Gibon).

gresser à nouveau sous l'effet des dispositions prises à leur endroit au titre du chapitre 44.50 de la Commission Nationale d'Amélioration Génétique ou par le biais d'encouragements locaux. Pour d'autres, parmi lesquelles la **Brigasque**, la **Landaise**, la **Rouge du Roussillon** ..., l'avenir est compromis, pas tant par les croisements d'absorption et les changements de race que par la disparition des éleveurs (Gilbert, 1983). Enfin, le "**Mouton des Landes de Bretagne**" et la "**Race de deux**", deux variétés probables de l'ancienne **race ovine bretonne**, que l'on croyait disparue depuis plusieurs décennies ont été redécouvertes alors qu'elles subsistaient avec des effectifs très faibles (Denis et Malher, 1988, 1992).

Peut-être parce que globalement la situation est moins dramatique que pour les bovins, l'encadrement technique n'est pas aussi disponible que dans l'espèce bovine et les actions sont plus diffuses et individualisées. Il n'y a pas en France de programme systématique et organisé concernant la conservation de l'ensemble du patrimoine génétique ovin et l'on ne peut en l'état prétendre à une connaissance exhaustive de la situation réelle de chacune des races. Les initiatives reposent tantôt sur des groupes d'éleveurs (moutons **d'Ouessant**), un flock-book (**Solognot**), tantôt sur des Parcs Naturels Régionaux (**Landaise, Boulonnaise** ...), des organismes professionnels agricoles locaux (**Commune des Alpes, Mourerous** ...) ou des UPRA (**Avranchin, Cotentin, Roussin**) et, dans certains cas, les programmes de gestion mis en oeuvre ne concernent qu'une infime partie du cheptel vivant.

• Les solutions adoptées sont tout aussi diverses, fonction de l'effectif, du dynamisme des éleveurs et des intervenants.

Les caractéristiques anatomiques, physiologiques et biologiques des ovins induisent un mode de gestion de la reproduction différent de celui appliqué dans l'espèce bovine. Les effectifs plus importants des troupes, les difficultés de détection des chaleurs des brebis, les obstacles à l'utilisation de l'insémination artificielle, le faible intervalle de génération sont autant de facteurs qui conduisent à substituer la notion de "groupe" ou de "troupeau" à celle "d'individus" rencontrée chez les bovins.

La gestion plus collective des programmes de conservation opérée par les éleveurs ovins n'est donc pas fortuite. La contrainte majeure résulte de la nécessaire maîtrise des reproducteurs mâles - peu nombreux - qui sont entretenus chez les éleveurs. Aussi la plupart des programmes reposent-ils sur la production et la conservation des béliers (parfois des agnelles) de renouvellement et l'échange de ceux-ci entre élevages. La technique d'insémination artificielle, qui demeure une opération délicate et coûteuse, n'a que rarement été utilisée.

• Les premiers plans d'accouplements adaptés à la gestion génétique des petites populations ont été conçus dans cette

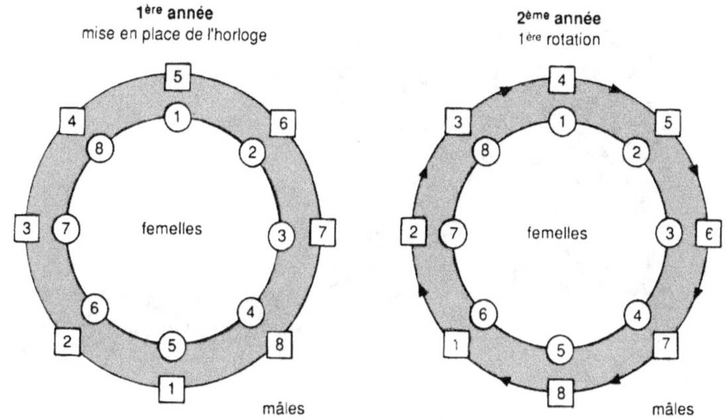

Exemple théorique de plan d'accouplement raisonné chez les ovins.
La première année, les mâles d'un groupe donné sont accouplés avec les femelles d'un autre groupe le plus éloigné possible du point de vue des origines. La seconde année, la couronne mobile (mâles) tourne d'un cran.

espèce à partir d'une réflexion de Flamant sur la base des schémas expérimentaux mis en œuvre dans les troupeaux fermés des domaines INRA de La Fage-Roquefort et de La Sapinière-Bourges et des plans d'accouplements réalisés pour le troupeau **Mérinos de Rambouillet** (Flamant, 1975). Ils ont d'abord été appliqués aux caprins de race **Poitevine** puis aux races **Mérinos Précoce** et **Solognote**[31]. La population est divisée en groupes de reproducteurs, chaque groupe étant constitué par des femelles et un ou plusieurs mâles. Ces derniers (dont le nombre doit être le plus grand possible et le renouvellement rapide) sont accouplés aux femelles d'un autre groupe selon un schéma de circulation fixé à l'avance. La décision d'un protocole d'accouplement ne représente bien sûr qu'un élément de décision parmi d'autres ; elle s'inscrit dans une démarche globale où le contexte socio-économique et le niveau technique des élevages orientent et limitent le niveau d'intervention. Il est en pratique difficile de s'assurer un taux de suivi optimal du plan de rotation sur un pas de temps suffisant pour maîtriser totalement l'évolution de la consanguinité. Sa faisabilité repose sur les possibilités de circulation des reproducteurs entre les familles d'animaux, c'est-à-dire pratiquement entre élevages.

Il convient de noter ici que s'ils imposent d'assez fortes contraintes aux éleveurs, les systèmes de gestion génétique, lorsqu'ils sont appliqués, favorisent la cohésion de leur groupe. Ils correspondent généralement aux pratiques traditionnelles d'échanges de reproducteurs, facilités par une implication territoriale encore marquée et un coût minime des béliers comparé à celui des taureaux. Toutefois, la création de Centres d'Elevage de béliers - objectif poursuivi pour la plupart des races - facilite ces

---

31. A partir des généalogies des animaux appartenant à la race **Solognote**, l'UNLG a mis en évidence l'existence de 11 familllles et proposé un programme de gestion génétique qui est assuré, depuis 1975, par le Flock-Book. Cette race a d'ailleurs fait l'objet d'une étude très détaillée concernant son histoire et sa situation actuelle (Verrier, 1982).

Mérinos de Rambouillet

échanges et permet de pallier les problèmes d'entretien d'un grand nombre de mâles et de dépasser les contraintes liées à une nécessaire rapidité de leur rotation. Elle constitue un outil indispensable pour la maîtrise de la voie mâle et, par conséquent, pour assurer une gestion optimale de la variabilité génétique.

• Introduit d'Espagne en 1786 par Louis XVI sur la ferme de **Rambouillet**, le **Mérinos**, doté d'une toison d'une finesse exceptionnelle, a largement contribué à travers le monde à améliorer par croisement la qualité de la laine des autres races de moutons. Victime du déclin du marché de la laine, le **Mérinos de Rambouillet** n'était plus représenté que par 150 animaux détenus par la Bergerie Nationale lors de la célébration de son bicentenaire en 1986. Le cheptel, divisé en 10 familles, se reproduit en totale consanguinité depuis 200 ans (Degois, 1936 ; Regaudie et Montméas, 1978 ; Prod'homme, 1989). Cette véritable "réserve génétique vivante" est doublée, depuis 1991, d'une réserve de paillettes et d'embryons congelés conservés dans l'azote liquide. Le "conquérant" n'a cependant pas dit son dernier mot puisque 60 spécimens ont migré il y a quelques années sur les terres du Tarn : débroussaillage et tissage ; c'est là un exemple original d'adaptation de la tradition aux besoins d'aujourd'hui qui évitera peut-être que l'avenir du **Mérinos** ne tienne plus qu'à un fil !

• Les derniers sujets de la race ovine **Landaise** sont réunis, à partir de 1974, en un seul troupeau conservatoire à l'Ecomusée de Marquèze (Parc naturel régional des Landes de Gascogne). Les tentatives d'adoption d'animaux par des éleveurs privés sont encore très rares.

Ovin Landais

• Une opération de sauvegarde de la variabilité génétique par collecte et congélation d'un stock de semence, a été réalisée en 1990 et 1991 pour les races **Lourdaise** et **Castillonnaise**, représentées respectivement par un millier de brebis contrôlées. Cette action coordonnée qui, sous l'égide du Conservatoire du Patrimoine Biologique Régional de Midi-Pyrénées, associe l'UPRA des races ovines des Pyrénées Centrales, le CRIOPYC (Centre Régional d'Insémination Ovine des Pyrénées Centrales) et l'Institut de l'Elevage, a suscité chez les éleveurs Castillonnais la volonté de mettre en oeuvre des moyens appropriés pour mieux gérer leur population, ce que n'avaient pu générer jusqu'alors les tentatives d'intégration, par les opérateurs techniques, des outils destinés à l'ensemble des autres races.

• Après avoir végété pendant quelques années, la race **Mourerous**[32] semble retrouver un nouveau dynamisme sous l'action conjointe menée en sa faveur par l'EDE des Alpes de Haute Provence et le Syndicat de défense et de promotion de la race créé en 1981. Grâce à la conservation et l'échange entre élevages de jeunes béliers, la conservation d'agnelles et la promotion sur les foires locales, l'effectif est fort de 2000 brebis et d'une quarantaine de béliers inscrits au Livre Généalogique[33]. En l'espace d'une année, le nombre des femelles soumises au contrôle de performances, démarré en 1990, s'est accru de 50% et concerne 1300 sujets. A la clé de ce renouveau - que vient de renforcer l'ouverture d'un Centre d'Elevage de béliers au lycée agricole de Carmejane -, une meilleure structuration des éleveurs, un engouement des jeunes en cohérence avec une meilleure acceptation par les structures de commercialisation. Autant de facteurs qui favorisent l'émergence d'un projet opératoire autour d'un matériel biologique qui a deux cartes complémentaires à jouer : son utilisation pour le croisement industiel et son intégration au nouveau contexte d'extensification.

• La race **Thones et Marthod**, sauvegardée par un groupe d'éleveurs soutenus par le Syndicat ovin de la Haute Savoie, poursuit

---

32. **Mourerous** signifie "face roux" en provençal ; la race est encore appelée "Péone" ou "Guillaumes", du nom d'une commune des Alpes-Maritimes.

33. Soucieux de préserver dans son berceau d'origine une troupe de la race locale, le Parc national du Mercantour confia à un éleveur, en 1984, la gestion d'une centaine de têtes. Contaminé par la brucellose, ce troupeau fut abattu l'année suivante.

Raîole

les mêmes objectifs en réalisant, grâce à son extrême rusticité, un juste compromis entre production et entretien du territoire dans une zone à forte valeur touristique où la pluriactivité des éleveurs est de règle.

• Jusqu'en 1988, la race **Grivette** était contrôlée par deux associations : l'Association Grivette créée en 1982 et l'Association pour la défense et la promotion de la Grivette de l'Isère en 1984. Ces associations ont alors fusionné en Union des Producteurs de la race Grivette (UPRG) et obtenu la reconnaissance officielle de la race avant de se constituer en UPRA au début 93. Les 4200 brebis contrôlées par cet organisme - sur un effectif total d'environ 19 000 têtes réparties sur toute la France - sont concentrées dans moins d'une trentaine d'élevages. Afin de faciliter la gestion de la reproduction, on utilise, depuis quatre années consécutives, l'insémination artificielle en frais.

• Sauvegardée par quelques éleveurs regroupés en syndicat, la population **Raïole**, soutenue et aidée par le SIME (Service Interdépartemental Montagne Elevage Languedoc-Roussillon) et le Parc national des Cévennes, a fait pendant plusieurs années l'objet d'un programme dynamique : étude des caractéristiques de la race dans ses systèmes d'exploitation (Dedieu, 1984, 1985), mise en place d'un planning d'échanges de béliers, organisation de ventes d'agnelles, projet de promotion d'une viande de qualité dans le cadre de la production traditionnelle de moutons castrés ... En l'absence de continuité de l'appui technique - les techniciens se sont succédés à des pas de temps très courts - et, essuyant les dommages causés par une épidémie de brucellose, les éleveurs se sont désolidarisés, et ces interventions n'ont pu se poursuivre. Ils n'ont néanmoins pas perdu leur motivation, et leur cheptel est resté quantitativement intact.

• La tradition individualiste de certains éleveurs "conservateurs" peut cependant avoir des conséquences dramatiques sur l'avenir de certaines races : faute d'une action concertée des éleveurs, la **Rouge du Roussillon** a aujourd'hui quasiment disparu ; en dépit de l'attachement de certains éleveurs, et malgré toutes les tentatives et efforts effectués par les organismes de développement agricole, il s'est avéré jusqu'alors impossible de mettre en place un plan d'intervention à son sujet. Il semblerait que des conditions plus favorables soient aujourd'hui réunies pour inverser rapidement cette tendance : la volonté de valorisation de "l'état des lieux" réalisé courant 93, à l'initiative de l'Association de préfiguration du parc naturel régional des Grands Causses, sur les trois races **Raïole**, **Rouge du Roussillon** et **Caussenarde des Garrigues** est convergente avec la mise en oeuvre régionale[34] du régime d'aides aux races locales menacées de disparition institué dans le cadre du dispositif agri-environnemental des mesures d'accompagnement de la PAC.

Caussenarde des garrigues

• Suite à une étude réalisée en 1983 sur la population ovine **Boulonnaise**, à l'instigation de l'Espace Naturel Régional de la Région Nord-Pas-de-Calais et de la SERAE (Société d'étude pour la recherche et l'action écologique (Létrillart et Péres, 1983), une association des éleveurs s'est constituée. Elle a pour objectif la conservation, la défense des intérêts et la promotion de la race. L'augmentation des effectifs, qui ont doublé de 1983 à 1989 - passant de 860 à 1600 animaux, effectif stabilisé depuis 4 ans -, témoigne de la remarquable efficacité des opérateurs.

• Les 3 races contrôlées par l'UPRA **Avranchin** - **Cotentin** et **Roussin de la Hague** sont détenues principalement par des éleveurs traditionnels, en unités variant de 15 à 25 brebis et intervenant en complément d'autres productions. Les deux premières sont aujourd'hui dans une situation critique ; la base sociale des éleveurs n'est plus suffisamment forte pour la mise en oeuvre d'un projet collectif.

• De façon générale, les programmes de conservation des ovins sont moins coûteux que ceux de l'espèce bovine. Ils s'appuient en priorité sur l'action des éleveurs - les exemples rapportés ci-dessus montrent que leur degré de mobilisation est capital - mais aussi sur des mesures incitatives. Ces mesures concernent notamment : l'identification des animaux et la mise en place du contrôle de performances[35], la conservation d'animaux de renou-

---

34. Cette mission a été confiée au Service Interdépartemental Montagne Elevage (SIME), par la Direction Régionale de l'Agriculture et de la Forêt (DRAF) de Languedoc-Roussillon.

35. Les animaux appartenant à ces races ne sont identifiés que dans les élevages décidés à tenir un minimum d'enregistrements et dans lesquels on pratique des contrôles de performances : ceux-ci font office de "leaders" et le choix effectué au départ par un petit nombre est susceptible de s'étendre assez rapidement à une part plus conséquente du cheptel.

La race ovine Boulonnaise

Autrefois répandue dans le Nord-Pas-de-Calais et la Somme, la **Boulonnaise**, race sélectionnée pour la pratique du parcours - elle en présentait toutes les qualités requises : grand format, faibles exigences en nourriture, aptitude à la marche - a été, à partir des années 50, victime du changement radical de son système d'exploitation et de l'évolution du marché de la viande. Le croisement s'est alors généralisé et la plupart des éleveurs n'ont pas conservé de souches pures. Les effectifs, estimés à 170 000 têtes en 1929, n'étaient plus que 15 000 en 1963, et, après le démantèlement du Flock-Book, la race perdit toute organisation officielle.

Beaucoup la considéraient comme disparue jusqu'à ce que, en 1982, une enquête effectuée par simple voie de presse par l'Association SERAE (Société d'Etudes pour la Recherche et l'Action Ecologique), dans le cadre d' une recherche sur les races locales en région Nord-Pas de Calais, permette de localiser plusieurs élevages. Il subsiste alors une organisation réelle de l'élevage relictuel - à peine 900 animaux - reposant sur un réseau de 23 éleveurs qui se connaissent et procèdent à des échanges de reproducteurs. On se trouve en présence d'une population bien caractérisée, intégrée dans un système d'exploitation défini reposant sur un compromis entre le pacage et la conduite en bergerie, avec utilisation en hiver des sous-produits d'une agriculture intensive et généralement riche. Ces exploitations serviront de base pour définir le contexte technique et social de l'élevage **Boulonnais** et assurer le démarrage d'actions concrètes de sauvegarde (Létrillart et Péres, 1983).

A l'initiative du Centre Régional de Ressources Génétiques du Nord-Pas-de-Calais (CRRG) créé en 1983 sur proposition de la SERAE et de l'AENR (Association pour l'Espace Naturel Régional), les éleveurs constituent une association l'AEMB (Association des Eleveurs de **Moutons Boulonnais**). Celle-ci prend en charge la sélection et la promotion de la race (participation aux concours d'élevage), aidée dans sa mission par le CRRG qui finance 50% du contrôle de croissance réalisé depuis 1984, met en place des contrats d'élevage pour encourager de nouveaux éleveurs et assure, grâce à l'appui d'un technicien spécialement recruté à cet effet, le suivi technique et la surveillance de l'évolution génétique de la **Boulonnaise.**

Le nombre d'éleveurs adhérant à l'Association est en constante progression et le **Boulonnais**, qui regroupe aujourd'hui 1500 reproducteurs, connaît un important regain d'intérêt en race pure et même en croisement pour remettre de la taille sur des brebis qui en avaient perdu. La promotion réalisée a suscité une émulation des éleveurs et la compétition ainsi engagée les a conduits à plus de performances. Les professionnels étudient l'opportunité d'une "stratégie de la qualité" visant à différencier cette viande par la mise en place d'un label "Agneau Boulonnais" qui correspond à un créneau du marché régional demandeur d'agneaux lourds commercialisés, au cours maximum, à Pâques. Les éleveurs et leurs acheteurs, les bouchers en gros de Boulogne, les chevillards de Saint Omer, Dunkerque, Lille lui sont restés fidèles !

L'ouverture récente d'un Centre d'Elevage de béliers à Doudeauville (Pas de Calais) pour tester la descendance sur la conformation et le comportement et préserver les meilleures souches de béliers, entraînera une gestion plus aisée de la population en facilitant leur distribution dans les élevages.

Cette remarquable efficacité a abouti à la fin de l'année 1990 à l'agrément du Livre Généalogique et à sa (re)reconnaissance par le Ministère de l'Agriculture. Au printemps 1992, et pour la première fois depuis longtemps, des animaux ont été exposés à l'occasion du Concours Général Agricole de Paris.

Le plan de sauvegarde du mouton Boulonnais, unique en élevage ovin, doit son succès à la conjonction de nombreux atouts. Si les actions en faveur de la race ont débuté à l'instigation de deux organismes indépendants des structures et organismes agricoles, l'organisation de cette action a été intelligemment conduite. La motivation et le dynamisme des responsables ont su consolider autour du dernier quartier "d'irréductibles" un noyau solide de passionnés de la race dont les efforts sont récompensés puisqu'ils bénéficient à présent du soutien des instances régionales.

vellement, la promotion ... Elles restent étroitement liées à l'avenir économique des troupeaux dans la production régionale, aussi sont-elles souvent, assorties d'opérations de promotion pour la recherche d'un type de produit original : citons à titre d'exemple, l'étude en cours, par des professionnels, de l'opportunité d'une "stratégie de qualité" visant à différencier la viande du mouton **Boulonnais**.

L'analyse de ces situations tend à démontrer que l'existence d'un *"effet étude"*, stimule la reprise. Il est parfois plus facile d'impulser une nouvelle dynamique de conservation que de soutenir artificiellement des programmes qui végètent : les éleveurs trouvent dans une relance "officielle" l'appui technique indispensable pour aller plus vite et plus loin.

De fait, l'exemple **Boulonnais** est, parmi les programmes initiés il y a une dizaine d'années, un des rares à avoir enregistré une constante progression des effectifs. En effet, après l'engouement des années 80, la plupart des interventions précitées ont connu une phase difficile parce qu'elles étaient confrontées à la fois au désintérêt des organismes commerciaux et au manque de pérennité de l'encadrement technique : les effectifs des autres races conservées se sont malgré tout globalement maintenus et, à l'époque où l'on s'interroge pour savoir si des systèmes d'élevage plus extensifs peuvent constituer des solutions viables au niveau des exploitations agricoles, les races ovines locales (du Massif Central et de la Savoie notamment) semblent retenir l'attention des acteurs techniques et économiques.

• De ces diverses expériences nous retiendrons la nécessité de la présence continue d'un animateur intervenant sur le terrain. Cette assistance contribue la plupart du temps à entretenir la motivation et la cohésion des éleveurs à travers l'aide à l'organisation qui leur est apportée, à condition toutefois que les moyens qui leurs sont attibués soient suffisants pour assurer les actions techniques.

• Chez les **caprins**, les efforts de standardisation, n'ont débouché en France qu'à partir des années cinquante (Disset et Sigwald, 1971 ; Quittet, 1975). Ils ont abouti à la reconnaissance et à l'organisation de seulement trois races - **Alpine**, **Saanen** et **Poitevine** - parmi les populations autrefois répandues comme élevage complémentaire dans de nombreuses régions de richesse moyenne et souvent mélangées aux ovins. A partir des années 60, des élevages spécialisés de chèvres ont été constitués, assurant le passage d'un élevage fermier annexe, de quelques têtes, à des unités intensives de quelques dizaines à quelques centaines de têtes. Les races jugées productives (**Alpine, Saanen**) sont le support d'un progrès génétique important, lequel tient à la prolificité de l'espèce, à sa vitesse de renouvellement et à l'utilisation du

Les caprins

contrôle laitier et de l'insémination artificielle dans le cadre de schémas intégrés de sélection. Le niveau de valorisation de la transformation du lait en fromage assorti d'encouragements (primes) à la race la plus productive a alors fait considérablement évoluer notre élevage national. Après une phase de diminution importante, la reprise des effectifs, qui s'est amorcée autour de 1973 dans les zones d'extension (Poitou, Centre, Rhône Alpes), du fait de l'augmentation de la consommation de fromage, n'a pas pour autant profité aux populations traditionnelles.

• Il existe cependant des zones où la population traditionnelle caprine s'est maintenue à peu près en continuité génétique avec le passé, comme le signale Avon (1983b). Elle y est pourtant fortement menacée par le phénomène "d'alpinisation"[36] : tel est le cas des chèvres **Provençales** (Lauvergne *et al*, 1987), **du Massif Central, de la Haute Roya** et de la **population caprine de l'Ouest**, appelée "**Chèvre des Fossés**"... La chèvre **Catalane** (ou **chèvre des Albères**) se serait déjà éteinte, de même que la **Blanche des Cévennes**, la **Cou-Clair du Berry** ... Seule la chèvre **Corse** paraît se maintenir. L'année 1993 a vu le démarrage d'une opération d'inventaire des races locales animée par l'Institut de l'Elevage. Les seules actions concrètes déjà engagées concernent la race **Poitevine**, la race du **Rove** et, plus récemment la **chèvre Pyrénéenne**.

La **chèvre Poitevine** est la seconde race pour laquelle un plan d'accouplements rotatif a été étudié et mis en place par l'UNLG dès 1975, sur le modèle proposé pour la race ovine **Solognote** (Malafosse, 1977). Le schéma a été réactualisé en 1982 du fait de la régression des effectifs (Du Sartel, 1983). Fin 1992, l'UPRA ne compte plus que 6 éleveurs adhérents et seulement 450 **chèvres Poitevines** sont inscrites au contrôle laitier. "Ce programme, simple à première vue, a été boudé par les éleveurs. Prêter un bouc pour faire saillir quatre ou cinq chèvres, ce n'est pas rentable" (Simon, 1986). En effet, "la réussite d'une telle opération passe par la motivation des éleveurs locaux". Ce défi est relevé par quelques passionnés qui décident, en 1986, de créer l'Association pour le Développement de la Chèvre **Poitevine** (ADCP). La région Poitou-Charentes, fief de la production caprine française, doit conserver et promouvoir l'élevage de la Chèvre **Poitevine** dans son berceau d'origine (Rousseaux *et al*, 1991). Les résultats de cette association qui s'est fixée comme objectifs de recenser tous les animaux, d'assurer une plus large circulation de l'information entre éleveurs et de participer à la promotion de la race et à la valorisation de son lait par le fromage sont encourageants : une quarantaine d'éleveurs rassem-

Chèvre Poitevine

36. On entend par "alpinisation", un degré important de croisement d'une population caprine avec la race **Alpine Chamoisée**.

blant 1200 animaux adhèrent aujourd'hui à l'ADCP. Il ne manque pas d'éléments favorables au renouveau d'une race dont la contribution à l'économie et à l'image de marque de la région Poitou-Charentes n'est plus à démontrer.

Chèvre du Rove

La race du **Rove** doit son nom à un village de la chaîne de l'Estaque, à l'ouest de l'agglomération marseillaise. Elle y était élevée pour la production de lait que l'on commercialisait sous forme de fromage : la "brousse du Rove", célèbre à Marseille et dans la région. Cette population, qui n'a jamais été reconnue officiellement, ni même mentionnée dans aucun traité d'élevage ou encyclopédie agricole, était liée aussi à la pratique de la grande transhumance ovine des **Mérinos d'Arles** dans le Sud Est : les chèvres étaient utilisées comme "meneuses" des troupeaux. Il s'agirait selon Lauvergne *et al* (1987) d'une branche en voie de standardisation de la population caprine Provençale traditionnelle dont l'arrivée en provenance du Moyen-Orient remonterait à plusieurs millénaires. A peine identifiée - la première mention imprimée paraît être due à Jean Blanc en 1972 - , elle s'est tout de suite rangée au rang des races en voie de disparition. En 1979, son effectif était estimé à seulement 450 têtes. Les dispositions règlementaires relatives à la campagne d'éradication de la brucellose qui conduisaient à l'abattage systématique de tous les animaux atteints ont déclenché l'organisation du processus de conservation. Les éleveurs se sont constitués en Association de Défense de la race (ADCR) (Moullin, 1980).

En 1980 cette association, en liaison avec le Parc naturel régional du Luberon - dans le cadre d'une action combinée avec la commune de Cabrières d'Aigues (Vaucluse), l'ONF (Office National des Forêts), la DSV (Direction des Services Vétérinaires) du Vaucluse, l'ITOVIC et le Département de

Génétique Animale de l'INRA - élabore un vaste programme d'action comprenant une étude génétique, la constitution d'un registre zootechnique, l'obtention d'une dérogation pour vacciner contre la brucellose, la constitution d'un troupeau pépinière et enfin la recherche de débouchés locaux. L'expérience d'entretien, par les caprins, d'une zone de pare-feu à 600 mètres d'altitude sur le versant sud du Grand Luberon commencée en 1984 à l'initiative du Parc a pris fin en Octobre 1987. Elle a abouti à la conclusion que l'exploitation par les chèvres n'entraîne pas de surcoût par rapport à un entretien mécanique. En revanche s'est posé le problème de capacité alimentaire du territoire sur un parcours monoaltitudinal utilisé dans le cadre d'un élevage sédentaire (par rapport à l'élevage transhumant qui exploite les ressources fourragères disponibles à différents niveaux d'altitude). Les chercheurs de l'INRA (Unité d'Ecodéveloppement - Avignon) poursuivent l'étude des conditions d'élevage adaptées à cet objectif de protection et de valorisation des couverts végétaux et l'intérêt de la race du **Rove** dans ce contexte (Bazan Bazan, 1986 ; Mourad, 1986 ; Napoléone et Hubert, 1987 ; Lagacherie, 1988). Un troupeau pépinière est aujourd'hui installé au Plan de Suvière (commune de Collobrières, Var). La population, malgré les nombreux avatars auxquels elle a dû faire face (épidémie foudroyante de brucellose en 1988 ; décès subit d'Alain Sadorge, à la fois berger du troupeau pépinière et "homme orchestre" de l'ADCR) semble avoir bénéficié de l'impact promotionnel de ces opérations : les effectifs atteignent aujourd'hui près de 4000 animaux.

Les porcins

• La plupart des races locales françaises porcines du début du siècle, impliquées dans des types d'élevage régionaux à base de ressources alimentaires locales et principalement orientés vers la production de porcs destinés à des charcuteries fermières, ont aujourd"hui disparu. Citons parmi les plus connues : les porcs **Craonnais**, de **Cazères**, de **Miélan**, de **Bordeaux**, le **Corrézien** et le **Flamand**.

Le développement des porcheries industrielles sur la base d'une alimentation standard, a entraîné l'expansion des races nordiques sélectionnées dans l'optique d'un meilleur indice de consommation, d'un rendement en muscle supérieur, d'une diminution du gras de couverture et d'une taille de portée supérieure. La pratique largement répandue du croisement, qu'il s'agisse du croisement industriel ou à double étage à partir des races Large **White**, **Landrace** ou **Piétrain**, a accéléré le processus d'érosion génétique de cette espèce caractérisée par un intervalle de génération court et une taille de portée élevée qui lui confèrent une capacité d'évolution démographique et génétique rapide.

• Les premiers travaux d'inventaire ont débuté, à l'initiative de l'INRA en 1976, avec la race **Corse** (Casabianca, 1977). L'enquête révéla qu'il s'agissait d'une population encore assez importante d'environ 10 000 sujets. Cette race, qui s'est avérée être la seule race locale française encore réellement impliquée dans des filières économiques, justifiait des propositions concrètes d'actions en sa faveur, notamment en vue de contrebalancer la progression des métissages avec le **Large White** (Molenat et Casabianca, 1979)[37].

A partir de 1981, l'Institut Technique du Porc (ITP), en relation avec les EDE concernés, a dressé un inventaire des races **Normande, Limousine, Gasconne, Basque** et plus récemment **Bayeux**. Les truies **Normandes** et **Gasconnes** faisaient alors partie d'unités d'élevage de faibles effectifs où figuraient des reproducteurs apparentés à d'autres races. Les truies **Limousines** ou **Basques** appartenaient à des agriculteurs qui ne possèdaient pas d'autres porcs sur leur exploitation ... (Texier et *al*, 1984).

Les programmes de conservation proposés depuis 1982 par l'ITP, en relation avec l'INRA (Molénat, 1990), s'appuient sur la collaboration indispensable des éleveurs qui possèdent encore des animaux de ces races. Ils ont pour objectif :

- le recensement des éleveurs et des animaux ;

- l'établissement d'un livre zootechnique pour suivre les généalogies des truies et verrats ;

- le remplacement des verrats de service par de jeunes mâles issus des meilleures truies retenues comme mères à verrats : l'éleveur reçoit une subvention pour leur conservation jusqu'à 7-8 mois ;

- la mise en pension de verrats à la Station expérimentale d'insémination artificielle de Rouillé (Vienne) pour prélèvement et congélation de semence ;

- l'enregistrement d'un minimum de références (saillies, naissances) ;

- l'augmentation du nombre de mâles utilisés chaque année dans la race ;

- la création de quelques troupeaux en dehors de la zone du berceau de race (Texier, 1983).

De fait, ces actions ont incontestablement induit une augmentation notable du nombre de mâles. Au total, 29 verrats étaient détenus par les éleveurs à l'origine des programmes de conservation de chacune des 5 races (l'année diffère pour chacune d'elles, la plus ancienne soit 1981 concerne le **Limousin**, la plus récente le **Bayeux** en 1989) ; ils sont aujourd'hui 152 (courant 93).

---

37. Mentionnons également, au titre des races locales, la race **Créole** qui a fait l'objet de nombreuses études aux Antilles (Canope et *al*, 1988).

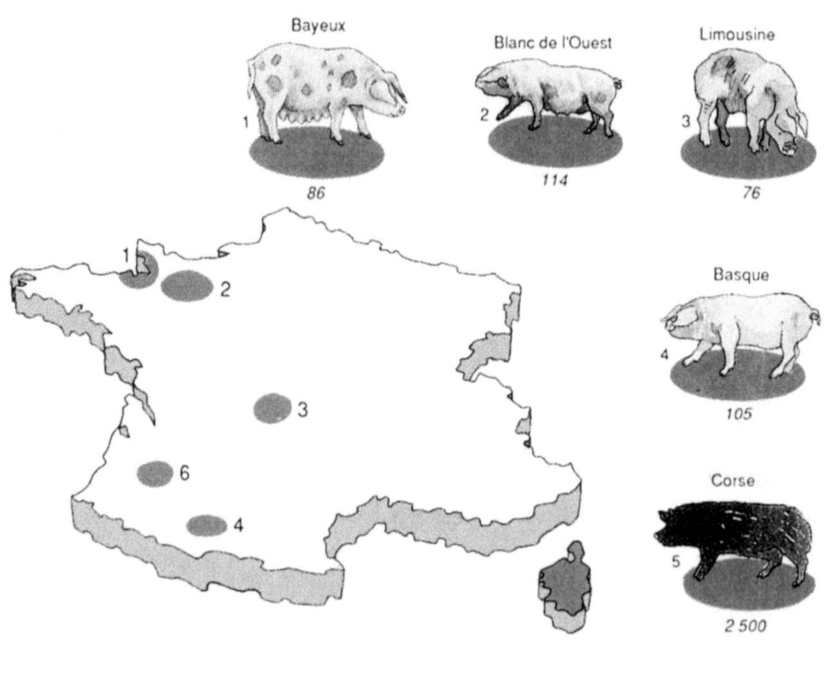

Races porcines françaises menacées

Les chiffres en italique indiquent les effectifs de truies en 1992
Source : Institut technique du Porc

Aquarelle : Isa Python
© *Sciences et Vie - I. Python*

Il semble que la possibilité d'extension de ces races dans d'autres régions d'adoption constitue une sécurité importante pour la conservation d'effectifs suffisants. La race **Basque** s'est trouvée dans une situation catastrophique en 1988 : les difficultés d'écoule-

ment des produits qui ne trouvaient pas d'engraisseurs, les contraintes sanitaires imposées aux animaux de monte publique pour le dépistage systématique de la maladie d'Aujeszky ont découragé les éleveurs jusqu'alors cantonnés en Bigorre. Leur nombre s'est alors quasiment réduit de moitié : les éleveurs du Pays Basque prenant le relais ont permis d'augmenter de 50% son effectif de départ. Même phénomène,

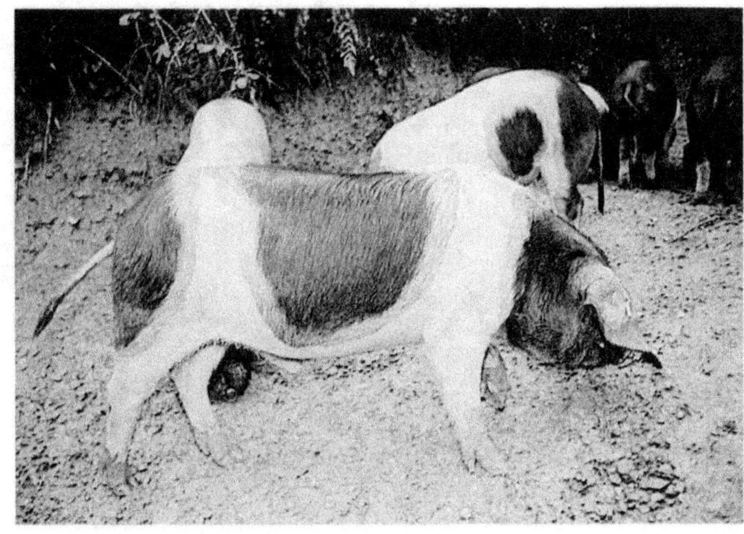

Porc Basque

pour le **Normand**, dont un noyau a colonisé la Bretagne et, pour le **Gascon** dont seulement les 2/3 du cheptel sont actuellement implantés en Midi-Pyrénées. En dehors des moyens en personnel engagés par l'ITP et des cent vingt mille francs annuels dispensés par la CNAG pour l'ensemble des quatre races, on ne compte que trois programmes soutenus par des subventions régionales. Celles-ci émanent des Conseils Régionaux du Limousin et de Midi-Pyrénées et, plus récemment d'Aquitaine. Un concours aux "culs noirs" - c'est là une particularité de l'aspect des porcs **Limousins** - est organisé chaque été à Saint-Yriex-le-Perche (Limousin). La race **Gasconne** est intégrée au programme du Conservatoire du Patrimoine Biologique Régional de Midi-Pyrénées depuis sa création en 1989, où elle bénéficie à elle seule d'une aide égale à la subvention nationale apportée aux quatre races. C'est aussi la seule qui connaisse une réelle évolution positive, alors que la situation des autres races reste précaire, et que les incertitudes qui pèsent quant à la pérennité des moyens financiers et humains ne sont guère encourageantes.

• Pourtant, contrairement aux bovins, la capacité reproductrice des truies constitue l'atout essentiel des programmes porcins. Les portées qu'elles peuvent produire, pratiquement deux fois par an, devraient permettre à tout moment une croissance rapide de la population femelle. On reproche aux animaux de ces races une teneur trop élevée des carcasses en tissus gras, et les handicaps économiques qui ont valu leur déclin sont ceux d'une faible

Le porc noir Gascon

Originaire du Nébouzan, petit pays de Gascogne enclavé entre l'Armagnac, le Comminges et la Lomagne, la **race porcine Gasconne** existe depuis très longtemps dans le piémont pyrénéen. Inadaptée au modèle industriel qui s'est généralisé depuis ces trente dernières années, elle a bien failli disparaître : en 1978, Viso estimait encore la population à une cinquantaine de reproducteurs. Quatre ans plus tard, lorsque l'ITP met en oeuvre un programme de conservation, il n'en subsiste plus que la moitié et les deux verrats retrouvés ne sont plus de race pure.

Evolution des effectifs

Depuis 1989, le Conservatoire du Patrimoine Biologique Régional de Midi-Pyrénées (CPBR) consacre une part importante de ses moyens à la sauvegarde de la race, apportant l'appui nécessaire à l'action de l'ITP.

Les effets de ces actions conjointes sont spectaculaires : elles ont contribué à redresser de façon remarquable la démographie de la population dont l'effectif national de femelles a décuplé en 10 ans.

Un véritable réseau de partenaires s'est mis en place afin de stimuler le développement de filières locales et artisanales valorisant les caractéristiques particulières du **porc Gascon** et s'appuyant sur une production de type extensif ou semi-extensif couplée à la transformation en produits charcutiers secs haut de gamme (Sans, 1991).

Eleveurs et techniciens se sont concertés pour créer une structure professionnelle : le Syndicat du **Porc Noir Gascon**.

Les résultats des recherches sur le porc **Gascon**, déjà engagées par l'INRA en Poitou-Charentes (station du Magnereaud), permettent d'envisager la pleine valorisation économique des atouts de cette ressource génétique originale - ces atouts se résument en quatre mots-clés : rusticité, qualités maternelles, qualité de la viande, robe noire - en améliorant notamment les deux points faibles du **porc Gascon** : trop de gras dans la carcasse (seulement 42% de muscles à 100 kg de poids vif) et une prolificité numérique nettement insuffisante.

Il reste que toutes les hypothèses sur l'avenir économique du **porc Gascon** reposent sur un "saut qualitatif" à entreprendre dans le domaine de la recherche comme dans celui de la gestion génétique de la population, en parfaite intégration avec les différents opérateurs économiques. Un avenir rose pour le **Porc Noir** !

vitesse de croissance dans les conditions d'élevage industriels ainsi que la relativement faible taille des portées.

• Toutefois, les possibilités de développement d'un porc "alternatif" produit dans des systèmes d'élevage moins "industriels", et s'intégrant dans des créneaux économiques spécifiques, permettent de proposer aux éleveurs des régions les plus défavorisées des solutions originales, diversifiées et incitatives. La réputation de la charcuterie corse - si appréciée avec ses fabrications caractéristiques : jambon, lonzo, coppa, figgatelli - n'est plus à faire (Molénat et Luquet, 1988). Quelques tentatives existent pour les races continentales. Citons en particulier l'élaboration d'une filière artisanale par un charcutier-salaisonnier de la vallée des Aldudes (Pays Basque) : les porcs de race **Basque** - dont l'élevage en plein air est lié à l'exploitation de territoires pastoraux - sont abattus et transformés, selon les méthodes traditionnelles, en une gamme de produits typés de haute qualité dont l'intégralité fait l'objet d'une vente directe.

C'est dans cette dynamique que se sont inscrits, en novembre 1989 à Ajaccio et en mars 1992 à Badajoz (Portugal), les deux colloques organisés dans le cadre du réseau "Porc Méditerranéen en systèmes sylvo-pastoraux : Optimisation de la production de porcs destinés à la transformation en produits secs traditionnels de haute qualité" créé à l'initiative des laboratoires de recherches de Corse et d'Extrémadure. Ce réseau renforce la coopération scientifique et technique entre cinq organismes de recherche des pays d'Europe méridionale (France, Espagne, Italie - Sardaigne - et Portugal) impliqués dans des programmes régionaux de développement de filières de porcs lourds et de charcuterie sèche dans le cadre d'une action de recherche financée par la CEE.

Ces options ne sont toutefois pas incompatibles avec l'introduction d'un certain pourcentage de sang de races locales dans les filières existantes. L'utilisation en croisement de races en provenance des Etats-Unis (Duroc et Hampshire) indique que même les élevages industriels peuvent avoir recours, à un moment où à l'autre, à un matériel génétique nouveau pour répondre à de nouvelles exigences du marché et de la consommation. Ceci permet d'envisager des schémas de croisement entre populations améliorées et populations locales dans la mesure où ces croisements présentent un hétérosis (augmentation de croissance ou de fertilité) important pour les caractères économiques, à condition toutefois que soit maîtrisé l'ensemble du schéma qui prévoit l'organisation du renouvellement de la race pure, de manière évidemment à ne pas reproduire les circonstances qui ont été à l'origine de la régression des races locales.

Les résultats d'une étude sur l'influence des systèmes d'élevage et du génotype sur les performances d'engraissement, les caractéristiques de la carcasse, la composition biochimique et surtout les qualités organoleptiques du muscle long dorsal chez des porcs charcutiers, suggèrent qu'à court et moyen terme, l'obtention de véritables "produits haut de gamme" passera par le choix judicieux et raisonné de formules de croisement utilisant ces races (Gandemer et Legault, 1990). Dans ce dispositif expérimental, la truie Sino-Gasconne[38] pourrait être retenue comme une solution alternative intéressante en raison de sa rusticité, de sa prolificité et de ses qualités maternelles. Elle associe à ces qualités zootechniques une excellente qualité de viande.

L'implication régionale du programme "**Gascon**" en Midi-Pyrénées a permis de franchir une nouvelle étape. Une large coopération entre les différents partenaires conduit à envisager les conditions d'une relance économique - qui fait actuellement l'objet d'expérimentations et d'études exploratoires - selon des voies complémentaires : un élevage en race pure de type extensif ou semi-extensif valorisé par des produits fermiers, mais aussi une intégration dans un programme de croisement autorisant la mobilisation de partenaires salaisonniers et aboutissant à des produits haut-de gamme commercialisables dans la grande distribution.

Les chevaux et les ânes

• Le cheval a joué un rôle important dans l'histoire de l'homme et des civilisations. Plus que toute autre, l'espèce chevaline a évolué en fonction des impératifs du moment, exploitant, aux différentes époques, les composantes de son polymorphisme exceptionnel[39] pour les multiples usages auxquels l'homme l'a destiné : travail du sol, transport des personnes et des marchandises, animal de guerre par excellence (la cavalerie ....) (Mulliez, 1983).

En France, depuis une trentaine d'années, les effectifs de chevaux ont régressé d'environ 85%. Cette baisse, générale à l'ensemble des pays industrialisés, reflète en réalité deux tendances inverses : une disparition drastique des chevaux de trait et une progression des chevaux de sang. L'élevage a maintenant

---

38. La **truie Sino-Gasconne** est issue du croisement entre la race **Gasconne** et une race chinoise, la **Meishan**. Les travaux sur les races porcines chinoises (Bidanel, 1989), aux performances de prolificité tout à fait exceptionnelles, sont nombreux. Ce sont précisément des animaux de ce type qui ont été expédiés en Haïti en 1986 afin de repeupler, avec les porcs **créoles** de la Guadeloupe les élevages familiaux de l'île ravagée par une épidémie de peste porcine africaine (Delate et Leguyadec, 1990). Les porcs produits sont 1/2 **Créoles**, 1/4 **Gascon** et 1/4 **Chinois** et de robe noire.

39. Le cheval présente un polymorphisme exceptionnel tant sous l'angle de son développement (poids adulte variant de un à dix), de ses aptitudes (chevaux de trait, de bât, galopeurs, trotteurs, sauteurs, marcheurs) (Langlois, 1973), que de l'adaptation aux milieux naturels les plus variés.

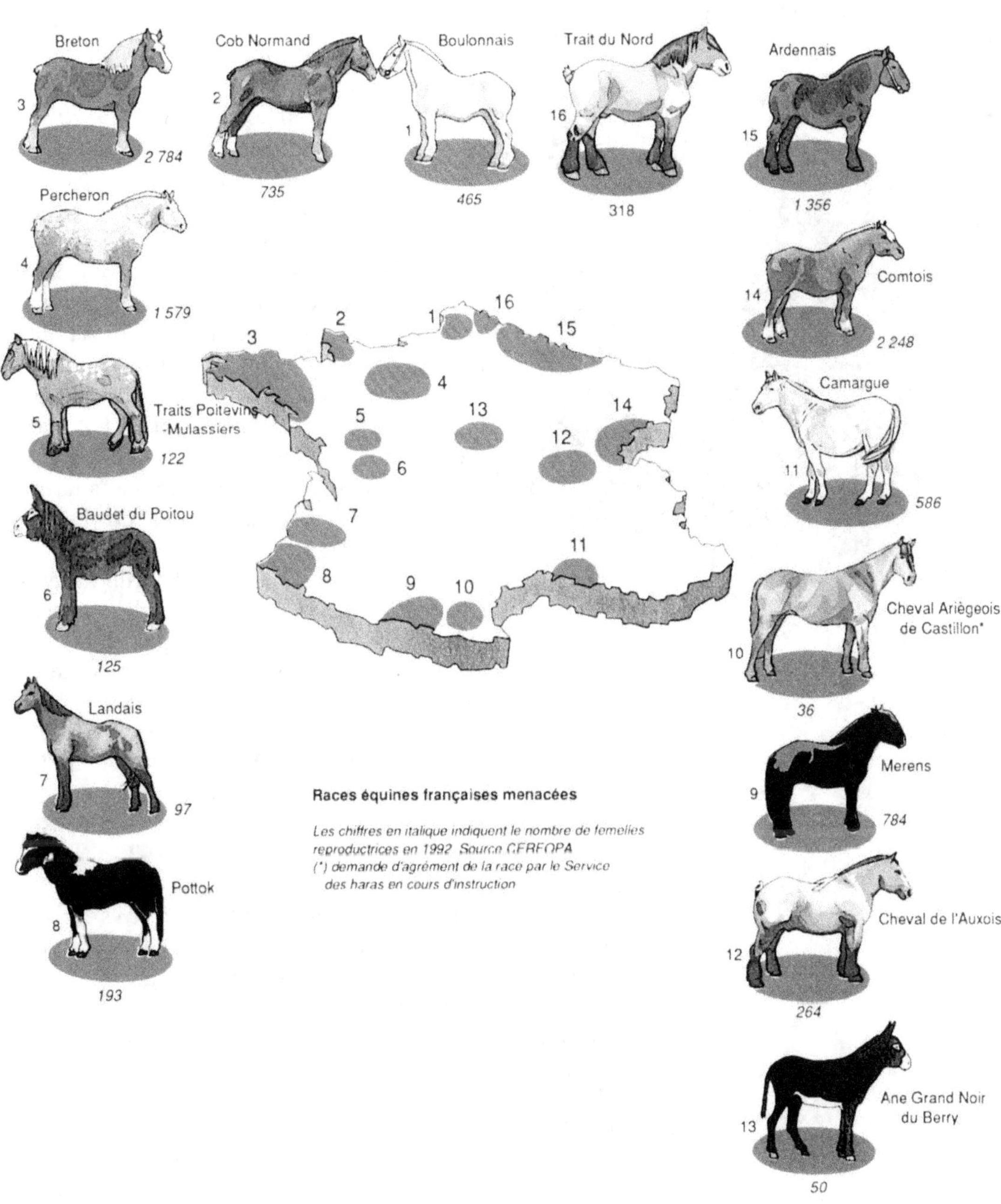

Breton
3
2 784
Cob Normand
2
735
Boulonnais
1
465
Trait du Nord
16
318
Ardennais
15
1 356
Percheron
4
1 579
Comtois
14
2 248
Traits Poitevins-Mulassiers
5
122
Camargue
11
586
Baudet du Poitou
6
125
Cheval Ariègeois de Castillon*
10
36
Landais
7
97
Merens
9
784
Pottok
8
193
Cheval de l'Auxois
12
264
Ane Grand Noir du Berry
13
50
1
2
3
4
5
6
7
8
9
10
11
12
13
14
15
16
Races équines françaises menacées
Les chiffres en italique indiquent le nombre de femelles
reproductrices en 1992 Source GEREOPA
(*) demande d'agrément de la race par le Service
des haras en cours d'instruction

Cheval de Mérens

pour finalité les courses et l'équitation sportive et de loisir. Ce renouvellement de l'utilité sociale de l'espèce a permis à un certain nombre de races d'échapper à la menace de mort qui frappait l'ensemble d'entre elles, dans les années 1950, lorsque les animaux de trait, déjà éliminés des transports par le camionnage, le furent de l'agriculture par les tracteurs et de l'armée par les engins motorisés et les blindés (Rossier *et al*, 1987).

Les problèmes de préservation se posent néanmoins pour des races locales menacées d'absorption par des types génétiques réputés plus performants ou par le seul fait de décisions administratives parfois liées à la règlementation des Livres Généalogiques[40], mais surtout pour des races spécialisées dont le débouché traditionnel disparaît sans alternative : races de trait et **Baudet du Poitou** (Audiot *et al*, 1983b).

La conservation ou la promotion de variétés locales se justifie et se réalise le plus souvent par leur adaptation à des conditions particulières et souvent difficiles d'élevage - critères qui viennent s'ajouter à ceux qui ont jusqu'à présent guidé la sélection des espèces domestiques -. Le cheval de **Merens**, isolé dans les montagnes ariégeoises, et protégé par des hommes profondément attachés à la tradition, a gardé une homogénéité et constitue encore une rareté zootechnique parce que les saillies se faisaient en estives en toute liberté (Prunet, 1956 ; Thévenin, 1982). Le **Pottok**, perpétué par la rémanence d'un mode très ancien d'exploitation du milieu, lié à l'existence des landes incultes du Pays Basque, a été considéré, jusqu'à la deuxième guerre et par les agriculteurs régionaux, comme un élément banal de leur système économique : un produit de cueillette (Lizet, 1984, 1986) ; c'est d'ailleurs toujours le cas de l'autre côté de la frontière en Navarre (Espagne).

Dans de telles conditions on s'aperçoit que, même soumises à des croisements par des races améliorées, ces races, dont les produits sont utilisés comme chevaux de loisir, se préservent le plus souvent d'elles-mêmes. C'est notamment le cas du cheval **Corse** qui, par le biais de pratiques d'élevage adaptées au milieu diffi-

---

40. Ainsi tous les "rameaux" **Percherons** ont-ils été regroupés en un seul Livre en 1966, faisant du même coup disparaître les **Trait du Maine, Augeron, Berrichon, Bourbonnais, Trait de la Loire** ... et surtout le **Nivernais**, dont on reparle aujourd'hui (Rossier, 1989).

cile et frugal[41], a survécu
par élimination progressive
et continue des gènes dits
"améliorateurs" incompa-
tibles avec les contraintes
des conditions locales
d'élevage (Tertrais, 1982).
Les produits croisés, plus
exigeants, doivent faire
l'objet de soins plus atten-
tifs sinon ils se développent mal et sont alors rapidement éliminés. La
conservation des variétés
locales dépend alors beaucoup plus de la préserva-
tion d'un biotope et d'un

Pottok

mode d'élevage que d'une action volontariste de conservation des
animaux eux-mêmes. Le cas de la race de **Camargue**, dont
l'homogénéité du type est conservée par la sélection naturelle
malgré les choix différents réalisés dans chaque manade par les
éleveurs, est aussi un très bon exemple de cette situation
(Langlois, 1977).

En revanche, en matière de chevaux de trait, les débouchés traditionnels ont, sinon complètement disparu, du moins si fortement diminué que les races concernées sont réellement menacées de disparition (Bougler *et al*, 1983). La France a su les
conserver en les faisant évoluer vers l'aptitude à la production de
viande. Il n'y a pourtant plus, en 1988, que 32 000 juments
lourdes saillies (Blanc *et al*, 1988). Une analyse démographique
et génétique a été réalisée, à l'initiative de l'INRA et de l'Institut
National Agronomique, pour les races **Bretonne** (Treguer, 1980),
Comtoise (Guillon Duboeuf, 1981), **Cob** (Gorioux, 1982) et
Boulonnaise (Rossier *et al*, 1983). Elle confirme la précarité de
leur situation : dissémination des effectifs, consanguinité, dérive
génétique, disparition des structures de coordination et âge
avancé des derniers éleveurs.

• De fait, les caractéristiques biologiques des chevaux leurs
confèrent une "inertie" démographique considérable et contribuent à expliquer une telle situation. En effet, l'intervalle de
génération élevé (cinq à six ans), la longévité des animaux et la
faible fertilité, auxquels viennent s'ajouter la faible efficacité
d'une sélection sur la production d'énergie et l'absence de critères très précis d'évaluation, sont autant de facteurs qui permettent à l'espèce de résister à l'évolution rapide des usages auxquels

---

41. Traditions fondées essentiellement sur deux principes : "liberté" et "non
intervention" de l'homme sur le territoire.

elle a été soumise depuis un siècle. Ce paradoxe relativise l'efficacité du résultat de la sélection dite rationnelle (objectifs fixés) à épouser les changements socio-économiques[42]. Il est très difficile de faire évoluer rapidement l'espèce en quantité et en qualité (Langlois, 1973).

Les particularités de l'organisation de la production et du modèle économique dont il est l'objet - ce sont les ressources provenant des courses (PMU) qui assurent le financement de la filière - confèrent une grande originalité à l'élevage du cheval en France. Bénéficiant depuis plusieurs siècles de l'encadrement du Service des Haras, il n'a été rattaché aux dispositions découlant de la Loi sur l'Elevage de 1966 que deux ans plus tard et seulement pour certaines actions visant notamment l'identification, les enregistrements zootechniques et le fonctionnement des Livres Généalogiques et quelques opérations de sélection (telle par exemple l'insémination artificielle) (Bougler, 1992). Les Haras et les sociétés de course demeurent les acteurs principaux de la sélection chevaline.

Si quelques Parcs Naturels se sont engagés dans la voie de l'inventaire et de l'étude de certaines races : le Parc naturel régional de Corse pour le "**cheval Corse**" (Tertrais, 1982) et le Parc naturel régional du Morvan pour le "**cheval Nivernais**" (Lizet, 1989), les seuls plans de soutien spécifiques, en dehors des aides dispensées de manière générale par l'Administration des Haras, concernent le **Baudet du Poitou** et la race **Boulonnaise**[43].

• Dans cette situation pour le moins différenciée des autres espèces animales, une première possibilité à envisager concerne la production de viande. Les Français consomment près de cinquante cinq mille tonnes de viande chevaline dont ils ne produisent que 15%[44], ce qui creuse dans notre balance commerciale un déficit de plus d'un milliard de francs. Les Pouvoirs publics, qui souhaitent sinon résorber, du moins stabiliser ce déficit, ont entrepris différentes actions de réorientation de l'élevage.

Parmi les plus marquantes, depuis 1972 et surtout 1979, on peut mentionner les encouragements à la mise à la reproduction de jeunes poulinières, les mesures de classification et d'organisation du marché[45], l'organisation de la production, le développement des recherches et l'application de leurs résultats sur le terrain, surtout dans le domaine de la reproduction (maîtrise des

---

42. Le rapport du changement génétique relativement aux changements socio-économiques détermine l'efficacité de la sélection.

43. Le Centre Régional de Ressources Génétiques de la Région Nord-Pas-de-Calais a mis en place un système de primes incitatives à la conservation des étalons et, c'est par ailleurs, la seule race pour laquelle a été proposé un programme de gestion de la variabilité génétique (Teillier et *al*, 1993).

44. Le reste est comblé par des importations en provenance des Etats-Unis et des pays d'Europe de l'Est notamment.

45. Cotations, catalogues de classement des carcasses et des animaux vifs, définition de la carcasse, création de l'interprofession et accords interprofessionnels ...

cycles, meilleure gestion des juments, échographie, monte en liberté, etc ...).

Cependant, le faible niveau quantitatif de notre cheptel reproducteur, ajouté à la faible fertilité de l'espèce, représente un facteur limitant important pour une organisation raisonnée de la production de viande. Le maintien de nos effectifs de chevaux lourds passe en premier lieu par une organisation du marché qui met les producteurs à l'abri des fluctuations anarchiques des cours à la production. Si un tel dispositif n'est pas maintenu, les races lourdes disparaîtront en France, comme cela s'est passé pour les autres pays européens, ne laissant que des effectifs résiduels inférieurs en général à 5% de l'effectif national de chevaux.

Dans l'hypothèse où ce plan de sauvegarde économique se maintiendrait et se renforcerait, il deviendrait possible d'envisager techniquement la production de viande (Bougler *et al*, 1983 ; Derveaux, 1986), à partir des races de trait, dans les deux situations d'élevage existantes : les berceaux de race[46] et les zones dites "de production" ou de "multiplication", situées au Sud de la Loire et en particulier dans le Massif Central, les Pyrénées, les Alpes et le Jura. Dans ces régions on a assisté, ces dernières années, à une recolonisation par le cheval d'espaces agricoles faiblement productifs et de plus en plus laissés à l'abandon[47].

• Des demandes en matière d'utilisation du cheval ont suscité à la fois des recherches visant à mieux percevoir, caractériser le phénomène de la traction chevaline (Rossier, 1982 ; Salmon, 1983) et développer une réflexion sur la traction animale (Pousset, 1982) et les systèmes agraires (Vissac, 1982) ; des stages et concours d'attelage, de labours et plus récemment de débardage en forêts accidentées des Ardennes, des Pyrénées et du Massif Central[48] sont organisés. Malgré la modestie des débouchés actuels - sylviculture, maraîchage et viticulture - ceci invite à porter une attention particulière à l'énergie animale, et plus particulièrement à l'emploi du cheval comme source d'énergie motrice, en France, mais également pour les pays en voie de développement (Coléou et Rossier, 1986).

---

46. Les berceaux de race sont les zones traditionnelles d'élevage des chevaux de trait où les besoins pour ce type d'animaux étaient les plus importants ; ils sont tous situés au Nord de la Loire dans un milieu agricole plutôt intensif. On peut citer en particulier la Bretagne, le Perche, le Boulonnais et la Franche-Comté.

47. Depuis quelques années, différents travaux de recherche sont réalisés sur la valorisation et la réhabilitation par le cheval d'espaces pastoraux sous-utilisés ou abandonnés, notamment dans le cadre de pratiques d'élevage liées à l'utilisation des estives en complément de l'élevage bovin (Loiseau et Martin-Rosset, 1985, 1988, 1989 ; Martin-Rosset et Loiseau, 1979).

48. Un syndicat de débardeurs utilisant le cheval de trait a été créé en 1989 ; cette initiative est très fortement encouragée par les Haras Nationaux et l'ONF. Un centre technique de la traction animale a également ouvert ses portes en Lorraine en vue d'adapter ce moyen de traction aux enjeux économiques et agricoles actuels.

Le Baudet du Poitou

Préservée dans sa pureté par un faible nombre d'animaux, la race asine du Poitou a survécu grâce à l'opiniâtreté d'une poignée d'éleveurs. Autrefois qualifié "d'âne de la grande Espèce", le **Baudet du Poitou**, âne de grande taille (145 cm) et à l'épais squelette (23 cm de tour de canon), a depuis toujours été sélectionné pour la production de mules.

Les **mules du Poitou**, hybrides engendrées par l'accouplement interspécifique du **Baudet du Poitou** et de la **jument Mulassière** furent, pendant près de trois siècles, très appréciées par des acheteurs venus du monde entier. Faut-il redire ici l'ensemble des qualités de rusticité, de précocité, de force, d'endurance, de sobriété et de longévité qui constituent les avantages économiques et déterminent les particularités d'utilisation de ces modestes serviteurs *"pauvres batards, toujours méconnus, fruits d'un amour illégitime et frappés de stérilité "* (Guenon, 1899). Bref, le fond du mulet est proverbial et ceux du Poitou se distinguaient par leur grand développement et leur puissance, ce qui les rendait aptes à traîner de lourds fardeaux.

Le développement du chemin de fer, de l'automobile et la mécanisation de l'agriculture dans tous les domaines autrefois acquéreurs de mules ont peu à peu fait péricliter la production mulassière et le **Baudet du Poitou**, ce véritable "tour de force zootechnique", est rapidement devenu la "coqueluche" des races en voie de disparition.

En 1977, une enquête, réalisée dans le cadre de l'INRA à la demande des Haras Nationaux, concluait à la disparition définitive de la race avant la fin du siècle si rien n'était fait pour renverser la tendance et assurer la reproduction et la regénération du cheptel encore existant. On ne

"Baudet "Désiré", né chez Monsieur Coulais (Le Langon - Vendée), vendu en 1906 au cirque Barnum pour l'honorable somme de 10 000 francs or. Il décèdera sur le bateau qui le transportait aux Etats-Unis.

Dessin de Marie-Claude Guérineau

recensait alors plus plus que quarante quatre baudets et ânesses (Audiot, 1978). Un "programme de soutien" à la race fut alors établi ; il aboutit, en 1982, à la création de l'Asinerie Nationale Expérimentale de la Tillauderie de Dampierre sur Boutonne (Charente Maritime). Gérée conjointement par l'Administration des Haras et le Parc naturel régional du Marais-Poitevin, cette structure est chargée d'une opération de croisement continu d'absorption de **Baudets du Poitou** sur des ânesses de grande taille. Ainsi, tout en évitant l'écroulement complet des effectifs, cette opération, menée parallèlement à l'élevage en race pure, permet d'introduire des gènes étrangers à la population, donc d'en augmenter la variabilité génétique en induisant une amélioration des caractères d'élevage réduits par la con-sanguinité (fertilité, fécondité, vigueur des nouveau-nés...). Plus d'une vingtaine d'ânesses sont actuellement impliquées et l'on compte déjà quatre sujets (dont deux femelles) de 3ème génération. Dans l'enceinte de l'Asinerie, la "Maison de l'**Ane du Poitou**", ouverte en 1988, présente aux visiteurs, au travers d'une exposition d'objets et de films, les caractéristiques et les buts de cet élevage séculaire (Parc naturel régional du Marais Poitevin, Val de Sèvres et Vendée, 1990).

Pour ce qui est de la race pure, le faible niveau quantitatif du cheptel reproducteur - 159 animaux en 1993 - ajouté à la faible fertilité de l'espèce (une ânesse mise à la reproduction ne donne en moyenne un produit qu'une fois sur deux), la dispersion des animaux (on compte actuellement 1/3 de l'effectif de race pure hors du territoire national) et l'absence de véritable plan de conservation génétique représentent des facteurs limitants pour une organisation raisonnée de la production.

Soucieux d'entretenir et gérer la race et persuadés que les connaissances scientifiques sont insuffisantes pour garantir ces objectifs, des personnalités et vétérinaires poitevins ont pris l'initiative de créer, en 1988, une association pour la Sauvegarde du **Baudet du Poitou** (SABAUD). On cherche aujourd'hui à appliquer les techniques les plus modernes et les plus performantes, d'une part pour permettre une entière gestion du cheptel (programme de marquage électronique de

l'ensemble des Baudets du Livre "A", soit des animaux de race pure) et une meilleure reproduction des animaux (échographie, congélation de semence, insémination artificielle, transfert d'embryons, prophylaxie et dépistages adaptés), d'autre part pour mieux caractériser la race sur le plan génétique (empreintes génétiques et analyse de l'ADN). La SABAUD bénéficie également de l'appui de l'association britannique "The International Donkey Protection Trust".

En 1990, après la disparition du plus célèbre éleveur de la race asine du **Poitou**, Mademoiselle Auger, la SABAUD aidée par les Haras Nationaux, le Parc naturel régional, le Conseil Général des Deux-Sèvres et la Mutuelle d'Assurance des Commerçants et Industriels de France (MACIF) s'est attachée à éviter la dispersion d'un troupeau de race pure dont la qualité et la réputation étaient unanimement reconnues.

Objet de curiosité par son pelage grossier et hirsute qui lui donne des allures d'animal en peluche, occasion d'un retour sur un passé qui survit par le biais d'un élevage encore imprégné de pratiques traditionnelles, émanation d'une idéologie conservatoire en vogue ces 20 dernières années, ce singulier animal, qui parvient à éveiller des intérêts aussi divers, n'a pourtant qu'une seule chance de survie.

Si des mesures d'urgence ont été prises pour enrayer l'extinction du Baudet du **Poitou**, son soutien artificiel ne prévaudra jamais sur le recouvrement d'une fonction économique par l'intermédiaire d'une nouvelle valorisation des mérites redécouverts de cette race tout à fait originale !

S'il est aujourd'hui difficile d'envisager qu'une relance de la production de chevaux lourds pour la production de viande, si vigoureuse soit-elle, puisse à elle seule enrayer cette évolution (Audiot *et al*, 1983b), il semble en revanche que, parmi les voies de diversification qui se font jour actuellement, le développement d'un élevage de type "loisir" puisse constituer à court terme un facteur de maintien des effectifs.

Le tourisme rural contribue également à la création d'activités liées au cheval de trait : promenades en roulotte, circuits culturels en voitures attelées, fêtes champêtres, attelages publicitaires, mariages traditionnels ... Le Japon, qui n'est pourtant pas le modèle d'un pays économiquement arriéré, fait largement usage de **Percherons** et de **Bretons** pour l'organisation de compétitions de "trait-tract", ce qui l'oblige à venir régulièrement se procurer des reproducteurs de nos berceaux de race. A l'image de ce pays sont organisées maintenant des épreuves du même type, dans nos régions.

• Le cheval lourd nous fournit l'exemple d'une conservation raisonnée dans le contexte d'économie générale de l'élevage. Il démontre - et l'histoire est à cet égard riche d'enseignements - que l'évolution socio-économique ne conduit pas, dans tous les cas, à la disparition des races anciennes. Elle peut induire une modification des usages, en utilisant le polymorphisme et les capacités d'adaptation de tout ou partie d'une espèce, d'où l'intérêt de conserver une variabilité importante parmi ces représentants.

Nos neuf races lourdes françaises représentent un patrimoine génétique unique au monde, des possibilités de revenu complémentaire, un possible marché à l'exportation de reproducteurs, une source d'énergie potentielle (qui permettrait de retrouver des possibilités d'exploiter et valoriser les aptitudes de traction), mais aussi un marché de consommation. Même s'il est devenu marginal, ce marché subsiste avec des qualités organoleptiques et diététiques reconnues de cette viande, dont il convient de revaloriser l'image[49]. C'est là l'objectif poursuivi par les tentatives de démarcation de la viande de poulain.

Jument Mulassière

Parmi toutes ces voies d'utilisation et de diversification, il apparaît cependant urgent de trouver un compromis garantissant le maintien de la variabilité génétique. La conservation d'effectifs suffisants dans les zones traditionnelles d'élevage en constitue un préalable. Cette condition étant remplie, l'industrie naissante des loisirs équestres (Langlois, 1992) paraît en mesure de revaloriser la tradition d'élevage dont la culture de ces régions est si profondément empreinte.

Animal et technique ne sont pas seuls en question !

A l'issue de ce rapide panorama d'études, de schémas et d'actions menées en France pour la sauvegarde des races locales domestiques, il ressort qu'il n'y a pas un seul, mais des modèles de conservation. Ils sont articulés autour de trois pôles dont les contributions et les interactions déterminent les principes et les niveaux d'organisation des différents schémas. Ce sont :
- l'animal, entité biologique sur laquelle se greffe l'action ; il est appréhendé tantôt comme "individu", tantôt au travers du "troupeau" ;
- la technique et les outils qui lui sont liés ;
- l'homme, éleveur ou technicien, qui décide et organise.

---

49. La consommation de viande de cheval, qui est déjà marginale avec 1 kg/habitant/an en 1990, enregistre encore actuellement une évolution négative.

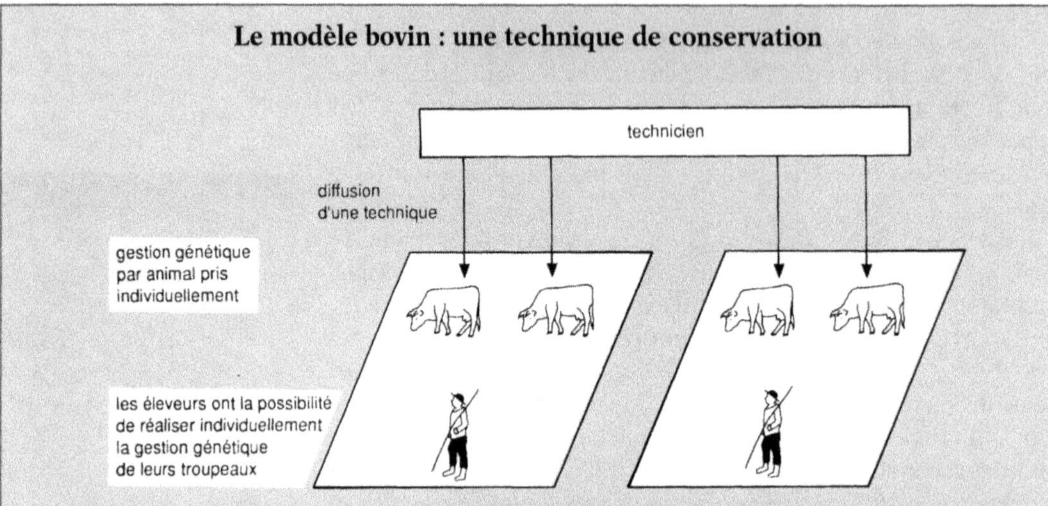

Insémination artificielle et congélation de semence sont des outils indispensables pour la réalisation des programmes de conservation mis en oeuvre par l'Institut de l'Elevage. Ils visent à stocker, sous forme de semence congelée, une partie de la variabilité génétique susbsistant dans la race, puis à la diffuser de façon échelonnée dans le temps en la renouvelant lentement, au fur et à mesure que les taureaux d'insémination sont retirés du service. Le technicien est l'acteur principal de ces schémas.

Ces modèles peuvent être assimilés tout d'abord à une logique "espèce".

• **Le "modèle bovin"** s'organise autour d'une technique de conservation unidimensionnelle - la congélation de semence utilisable par insémination artificielle - qui s'affranchit des différenciations régionales. Chaque animal est considéré comme un support de gènes et, à ce titre, il doit pouvoir prétendre à une place légitime dans le programme. Les éleveurs ont d'abord pour fonction, en quelque sorte, d'être des "relais" individuels d'une conservation biologique des animaux.

• **Les modèles ovins et caprins** apparaissent adaptés à la diversité des situations régionales et reposent sur l'organisation collective des éleveurs. Ceux-ci sont les acteurs privilégiés de la conservation et choisissent la technique de conservation la mieux adaptée à leurs pratiques individuelles et collectives de conduite d'élevage, en associant des objectifs productifs à une limitation de la dérive génétique.

• Le problème de **l'espèce chevaline** se pose en termes différents. La quasi absence de programmes de conservation peut être imputée, d'une part à des effectifs relativement plus importants dans chacune des races (notamment chez les chevaux lourds) que chez les races bovines, ovines et caprines en péril, d'autre part au fait que les actions visent de façon prioritaire la valorisa-

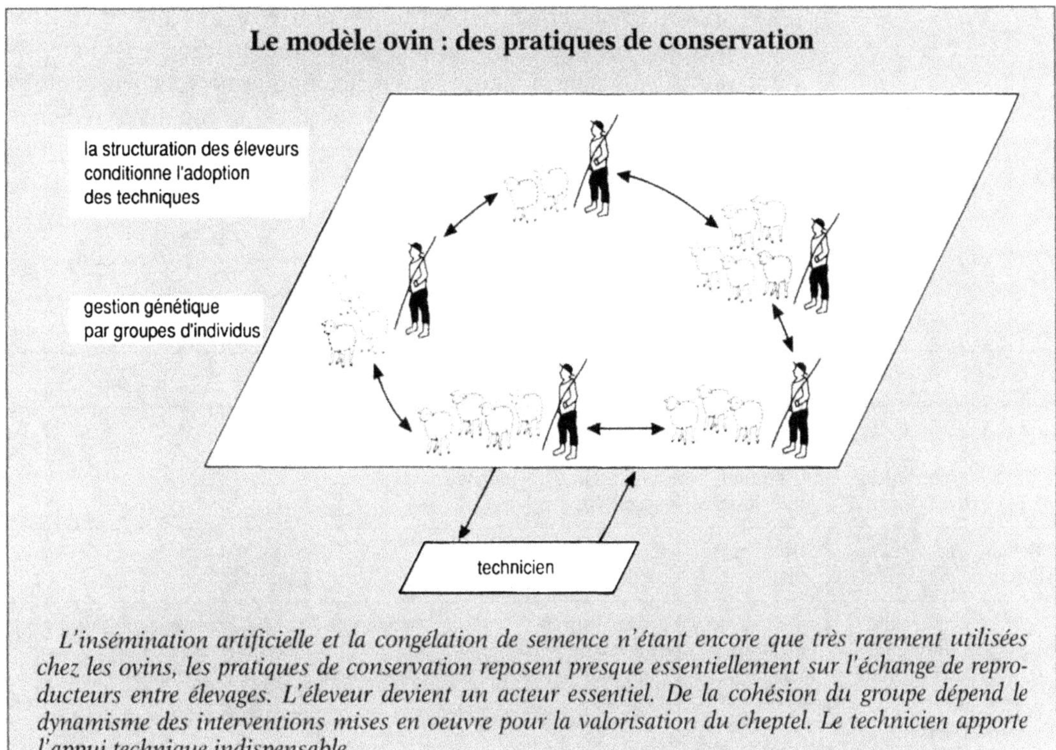

L'insémination artificielle et la congélation de semence n'étant encore que très rarement utilisées chez les ovins, les pratiques de conservation reposent presque essentiellement sur l'échange de reproducteurs entre élevages. L'éleveur devient un acteur essentiel. De la cohésion du groupe dépend le dynamisme des interventions mises en oeuvre pour la valorisation du cheptel. Le technicien apporte l'appui technique indispensable.

tion des animaux : la préservation du cheptel chevalin est raisonnée dans un contexte d'économie nationale et la sauvegarde économique des animaux - rendue possible par la reconversion des finalités économiques - sert alors de support aux actions techniques.

• **Les porcins** empruntent au modèle bovin son objectif de maîtrise des mâles, mais les performances reproductives de l'espèce doivent conduire rapidement les éleveurs à plus d'autonomie. L'exemple **"Gascon"** pourrait devenir un modèle d'intégration, par différents types d'acteurs, de la préoccupation de conservation génétique dans un projet économique.

• L'entrée par l'espèce, si elle constitue un bon indicateur des modes de diffusion de techniques différentes de conservation - elle permet, notamment en comparant les schémas généralement utilisés pour les bovins à ceux mis en oeuvre pour les ovins, d'opposer "techniques" et "pratiques" de conservation - s'avère insuffisante pour expliquer l'importante diversité des situations individuelles. Bien que les "techniques" utilisées soient adaptées chaque fois aux contraintes biologiques de l'espèce, certains programmes sont dynamiques, alors que d'autres s'essoufflent et rencontrent vite des limites. Pour aller plus loin dans la compréhension de ces actions, il faut introduire une autre dimension : la

spécificité de chaque programme doit être interprétée relativement à **l'organisation humaine** dont aucune race n'est indépendante. Autrement dit, animal et technique ne sont pas seuls en
question dans la poursuite de la régression ou dans le redémarrage de certaines races !

*Principes et niveaux d'organisation des actions de conservation
dans les différentes espèces : "le schéma officiel"*

	Homme			Animal		Technique	
		Eleveur				pour conserver	pour produire
	Technicien	gestion individuelle	gestion collective	Individu	Troupeau		
Bovins (Porcins)	décideur et organisateur	partenaire "relais"		support de gènes		1 technique imposée	
Ovins	partenaire diffuseur de techniques	niveau de décision et d'organisation individuelle	niveau de décision et d'organisation collective		support de gènes et de production	choix parmi plusieurs techniques de conservation	
Chevaux	décideurs et opérateurs économiques et techniques			support de production			choix parmi plusieurs techniques de sauvegarde économique

faible contribution   forte contribution

Connaître
pour mieux gérer

"Sur quelles bases choisir, au-delà d'un bon sens qui trouve rapidement ses limites dans notre ignorance de la nature fondamentale des problèmes ? ... Un immense domaine reste à explorer, afin de définir les voies les plus simples pour réaliser un choix représentatif d'une diversité génétique".

André Cauderon, 1984

Des races à la recherche de leur identité

La justification essentielle de la conservation génétique repose, nous l'avons vu, sur la notion de disponibilité des ressources présentant des caractères d'intérêt immédiat ou potentiel. La décision de conservation étant motivée par un choix de survie et d'adaptation (Frankel, 1981), elle se réfère à une "spécificité" présumée.

En 1981, lorsque l'INRA s'est engagé dans le programme de préservation des ressources génétiques s'appuyant sur les territoires des Parcs Naturels, nombre de questions restaient encore posées. Le principe de conservation de la variabilité génétique était admis, mais la décision était à prendre race par race. Fallait-il connaître le matériel animal avant de le conserver ? ou le conserver d'abord et l'évaluer ensuite ? En l'absence de références précises, le pragmatisme a prévalu dans la mise en oeuvre des toutes premières actions. L'histoire des différents programmes montre que les opérateurs techniques et scientifiques ont opté pour une méthode itérative : toute ressource identifiée et menacée est justiciable de la mise en place d'un processus de conservation ; la conservation de la ressource étant assurée, il convient alors de la mieux connaître, donc de l'évaluer.

Qu'il s'agisse de conserver des races susceptibles de comporter des configurations génétiques originales ou de "réanimer" une population sur la base d'un intérêt économique quelconque, l'évaluation s'impose à plus ou moins brève échéance sur tout le matériel animal méconnu ou mal connu.

S'il est utopique de penser que les générations futures viennent un jour puiser dans des stocks de gènes inconnus, il est tout aussi difficile d'envisager, sur le long terme, la gestion dynamique et rationnelle d'une race non évaluée qui cumule en un instant donné le double handicap d'un effectif réduit et d'un contexte socio-économique défavorable. Toute opération de conservation devrait prévoir le déploiement rapide de recherches visant d'une part à mesurer le degré de variabilité de la race et sa place au sein de l'espèce, d'autre part à mobiliser les connaissances susceptibles de mettre en évidence ses particularités et potentialités (originalité) et en justifier l'exploitation économique si elle se révèle caractéristique et adaptée.

Outil de connaissance permettant de mieux apprécier l'opportunité d'un programme de conservation - lorsque le matériel animal s'avère original et en péril -, l'évaluation doit être également considérée comme un instrument d'aide à la décision dans la définition des stratégies à mettre en oeuvre sur les plans technique, économique et social, tant pour le court terme que pour le long terme.

Quels critères (historiques, génétiques, physiologiques, sociaux...) doit-on privilégier pour mieux cerner cette originalité ? De quels indicateurs disposons-nous pour les analyser ? Comment tenter d'objectiver les éléments d'une connaissance empirique, parfois intuitive ? Tel est l'objet de la démarche que nous proposons.

Quelles méthodes ?

A peine énoncée par Darwin (1859), la théorie de la "sélection naturelle", qui s'est inspirée de la sélection pratiquée par certains éleveurs, a engendré l'espoir de retracer l'histoire des races animales grâce à leur analyse et à leur comparaison.

Les études morphologiques, notamment sur les formes de crânes, ont pendant longtemps permis, en signifiant la différence des types au sein d'une espèce animale, de caractériser les races (Sanson, 1884 ; Baron, 1888 cité par Dechambre, 1914). Chez les ovins par exemple, les caractéristiques de la toison (finesse, longueur, structure des fibres) sont fortement discriminantes.

Avec l'avènement de la génétique moderne, la découverte de "marqueurs", témoins de la diversité génétique, a suscité l'espoir de différencier les races de manière irréfutable : en analysant la composition génétique des populations, on pourrait élaborer des reconstitutions plus ou moins phylétiques, permettant de juger de l'apparentement des populations et de l'intensité de leurs divergences. Ainsi Denis (1983) a mis en évidence 9 groupes originaux pour les bovins français, d'après l'exploitation de documents historiques.

Cependant la description de l'apparence des animaux, tout comme leur caractérisation à l'aide de méthodes biogénétiques de plus en plus sophistiquées, ne constitue pas la seule approche de la différenciation des races.

Plusieurs enquêtes, réalisées au sein de différentes populations animales, révèlent l'existence de réseaux d'échanges de reproducteurs entre éleveurs et ceci indépendamment de tout programme organisé d'amélioration génétique. Ces réseaux apparaissent structurés à partir de certains élevages - généralement implantés dans la même zone ou petite région au sein d'une aire d'extension plus vaste - qui sont à l'origine d'un pourcentage élevé de reproducteurs mâles et polarisent ainsi les flux génétiques à l'intérieur de la population. Tels sont les cas observés dans des situations et pour des espèces aussi différentes que les **ovins** de Sardaigne (Lauvergne *et al*, 1973) ou **des Pyrénées** (Besche-Commenge, 1977), les **bovins Béarnais** (Bertocchio, 1989) ou les **porcs Corses** (Casabianca, 1977).

L'existence de ces réseaux humains constitue le fondement de l'existence d'une race au sens premier du terme qui, rappelons-le, définissait les races par rapport à leur adaptation à des usages déterminés.

Considérée comme sous-ensemble d'une espèce, la race peut être définie comme la population animale impliquée dans ces réseaux d'éleveurs qui ont en commun de gérer des systèmes d'élevage semblables adaptés à la fois aux contraintes du milieu et aux caractéristiques des animaux.

Dans la suite de ce chapitre, nous avons donc fait le choix de mobiliser simultanément, chaque fois que cela était nécessaire pour différencier les races, les approches génétiques, démographiques et humaines.

Les mécanismes d'expression et de détermination des caractères héréditaires sont plus ou moins complexes. Certains résultent d'un déterminisme génétique apparemment simple : faible nombre de gènes dont on suppose l'existence, avec un effet de ces gènes très marqué. Ce mode d'expression héréditaire est qualifié de "mendélien".

Des critères simples de différenciation génétique ...

- *Polymorphisme des gènes à effets visibles*

L'analyse du phénomène de constitution des ressources génétiques (Frankel et Soulé, 1981 ; Lauvergne, 1982, 1989) a conduit Lauvergne à introduire, à l'instar de ce qui a été dégagé depuis longtemps par les généticiens végétaux (Valilov, 1925 ; Frankel, 1971), une classification des stocks génétiques des animaux de ferme. Il distingue les "populations traditionnelles", les "races à standard" ou "races fixées" et les "lignées sélectionnées" [50].

Les premières peuvent être définies comme dérivées de l'après domestication. Rappelons en effet que la principale conséquence de la domestication sur la constitution génétique d'une espèce animale (à sexes séparés, sans possibilité de mélange des

---

50. Cette classification se rapproche de celle de l'anthropologiste De Quatrefages (cité par Dechambre, 1914) qui distingue, suivant l'ancienneté de leur formation, des races primaires, secondaires et tertiaires que Baron (1888) a proposé de désigner par R', R" et R'''. Selon ces auteurs, les races primaires (R') sont apparues naturellement au sein de l'espèce ; c'est d'elles que sont dérivées les races secondaires (R"), le plus souvent sous l'influence de l'homme ; les races tertiaires (R''') descendent des précédentes, soit par le même mécanisme, soit par la fixation de variations récentes. Une terminologie différente, quoique au fond peu éloignée de la précédente, a été adoptée par d'autres auteurs. Dès la moitié du siècle dernier, l'allemand Nathusius (1862) reconnaît des races primitives et des races dérivées ; Settegast (1868) distingue les races "de nature" ou "races naturelles", des "races de culture" produites artificiellement.

**Représentation temporelle des différentes phases de constitution
des ressources génétiques animales de ferme en Europe de l'Ouest**

(d'après Lauvergne, 1989)

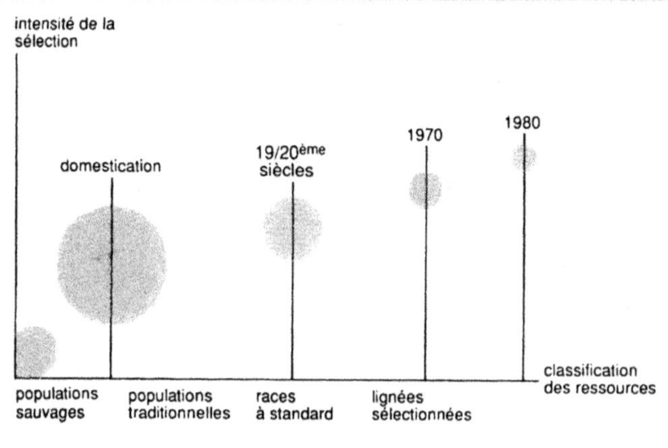

*Le phénomène fondamental présidant à la constitution des ressources génétiques animales de ferme
est l'accumulation d'une variabilité d'autant plus importante que les effectifs sont grands et que la
domestication est plus ancienne. La sélection humaine se superpose en quelque sorte à la diversification intrinsèque due aux changements génétiques postdomesticatoires (augmentation des effectifs
avec apparition d'un plus grand nombre de mutants qui sont mieux conservés qu'à l'état sauvage du
fait d'une protection assurée par l'homme contre les prédateurs et d'une possibilité de multiplication
des animaux déviants de la norme de l'espèce).*

génomes) est l'augmentation de la variabilité phénotypique des populations[51] due à une accumulation des mutants sous l'effet conjugué
du choix, selon des critères d'apparence, de quelques reproducteurs
parmi les possibles d'une génération et de l'augmentation des effectifs. Elles se cantonnent aujourd'hui dans les zones isolées où le
maintien de conditions d'élevage difficiles, sans interventions précises en matière de sélection, a favorisé l'accumulation de gènes à
effets visibles (Lauvergne, 1978, 1979, 1987). Déjà signalée par
Darwin (1859), cette variabilité de certaines caractéristiques de l'extérieur des animaux (oreilles, cornes, type et surtout couleur du pelage)
tranche à la fois sur la quasi uniformité des espèces sauvages dont
elles seraient issues et sur l'uniformité réalisée au sein de chaque race
"fixée" ou "standardisée", où toute ségrégation a aussi été supprimée
à l'image des races anglaises du 19ème siècle qui fixaient un "type"
d'animal bien défini. C'est enfin, à partir de quelques individus de
une ou deux races fixées, que l'on va constituer une "lignée sélectionnée" fermée, hautement productive et à forte diffusion.

---

51. Les populations d'animaux sauvages apparaissent beaucoup plus uniformes
dans leur phénotype.

Faisant référence implicite aux rapports plus ou moins élaborés de l'homme à l'animal, cette classification s'inscrit dans une perspective évolutive. Elle permet de dégager les phases de la dynamique génétique des populations qui correspondent à l'introduction de pratiques sélectives dans les populations dérivées de la postdomestication, et à leurs différents degrés d'intensité.

Les catégories ainsi définies correspondent à des niveaux présumés de variabilité des ressources génétiques estimés par l'intermédiaire des gènes à effets visibles - c'est ainsi que les scientifiques qualifient ces caractéristiques de "phénotypiques" - et, en corollaire, à des niveaux différents de connaissance et de maîtrise des animaux. Ce phénomène ne s'est cependant pas manifesté de façon linéaire dans toutes les zones géographiques et pour toutes les espèces, aussi certaines de ces catégories peuvent-elles subsister sur un même territoire. Ceci explique la coexistence, en France, de populations traditionnelles (**ovins, bovins** et **chèvres Corses** ; **chèvres Provençales** et **Pyrénéennes** ...) et des races à standard.

Suite aux travaux de Searle (1949) sur le chat, les premières utilisations de cette variabilité à des fins de mesure génétique sur les espèces de ferme remontent aux années 60. A cette époque sont présentés les profils génétiques de la population caprine Norvégienne de Pays (Haugen, 1960 ; Berge, 1966), de la population ovine Islandaise (Adalsteinsson, 1970), de la **chèvre Corse** (Lauvergne et Howell, 1978). L'interprétation génétique des phénotypes au travers de ces "gènes à effet visible" correspond à des fréquences de gènes et des combinaisons génétiques à un certain nombre de loci bien identifiés. Il suffit donc d'utiliser ces gènes comme marqueurs, d'en établir la liste avec la fréquence.

Cette méthode du "profil génétique visible"[52] constitue un des outils actuellement opérationnels d'inventaire et de caractérisation du patrimoine génétique dans les régions où le matériel animal géré par les éleveurs est encore mal connu[53] et n'a pas fait l'objet d'une procédure d'action en vue de la définition d'un standard et aboutissant à sa fixation.

La première étude comparative, entièrement basée sur ces nouvelles notions (profil génétique visible, population traditionnelle), procède d'une enquête réalisée sur la chèvre dans le département de Haute-Provence en 1982 (Lauvergne et *al*, 1987). Le degré élevé de variabilité génétique provient de la population tra-

---

52. Lauvergne définit celui-ci comme "la liste ordonnée des phénotypes, des génotypes et/ou des allèles à effet visible existant dans une population, avec les fréquences correspondantes."

53. La prise en compte du phénomène de migration des mâles pour l'étude des fréquences du gène déterminant le caractère présence de pendeloques chez les ovins sardes en constitue un modèle élémentaire (Casu et *al*, 1970). Cette étude a montré qu'il existait un pôle de diffusion principal dans la région de "Barumini". L'approche a été systématisée dans le cas des porcs en Corse (Casabianca, 1977).

ditionnelle locale en cours de remplacement par des races à standard : **Saanen, Rove** et, surtout **Alpine Chamoisée**. Le coefficient moyen d'érosion phénotypique[54] de la population traditionnelle était de 32 % pour les femelles d'élevage en 1982. L'extrapolation de cette tendance montre qu'en l'an 2000, le coefficient avoisinera les 90 % dans les deux sexes. Les auteurs prévoient que, dans l'intervalle, le petit noyau de **chèvres provençales** traditionnelles pures aura sans doute disparu sauf action spécifique de conservation[55].

La nomenclature utilisée pour l'établissement de ces profils dérive des instructions données par le COGOVICA (Comité de Nomenclature Génétique des Ovins et Caprins) créé en juin 1984 en Nouvelle-Zélande (COGNOSAG, 1985).

Adoptée par Benadjaoud (1987) et par plusieurs chercheurs méditerranéens pour de nombreuses races d'Ovicaprinae du Bassin méditerranéen (Les Colloques de l'INRA n° 47, 1988), cette méthode se révèle un outil performant pour l'analyse génétique de certaines races ovines et caprines françaises. Son intérêt réside dans la possibilité d'une mise en oeuvre rapide, au moyen d'enquêtes dans les troupeaux, et sans nécessiter le recours à des techniques de laboratoire.

• *Polymorphismes biochimiques*

La variabilité génétique existant dans les populations peut aussi être mesurée par des techniques biochimiques appliquées à l'analyse des polymorphismes non visibles par l'éleveur sélectionneur et dont la mise en évidence est permise par la caractérisation des groupes sanguins, des protéines du sang et du lait, ou des enzymes. Ces études mobilisent deux types d'outils : l'électrophorèse et la sérologie (réactions immunologiques).

L'électrophorèse discrimine les protéines en fonction de leur distance de migration dans un champ électrique (Guérin, 1980)[56]. La méthode immunologique utilise quant à elle la réaction antigène-anticorps pour détecter des substances de nature antigénique présentes à la surface des globules rouges ou érytro-

---

54. Pour les populations traditionnelles, en voie d'adultération par une race fixée, on dispose de paramètres permettant de mesurer le degré d'érosion (par exemple le coefficient d'érosion phénotypique) et de prévoir l'évolution générale, voire la disparition de la population :

$$e_p = \frac{q_e - q_t}{1 - q_t}$$

q_e : fréquence du phénotype dans l'échantillon érodé
q_t : fréquence du phénotype dans le noyau traditionnel

55. Ce noyau représente 5% en effectif de la population actuelle, soit environ 1 500 animaux pour toute la région Provence Côte d'Azur.

56. La variabilité au niveau des protéines est engendrée par des mutations de gènes de structure (altérations transmises de manière héréditaire).

cytes (groupes sanguins)[57], à la surface des globules blancs (histocompatibilité) ou bien encore des protéines du sérum (allotypes) (Denis et Guérin, 1989).

Ces méthodes de plus en plus résolutives ont permis de mettre en évidence que quatre des six protéines principales du lait de vache (caséines αs1, β et κ, et β-lactoglobuline) présentent dans toutes les races un polymorphisme génétique, c'est-à-dire plusieurs formes alléliques, ou "variants génétiques". Grosclaude (1988) a fait la synthèse des connaissances acquises sur les particularités biochimiques de ces variants, leur déterminisme génétique et leur fréquence dans 21 races bovines françaises.

• *Polymorphisme de l'ADN*

L'émergence récente de la biologie moléculaire rend la molécule d'ADN accessible à l'analyse et donne accès à la connaissance de nouveaux polymorphismes notamment par exemple par la technique des RFLP (polymorphisme des fragments d'acide nucléique obtenus par enzyme de restriction, en anglais "Restriction Fragment Length Polymorphism"). L'ambition des programmes actuels d'établissement de la carte génétique de certaines espèces végétales et animales ("Pig Map" pour le Porc), est de parvenir à l'identification de la totalité des gènes portés par les chromosomes, dans le sillage du programme mondial "Génome Humain" - le plus avancé puisque le nombre de locus étudiés est de 17 000 (Fasman et Robbins, 1993) -.

Le développement de ces méthodes devrait conduire à un enrichissement notable des données de variabilité intra-population (Denis et Guérin, 1989) et, en conséquence, d'estimer leur degré d'apparentement (taux de différenciation et importance des échanges génétiques). Pour l'heure, on se contente de mobiliser à cet effet la connaissance de la variabilité existant entre races et intra-race pour certains loci remarquables. Une étude de ce type, basée sur une analyse directe des séquences ADN, est actuellement en cours (Bonaïti *et al*, 1991) ; elle vise à établir, pour 5 races bovines françaises, la variabilité intra-race et entre races par comparaison du polymorphisme de la caséine κ, protéine à l'origine des grandes différences d'aptitude fromagère des laits. Le coût de ces techniques interdit cependant encore leur utilisation systématique pour décrire, à partir d'un nombre suffisant d'animaux, la variabilité génétique d'un grand nombre de populations.

---

57. L'étude génétique des groupes sanguins montre que, dans la majorité des cas, un antigène est contrôlé par un seul locus. Les différents loci se répartissent en systèmes, lesquels vont du plus simple (un gène contrôlant la présence ou l'absence d'un antigène) au plus complexe (une série de gènes proches sur un chromosome - qui se comportent comme des allèles d'un locus et déterminent de nombreuses combinaisons alléliques ou phénogroupes d'un système) (Guérin, 1980 ; Aupetit, 1983).

• *Notion de distance génétique*

Les informations provenant de la connaissance des polymorphismes (gènes à effet visible, polymorphismes biochimiques, polymorphisme de la biologie moléculaire) peuvent être mises à profit pour tenter de préciser, par des études phylogénétiques, les relations génétiques existant entre races. Parmi les modèles de calcul basés sur l'analyse des fréquences des allèles aux différents systèmes polymorphes dans les diverses races[58], les plus étudiés et les plus employés sont ceux de Cavalli-Sforza et Edwards (1967), de Balakrishnan et Sanghvi (1968), de Nei (1972) et de Gregorius (1984) que Lefort-Buson et de Vienne (1985) ont passé en revue. Ils conduisent, en général, à des résultats similaires qui permettent de préciser les relations et d'estimer les distances qui existent entre populations. Largement utilisés pour comparer les races domestiques de ruminants (Norsa et Casati, 1982 ; Buis et Tucker, 1983) et d'équidés (Kaminski *et al*, 1976 ; Crimella et Cristofalo, 1982 ; Guérin et Mériaux, 1986), ils confirment en général, à quelques exceptions près, les données préexistantes sur l'origine et le passé de celles-ci (Aupetit, 1983, 1985).

Ainsi Grosclaude *et al* (1990), en mobilisant ces méthodes d'analyse phylogénétique et multivariée, ont analysé l'ensemble des données sur le polymorphisme des groupes sanguins, de certaines protéines sériques et des protéines du lait pour tenter de préciser les relations génétiques existant entre 18 races bovines actuellement représentées en France. Les aspects les plus inattendus de ces résultats sont l'apparentement de la race **Charolaise** avec les races blondes du Sud-Ouest, plutôt qu'avec les races jurassiennes, ainsi que le regroupement des races **Bretonne Pie-Noir** et **Parthenaise** avec les races de l'Est, qui rappelle toutefois des éléments de la classification de Dechambre (1913).

La plupart des méthodes d'analyse des distances génétiques, aboutissent inévitablement à un "dendrogramme", ce qui conduit à vérifier que les ensembles de races sont hiérarchiquement subdivisés. Or, en dehors de quelques isolats, les races animales ne forment pas d'entités strictement séparées. Les migrations et les échanges de reproducteurs sont des éléments essentiels de la dynamique des populations qui évoluent avec des flux de gènes variables, de fortes différenciations, et des adaptations locales. Si les méthodes et modèles actuellement disponibles méritent encore d'être approfondis pour la reconstitution des fusions de populations, les différences biologiques observées ne peuvent pas non plus être considérées comme absolues.

---

58. Les informations sur le polymorphisme des populations doivent être traitées par des méthodes mathématiques. Deux populations dont les fréquences alléliques aux divers loci sont identiques ne peuvent être distinguées et leur distance génétique est nulle ; à l'inverse, deux populations qui ne partagent aucun allèle en commun seront séparées par une distance maximum (Denis et Guérin, 1989).

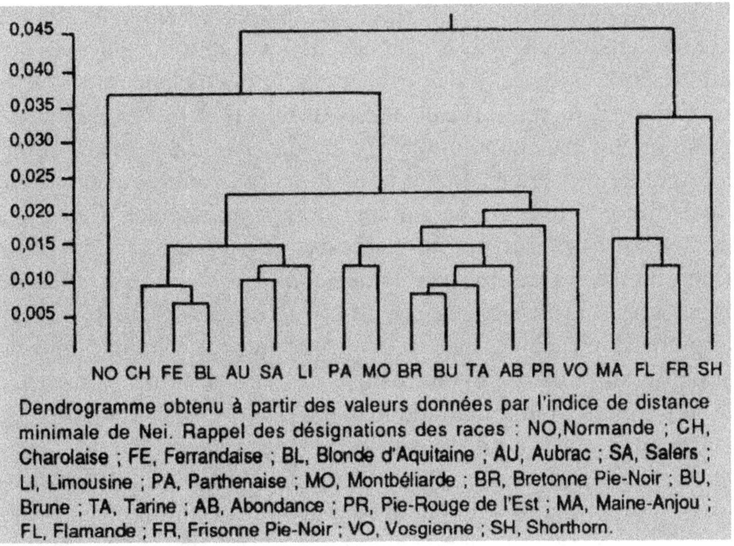

Dendrogramme obtenu à partir des valeurs données par l'indice de distance minimale de Nei. Rappel des désignations des races : NO, Normande ; CH, Charolaise ; FE, Ferrandaise ; BL, Blonde d'Aquitaine ; AU, Aubrac ; SA, Salers ; LI, Limousine ; PA, Parthenaise ; MO, Montbéliarde ; BR, Bretonne Pie-Noir ; BU, Brune ; TA, Tarine ; AB, Abondance ; PR, Pie-Rouge de l'Est ; MA, Maine-Anjou ; FL, Flamande ; FR, Frisonne Pie-Noir ; VO, Vosgienne ; SH, Shorthorn.

Relations entre les races bovines françaises (d'après Grosclaude et al, 1990)

• En sus de la caractérisation des races sur la base de gènes simples (gènes à effets visibles, groupes sanguins...), il est également nécessaire de prendre en considération les systèmes polygéniques (gènes qui agissent par leur nombre pour l'expression d'un caractère). Ces systèmes, rappelons-le, s'expriment en additivité avec les conditions du milieu d'élevage. Ils contrôlent fréquemment les caractères d'intérêt zootechnique. Ils ont donc en général été étudiés pour des caractères de production qui sont des caractères quantitatifs donc mesurables (croissance, reproduction, production laitière...)[59] et utilisés à des fins de sélection.

... aux approches quantitatives ...

De fait, la sélection moderne minimise l'intérêt des caractères descriptifs au profit des caractères de production eux-mêmes pour assurer l'amélioration des populations animales en fonction des objectifs recherchés à une période donnée et pour des usages déterminés. Le choix des géniteurs mâles et femelles retenus dans une population pour les faire reproduire en espérant que les descendants seront les meilleurs, porte sur des caractères ou leurs combinaisons qu'expriment les "critères" de sélection. En production laitière par exemple, le choix d'un critère peut concerner la quantité de lait, sa composition ou teneur en matières grasses (TB) et protéines (TP), ou l'aptitude à la traite. L'étude de ces caractères quantitatifs - caractères à variation continue donc mesurable - est indissociable d'une analyse génétique pour comprendre le mode de transmission des caractères révélés par les observations réalisées.

---

59. L'identification de gènes rares à conserver est susceptible d'orienter l'utilisation de certaines races en tant que matériel privilégié de recherches : exemple de la race ovine **Solognote**, homozygote pour deux gènes récessifs de coloration et de panachure (race à standard dont il ne reste apparemment plus rien de la variabilité phénotypique) (Lauvergne, 1975b).

Il nous paraît utile de revenir ici, même rapidement, sur les concepts manipulés par les généticiens quantitatifs, concepts qui autorisent le passage d'une information ponctuelle caractérisant un animal, à la connaissance des paramètres démographiques et génétiques d'une "population", c'est-à-dire de l'ensemble des individus que l'on a choisi de réunir en fonction d'une caractéristique qu'ils ont en commun et qui sont donc comparables. Car si les caractères d'un individu sont imprévisibles, ceux d'une population obéissent à des lois statistiques (Ollivier, 1981a). L'étude de la nature des différences quantitatives observées ne peut être appréhendée qu'à l'échelle d'un groupe élargi d'individus. Elle suppose la modélisation statistique des observations, c'est-à-dire la représentation mathématique d'une réalité biologique.

L'objectif est d'établir la relation qui lie la fréquence des gènes et la fréquence des génotypes d'une population aux différences quantitatives exprimées par un caractère mesurable - estimées par la moyenne, la variance et la covariance - de façon à prévoir le résultat d'un mode de sélection sur les performances de la génération suivante.

Or, la performance exprimée par un individu (ou valeur phénotypique) dépend de la manière dont il est programmé génétiquement (valeur génotypique) et des conditions du milieu d'élevage dans lequel il vit et qui donc influencent l'expression de ce "génotype". Pour prédire la valeur génétique de celui-ci, le généticien est donc amené à modéliser les performances décomposées en effets génétiques, en effet du milieu et en résiduelle du modèle. Seule la "valeur génétique additive" se transmet d'une génération à l'autre tandis que les interactions sont recréées aléatoirement à chaque génération[60].

Ceci suppose que soit connue la probabilité pour que ce caractère donné retenu par le sélectionneur soit transmis héréditairement : c'est l'héritabilité - ou rapport de la variance génétique additive sur la variance phénotypique - autrement dit la part de la variabilité phénotypique transmissible à la descendance. Son calcul, basé sur l'apparentement entre individus, utilise systématiquement la connaissance de leurs filiations (généalogies). Une fois estimé, ce "paramètre génétique" peut être à nouveau mobilisé pour raisonner le processus de sélection à mettre en oeuvre dans une "population". Lorsque les valeurs d'héritabilité sont élevées, la sélection sur le caractère considéré est *a priori* facile.

C'est donc à la variabilité "transmissible" à la descendance de la performance exprimée par un animal que s'intéresse le sélectionneur et, dans un programme de sélection intrapopulation, il cherche a augmenter cette valeur génétique additive. Flamant (1976) souligne cependant à quel point l'on est implicitement

---

60. Rappelons ici que tout individu est supposé transmettre à chacun de ses descendants et en moyenne la moitié de sa valeur génétique additive.

conduit à accorder la plus grande valeur aux animaux qui réalisent les performances les plus élevées et par conséquent à privilégier les troupeaux placés dans les milieux d'élevage les plus favorables. L'estimation d'un effet "élevage" à l'aide des procédés informatiques sophistiqués a pour but précisément de contrebalancer cette tendance (BLUP "modèle animal").

En définitive, la connaissance de la valeur génétique des reproducteurs intra-race repose sur une évaluation du matériel animal selon une échelle de valeurs obtenues seulement à l'aide d'un outillage statistique de traitement de l'information pour lequel l'équipement informatique joue un rôle croissant. Les modèles statistiques assurent aussi une possibilité de comparaison entre races et entre produits de croisements au sein d'une espèce. Ceci suppose pour le moins une organisation rigoureuse du dispositif mis en place quel que soit le type de protocole d'évaluation : performances obtenues dans les conditions des élevages en ferme, plans d'accouplements en station ou en domaine expérimental (où les conditions contrôlées permettent une meilleure expression du génotype donc facilitent la détermination du "potentiel génétique" de l'animal).

L'estimation de la valeur génétique d'un individu pour la détermination de son potentiel génétique ne peut donc se faire par l'analyse de sa valeur phénotypique que si les conditions de milieu permettent son expression. Par extension, on comprend l'intérêt de conduire des opérations de sélection en milieu homogène et les comparaisons de races dans les mêmes conditions expérimentales pour réduire les effets du milieu et éliminer les facteurs systématiques de variation.

• Mais les gènes en cause dans les systèmes polygéniques sont rarement identifiés et encore moins localisés sur les chromosomes jusqu'à présent. Néanmoins, on assiste actuellement à un intérêt manifeste pour la détection de "gènes majeurs" chez différentes espèces domestiques. Les "gènes majeurs" sont ainsi appelés pour caractériser, au sein d'un système polygénique déterminant des caractères quantitatifs d'intérêt économique, un gène qui se manifeste avec plus de poids que les autres.

C'est ainsi que l'on a pu mettre en évidence successivement (Le Roy, 1989) : le gène de nanisme chez la poule (Mérat et Ricard, 1974) - qui détermine le poids de l'animal adulte, donc ses besoins alimentaires d'entretien -, le gène de sensibilité à l'halothane chez le porc - qui détermine un accroissement du développement musculaire mais détériore la qualité de la viande - (Ollivier, 1980), le gène "culard" chez les bovins, gène d'hypertrophie musculaire (Ménissier, 1982), ou encore le gène Booroola chez le mouton - dont l'effet se manifeste par un taux d'ovulation plus élevé et donc intervient sur la prolificité des brebis (Piper et Bindon, 1982). Le développement des biotechnologies permet d'envisager dans le futur une prospection plus active de tels gènes à l'aide de sondes moléculaires et une efficacité croissante de leur utilisation pour l'amélioration génétique des animaux domestiques.

Il est fort probable aussi que les progrès de la cartographie génique permettront, d'ici quelques années, d'avoir accès à la connaissance des gènes impliqués dans le déterminisme de caractères quantitatifs d'intérêt zootechnique (détection de QTL : Quantitative Trait Loci) et, de fait, offriront la possibilité d'utiliser dans les programmes de sélection une information recueillie par le génome.

... et qualitatives

Au cours des "30 glorieuses", les critères de productivité ont conduit à associer les races les plus performantes et les meilleures conditions d'élevage. Les plus fortes lactations, les meilleures vitesses de croissance et les portées les plus nombreuses étaient à l'évidence recherchées de manière privilégiée. Les races qui s'étaient maintenues dans les conditions d'élevage les plus difficiles, notamment en zone de montagne, n'avaient pas été mobilisées de manière rigoureuse par la politique nationale d'amélioration génétique. Au contraire, leurs compétences apparaissaient insuffisantes pour répondre au défi de l'accroissement de la productivité de l'élevage français. Pourtant, dès les années 60, des initiatives, qui font acte de "précurseurs", ont attiré l'attention sur les qualités productives méconnues de certaines races de montagne, qualités qui se révèlaient lorsqu'elles étaient placées dans des conditions d'élevage intensif : c'était le cas du programme initié par la SOMIVAL à Langeac (Haute-Loire) visant à mettre en valeur l'intérêt des races ovines locales du Massif Central dans des systèmes d'élevages à rythme accéléré de reproduction (Desvignes et Darpoux, 1964) ou encore des vaches rustiques **Gasconne** et **Aubrac** du sud-ouest, en croisement avec les races **Charolaise** et **Blonde d'Aquitaine** (Bibé *et al*, 1974, 1976).

Mais les difficultés méthodologiques sont apparues réelles lorsqu'il s'est agi d'évaluer, dans leurs conditions propres d'élevage, les qualités spécifiques des races locales. Deux questions se sont alors posées :

- la quantité d'information disponible souvent faible en raison des difficultés de mise en oeuvre du contrôle de performances chez des éleveurs peu intéressés par les solutions techniques offertes par les organismes de vulgarisation mais aussi, dans certains cas, des effectifs d'animaux insuffisants pour mettre en oeuvre les schémas classiques de comparaison selon des plans factoriels se prêtant aux analyses statistiques courantes ;

- la connaissance même des caractères à envisager et par conséquent des critères d'évaluation du matériel animal.

Le problème est de savoir quels sont les critères pertinents permettant de juger de l'ajustement "matériel animal - système". L'évaluation des races locales dans leur milieu d'élevage étant conditionnée par les stratégies socio-économiques, on peut globalement classer ces critères en deux types :

- ceux qui sont liés à la qualité des produits qui sont issus de ces races ;

- ceux qui sont directement liés aux caractéristiques des animaux dans des systèmes à contraintes dont on ne se préoccupait que trop peu ces dernières décennies.

• *Les qualités d'adaptation*

L'hypothèse ici formulée est que les races animales impliquées dans des systèmes d'élevage locaux sont également adaptées aux spécificités et contraintes de ceux-ci. Dans un tel contexte, l'expression des caractères de production ne peut être optimale et les caractères d'adaptation jouent un rôle essentiel. L'évaluation des qualités du matériel animal ne peut donc être réduite à la quantification des niveaux de production : le recours à ces seuls modèles se traduirait en effet par l'acceptation implicite des handicaps des petites races. Il convient en revanche - nous avons eu l'occasion de le signaler précédemment - de réaliser une approche des régulations exercées par les animaux et une identification des caractères biologiques leur permettant de vivre et de se renouveler quelles que soient les variations aléatoires du milieu, ce qui revient à connaître les liaisons fonctionnelles qui interviennent entre les caractéristiques du matériel animal et les composantes du système d'élevage. Or les seuls renseignements dont nous disposons à ce sujet se résument, le plus souvent, aux observations des éleveurs ou de quelques techniciens expérimentés.

De plus, **le statut génétique des qualités "d'adaptation"** est peu connu : celles-ci peuvent être acquises et se transmettre d'une génération à l'autre par l'apprentissage (notamment probablement pour les caractères comportementaux) ou bien constituer un caractère héréditaire résultant d'une sélection naturelle au cours des générations (facteurs génétiques). A défaut de mesures directes permettant de quantifier ces phénomènes, raisonner les caractéristiques des races locales, principalement lorsqu'elles sont associées à des systèmes d'élevage faisant intervenir l'utilisation des ressources pastorales, consiste d'abord à identifier les qualités indispensables au matériel animal pour qu'il s'ajuste aux contraintes auxquelles il est soumis.

S'agissant d'animaux domestiques, il n'est cependant pas possible d'envisager uniquement les relations de nature biologique entre un matériel animal et son milieu : **l'action de l'homme** est évidemment déterminante. Au fil des siècles, l'éleveur a joué un rôle décisif. Son action s'exerce à la fois par le choix et la mise en oeuvre de systèmes d'élevage qui associent des ressources en vue d'une production et par le choix des reproducteurs du troupeau en vue de répondre à ses propres objectifs et aux contraintes qu'il connaît. Ce n'est seulement que lorsqu'il a acquis une connaissance suffisante des capacités productives et comportementales des animaux que l'éleveur a pu mettre au point différentes techniques d'élevage.

En clair, l'éleveur impose des contraintes (même faibles) à l'animal et lui réclame certaines performances, ce qui peut être assimilé à le placer dans une niche écologique. Ainsi contraint, l'animal exprime ses caractères comportementaux et d'adaptation biologique. Les caractéristiques des races résultent à la fois de la sélection dite "artificielle" opérée par les éleveurs et de la réponse propre du matériel animal aux contraintes auxquelles il est soumis, sélection dite "naturelle"[61]. Elles sont susceptibles de rendre compte de l'aptitude des animaux à une relation de domestication de leur espèce. Elles résultent donc des interactions entre deux acteurs : l'éleveur et l'animal, l'éleveur concepteur et pilote de son système d'élevage, l'animal exprimant ses degrés de liberté dans ce cadre.

Sur cette base, dans le cadre du groupe "Philoetios" "Evaluation des ovins et caprins méditerranéens" du programme de recherche Agrimed, Flamant et Morand-Fehr (1989) considèrent que les traits originaux des races locales méditerranéennes sont une réponse aux contraintes des systèmes de production dans lesquels ils sont intégrés. Inversement, le matériel animal constitue une clé d'entrée à la connaissance des systèmes d'élevage. Selon ces hypothèses, la connaissance de ces systèmes doit permettre d'identifier les aptitudes d'adaptation du matériel animal. Ensuite, il faut en déduire les critères ou les caractères à mesurer et enfin tenter d'en évaluer la variabilité génétique.

Dans les systèmes d'élevage faisant intervenir l'utilisation des surfaces pastorales, Audiot et Flamant (1982) ont proposé de distinguer :
- les critères relatifs à l'aptitude des animaux à tirer parti d'une surface pastorale donnée pour leur alimentation,
- les critères qui expriment les capacités d'ajustement du matériel animal au système d'élevage dans son ensemble, notamment au rythme de reproduction et (ou) au cycle annuel de disponibilités fourragères.

---

61. Ces contraintes sont celles imposées par certains systèmes d'élevage et celles de l'environnement dans lequel est élevé le troupeau.

Un exemple d'approche des caractères d'adaptation : le cas des races ovines utilisatrices de surfaces pastorales

Le développement qui suit privilégie l'espèce ovine et plus particulièrement la moitié Sud de la France où il existe encore un compartimentage géographique important auquel semble correspondre une très grande diversité de systèmes et de races. Chaque système d'élevage implique des contraintes dont l'importance et les conséquences ont été estimées. A partir de ces exemples on a pu élaborer une grille d'analyse des qualités du matériel animal utilisant des surfaces pastorales (Audiot et Flamant, 1982). Cette grille repose sur l'identification des contraintes à deux niveaux d'échelle : celles du système d'élevage géré par l'éleveur, celles de la parcelle pastorale dont l'utilisation est fortement dépendante des choix effectués par les animaux eux-mêmes.

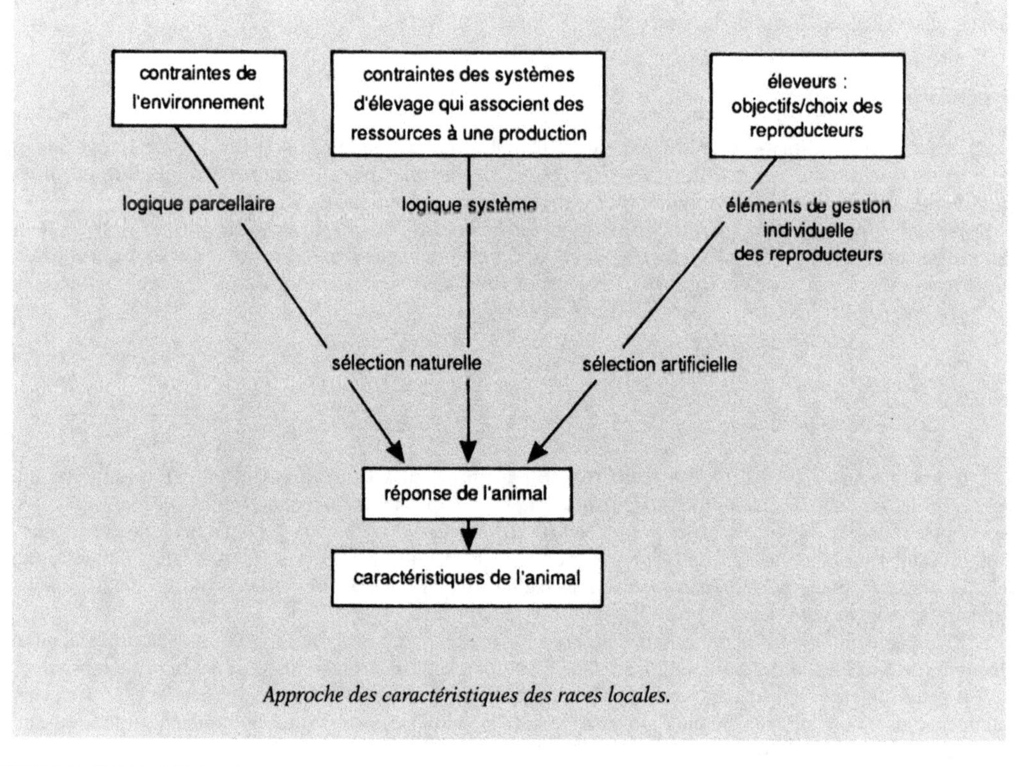

Approche des caractéristiques des races locales.

Logique "système" d'utilisation des surfaces pastorales : l'éleveur acteur

• Stratégies d'utilisation des surfaces pastorales

Une première approche des systèmes d'élevage consiste à identifier simultanément les différents types de surfaces utilisées et leurs potentialités, l'insertion des ressources correspondantes dans le calendrier fourrager du troupeau et le mode d'utilisation qui est fait de ces surfaces par la conduite du troupeau au pâturage (Gibon, 1981).

L'utilisation des parcours durant la plus grande partie de l'année

L'éleveur joue sur la complémentarité des surfaces limitées cultivables et de surfaces non cultivées, situées les unes et les autres dans un même territoire et au même niveau d'altitude. Les surfaces de parcours peuvent appartenir en propre à l'exploitation ou être constituées de surfaces à usage collectif (communaux).

En fait, le schéma consistant à représenter simplement ces systèmes comme l'association d'un espace de parcours avec un espace de cultures est simplificateur d'une réalité évidemment plus complexe. En effet, le menu journalier du troupeau associe une grande variété de surfaces et de ressources (parcours, prairies permanentes, vieilles prairies, luzernes, chaumes, etc ...), tout particulièrement lorsque la conduite du troupeau se fait en gardiennage. Dans le cas où des parcs clôturés ont été installés (troupeaux expérimentaux des Causses et Garrigues, élevages de la vallée du Buech), le régime alimentaire est au contraire simplifié du fait du maintien du troupeau sur la même surface, durant une longue période (Martinand et Millo, 1979).

Plusieurs systèmes d'élevage relèvent de cette catégorie (troupeaux **Préalpes** des Alpes du Sud, Garrigues, Causses[1], Landes de Gascogne[2]).

Systèmes transhumants

La caractéristique principale des systèmes transhumants réside dans l'utilisation de ressources pastorales ou fourragères à différents niveaux d'altitude : l'estive en haute montagne, en complémentarité avec des surfaces de plaine ou de vallée[3], voire de plateaux côtiers.

Suivant l'importance de la SAU cultivée et de la qualité des pâturages de plaine, l'estive peut constituer la seule ressource fourragère estivale, ou - dans le cas d'exploitations mieux pourvues en pâturages - un appoint permettant des ressources fourragères plus importantes (élevage ovins dans les garrigues de Lussan, troupeaux de **Mérinos d'Arles**).

---

1. L'éleveur ovin du Causse Méjean (zone sèche), pourvu de surfaces relativement importantes utilise, au printemps les parcours les plus proches de l'exploitation pour la mise à l'herbe des brebis suitées, en été, les parcours les plus éloignés et les vieilles praires semées. L'hivernage des animaux se fait en bergerie avec apport de foin. Dans le cas des élevages de brebis laitières des Causses du Larzac et de Saint-Affrique, l'importance relative des surfaces cultivées permet un hivernage suffisamment long, n'utilisant les surfaces de parcours de façon importante qu'après le tarissement des brebis en début d'été.

2. L'élevage ovin landais en zone humide associe au pâturage annuel sur parcours, un pâturage sur les chaumes des parcelles cultivées (dans les pare-feu en automne) et le déprimage des prairies au printemps.

3. Il peut d'ailleurs s'agir d'une transhumance directe (le siège de l'exploitation est en plaine et le troupeau monte à l'estive) ou d'une transhumance inverse (le siège de l'exploitation est situé en montagne et le troupeau descend vers la plaine en hiver).

Dans les Pyrénées Centrales, la transhumance est réalisée, non pas à partir de la plaine, mais à partir des vallées. Les systèmes d'élevage ovins-bovins associent les ressources fauchées de fond de vallée, les surfaces pastorales de demi-altitude (zones intermédiaires) et les estives[4]. Les prairies permanentes fauchées en vue de la constitution des réserves fourragères hivernales forment l'essentiel des fonds de vallée. Elles font généralement l'objet d'un pâturage de printemps et (ou) d'automne avant et après la récolte des fourrages. Les "zones intermédiaires" sont soit des surfaces à usage collectif proches des terres des exploitations - de sorte que l'éleveur organise des quartiers de pâturage en associant les prés de fauches -, soit des parcelles éloignées de l'exploitation mais comportant grange et clôtures (Gibon, 1981).

• Ajustement des calendriers

Les systèmes d'élevage ne peuvent être décrits simplement par l'utilisation qui est faite des surfaces pastorales et des ressources alimentaires. Ils sont en fait le résultat d'un compromis entre les objectifs de production de l'éleveur et les disponibilités fourragères. La question intéressante réside dans l'ajustement qui est réalisé entre le système fourrager et le système d'élevage (Duru,1982) que l'on peut exprimer aussi en termes d'ajustement entre le cycle annuel des disponibilités fourragères et le cycle biologique des besoins alimentaires (Gibon, 1981).

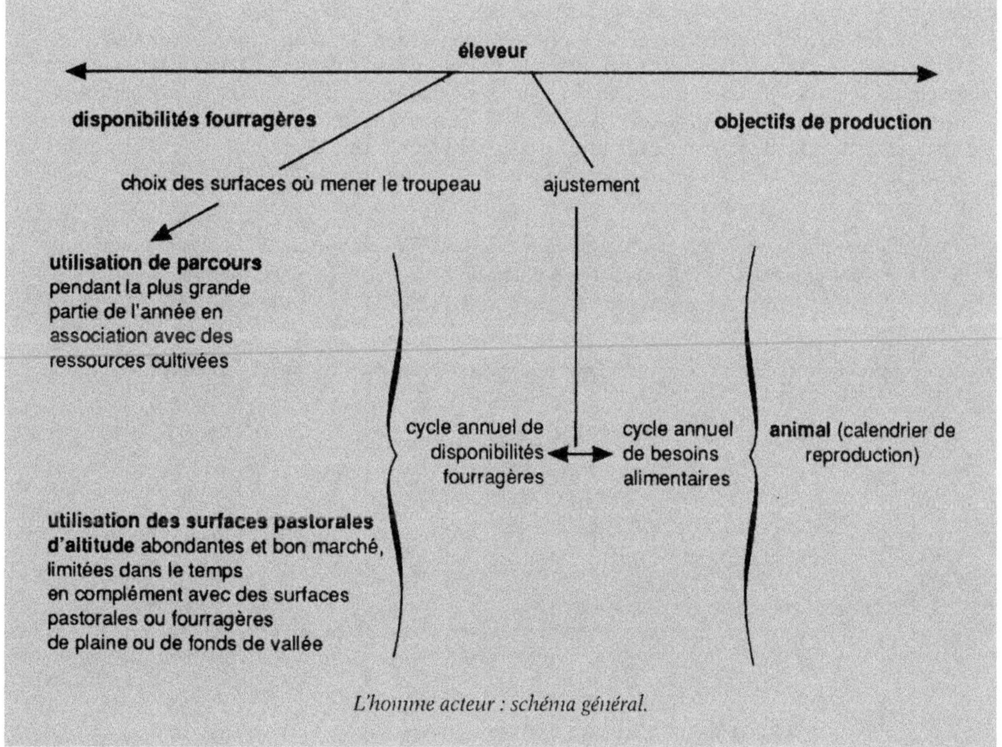

L'homme acteur : schéma général.

---

4. Les ressources fourragères des estives sont abondantes et bon marché, mais accessibles seulement à certains moments de l'année et éloignées du siège de l'exploitation.

Le cycle de l'offre en fourrages est conditionné par les potentialités des ressources fourragères et leur variation saisonnière, tant sur le plan quantitatif que qualitatif. C'est un élément déterminant des stratégies d'utilisation des surfaces par l'éleveur, lesquelles sont caractérisées par l'intégration d'un certain nombre de variables telles que l'association dans le temps des différents types de surfaces pastorales, ou encore l'importance de la complémentation (ressources fourragères issues de surfaces cultivées ou achetées).

Le cycle de la demande en fourrage est, quant à lui, déterminé par les besoins du troupeau qui varient également selon un cycle annuel, fonction du calendrier de reproduction élaboré par l'éleveur et du type de produit escompté.

Le type d'ajustement qui vient immédiatement à l'esprit consiste à faire coïncider la pointe de la production fourragère avec les besoins maximum des animaux. C'est en général le compromis réalisé dans les élevages utilisant de façon privilégiée les surfaces de parcours : tel est le cas des troupeaux expérimentaux conduits en plein air intégral sur parcours sur le Causse du Larzac ou sur les garrigues de Montpellier (Flamant *et al*, 1982).

L'analyse de la diversité des systèmes mis en oeuvre par les éleveurs dans la région des Causses, montre que le choix du type de production et la période d'agnelage sont en relation étroite avec l'utilisation des surfaces pastorales (Langlet *et al*, 1979). A une mise-bas tardive au printemps, correspond une production d'agneaux broutards commercialisés à l'automne et une utilisation privilégiée des parcours. A une mise-bas plus précoce d'hiver, correspond une production d'agneaux gras de trois mois au printemps, nécessitant des soins en bergerie et des ressources alimentaires stockées pour le troupeau ; les surfaces de parcours interviennent comme un apport appréciable de ressources bon marché au moment où les besoins sont moindres. Enfin, dans le contexte de Roquefort, certains élevages non laitiers produisent de l'agneau d'un mois à engraisser, soit en automne, soit au printemps (avant ou après la pointe des troupeaux laitiers), qui s'accommode relativement bien de ressources alimentaires stockées peu importantes et d'une utilisation privilégiée des parcours au même titre que l'agneau gris. Les troupeaux laitiers eux-mêmes s'assimilent aux troupeaux producteurs d'agneaux gras avec mise-bas d'hiver. Ils peuvent également représenter des systèmes dans lesquels les surfaces de parcours ne constituent qu'un appoint.

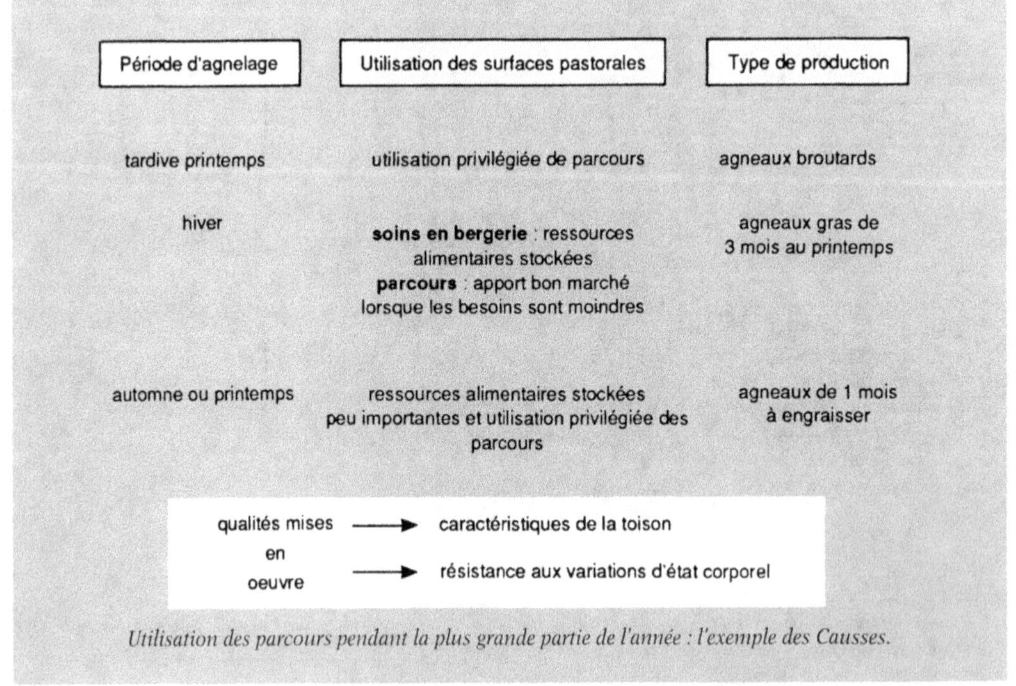

Utilisation des parcours pendant la plus grande partie de l'année : l'exemple des Causses.

Dans les systèmes transhumants, les animaux ont une phase d'élevage collective : la reproduction ne peut donc être contrôlée qu'à l'intérieur de l'exploitation. La situation des Pyrénées Centrales, tout comme celle des troupeaux transhumants des Alpes du Sud, correspond, à l'inverse des Causses, à des mises-bas d'automne au retour d'estive[5].

Aussi l'hiver constitue-t-il le "goulot d'étranglement" principal des régions de montagne, conséquence de l'exiguïté des surfaces se prêtant à la constitution des réserves fourragères.

• Essai d'identification des caractéristiques d'adaptation

De la mise en correspondance des qualités identifiées du matériel animal en regard des contraintes des systèmes d'élevage ainsi caractérisés, on déduit deux qualités essentielles requises dans les systèmes transhumants : le *désaisonnement sexuel* qui autorise des mises-bas d'automne et *l'aptitude à stocker et mobiliser des réserves corporelles* (liée à l'abondance alimentaire d'été et aux restrictions hivernales). S'y ajoutent évidemment *l'aptitude à la marche* dans le cas traditionnel d'une transhumance à pied, et la résistance au froid dans le cas de séjours en haute altitude.

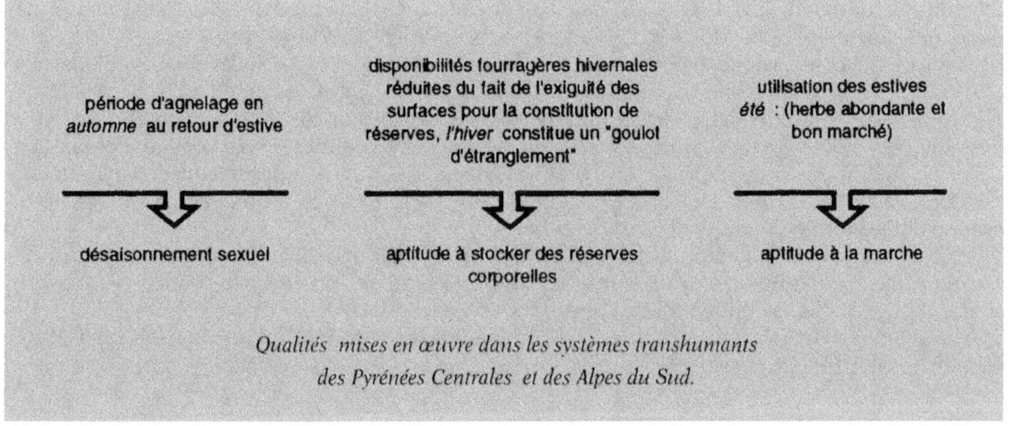

Qualités mises en œuvre dans les systèmes transhumants des Pyrénées Centrales et des Alpes du Sud.

Pour les systèmes de parcours, l'agnelage de printemps n'exige pas des aptitudes de désaisonnement sexuel et l'absence de séjour en altitude s'accommode d'une couverture laineuse peu importante[6]. En revanche, les variations de ressources d'un même milieu sont susceptibles d'induire des alternances de stockage et de mobilisation des réserves corporelles. L'amplitude de ces variations et le degré de tolérance par les animaux peut constituer un facteur de souplesse du système d'élevage (Gibon, 1981). Les caractéristiques des parcours, notamment la présence d'arbustes épineux, peuvent également exercer des contraintes non négligeables sur les animaux.

---

5. Ce cadrage des mises-bas, déphasé par rapport au cycle de la pousse de l'herbe, est en fait courant dans les zones de montagne (Gibon, 1981). Les longs déplacements souvent imposés par l'élevage transhumant interdisent pratiquement les brebis suitées et l'agnelage en alpage. La solution envisageable serait alors l'agnelage précoce, avec une lutte en septembre-octobre, en estive ou immédiatement après la descente, en relation avec un sevrage précoce, solution qui ne correspond pas toujours à de bonnes conditions d'élevage.

6. Sauf dans le cas où l'on s'oriente vers un pâturage permanent en parcs.

Logique "parcellaire" d'utilisation des surfaces pastorales : l'animal acteur

Une différence fondamentale oppose, au plan alimentaire, l'animal élevé dans des conditions intensives, transformateur passif d'une ration dont l'équilibre est défini par l'éleveur, et l'animal qui doit trouver des ressources dans un territoire, c'est-à-dire répondre de façon active à ses besoins nutritionnels. Les programmes de recherches pluridisciplinaires conduits à partir des années 75 dans les Causses, Garrigue, montagnes Pyrénéennes ou de Corse démontrent l'importance des apports de l'écoéthologie en complément des études sur le niveau et la valeur des ressources fourragères disponibles. Cette approche met à disposition un modèle de description du *comportement de l'animal au pâturage*. Elle permet de quantifier le niveau des contraintes appliquées à l'animal et de caractériser la compétence des animaux à composer leur régime alimentaire quotidien, en observant leurs propres stratégies développées face à des systèmes hétérogènes dans le temps et l'espace (Leclerc et Lécrivain, 1979).

L'étude du rythme d'activité de l'animal (pâturage, déplacement, repos en durée et répartition temporelle) - en exprimant la façon dont celui-ci recherche son alimentation tout en minimisant les stress thermiques - renseigne par ailleurs sur sa valeur adaptative à la vie de plein air. Les qualités requises sont alors *la résistance au froid*[7], ou la résistance à la chaleur (races **Caussenarde des Garrigues, Lacaune, Blanc de Lozère, Corse, Préalpes, Rouge du Roussillon** ...).

L'analyse du comportement alimentaire de l'animal aux diverses périodes de l'année permet, quant à elle, de cerner d'une part sa capacité à sélectionner certaines plantes du tapis végétal[8], d'autre part son aptitude à consommer différents végétaux disponibles[9]. Cette approche renseigne également sur la faculté de l'animal à maintenir un équilibre favorable entre la qualité et la quantité de ce qu'il ingère et les dépenses énergétiques engendrées par les mouvements et déplacements effectués. En outre, certains facteurs de variations tels que la part de l'apprentissage dans l'extériorisation d'une aptitude[10] pourront être approchés.

Enfin, l'observation de la répartition spatiale d'un troupeau donne une interprétation de l'utilisation du milieu (différents faciès végétaux, surfaces utilisées) en réponse aux contraintes topographiques du parcours qui induisent des aptitudes spéciales : *marche en terrains difficiles*[11] et résistance à la fatigue lors des longues routes de la transhumance telle qu'elle était autrefois réalisée par les **Mérinos d'Arles** par exemple.

---

7. C'est le cas, dans les Alpes Maritimes, de la race **Mourerous** élevée en plein air, même en plein hiver, ou encore des races **Manech** et **Basco-Béarnaise** des Pyrénées Atlantiques, des **Mérinos d'Arles**, des ovins des Pyrénées Centrales qui doivent lutter contre le froid et les intempéries en altitude surtout pendant les mois de septembre et octobre.

8. *Brachypodium pinnatum* n'est pratiquement pas ingéré par les ovins, mais les brebis sont capables d'aller chercher, au centre d'une plaque très dense de cette graminée, d'autres végétaux leur convenant mieux.

9. Les **chevaux Corses** soumis à un système de cueillette doivent trouver en hiver leur nourriture dans une végétation dont ne persistent que les parties riches en cellulose et en lignine (Tertrais, 1982). Les brebis **Rouges du Roussillon** consomment des aliments riches en sodium.

10. Les brebis **Mérinos d'Arles** introduites sur un parcours de garrigue calquent, en deux ou trois mois, leur choix alimentaire sur celui des brebis **Caussenardes des Garrigues** élevées antérieurement dans ce milieu et qui, au début de l'expérience, étaient les seules à utiliser la végétation spécifique telle que le chêne Kermès (Groupe de Recherche sur l'élevage en Garrigue, 1979).

11. On peut citer, pour exemple, les ovins sur parcours fortement caillouteux, les races **ovines Corses, Mourerous** et **Pyrénéennes** et les races bovines **Corse** et **Gasconne** qui explorent des pâturages d'estives sur fortes pentes parfois rocheuses, ainsi que les races ovines **Lacaune, Caussenarde des Garrigues** et **Landaise** qui, elles, utilisent des grandes étendues de parcours.

	contraintes	outils d'analyse	caractères
climat	variations brutales des conditions de milieu température estivale sécheresse (intempéries)	étude des rythmes d'activité	résistance aux écarts de température résistance à la chaleur (régulation thermique) résistance à la sécheresse (soif ...)
parcours	nature de la végétation exploitation de la végétation spontanée	comportement alimentaire	utilisation d'aliments riches en lignine, cellulose ou carencées en oligoéléments choix des espèces végétales
	topographie / géomorphologie pénétrabilité des parcours parasitisme : espaces forestiers / espaces irrigués	observation de la répartition spatiale des animaux	aptitude à la marche, qualité des aplombs, résistance à la fatigue caractéristiques de la toison / format résistance à la piroplasmose

Logique parcellaire : réponse de l'animal aux contraintes du milieu et de la nature des parcours.

De fait, il existe une extrême variabilité des comportements selon la race des animaux, leur connaissance du terrain. Mais on peut dire que le choix fait par l'animal dans l'utilisation de l'espace est la résultante d'un compromis entre, d'une part, ses besoins nutritionnels, besoins d'abris et préférences alimentaires, d'autre part, les possibilités offertes par le milieu. Le tapis végétal induit notamment une saisonnalité du régime en réponse aux fluctuations quantitatives et qualitatives de la végétation. L'encombrement arbustif, l'accessibilité, les abris, sont également déterminants sur le choix de la zone pâturée.

Les mécanismes d'organisation des relations entre les animaux - aspect essentiel qui organise la reproduction, l'élevage des jeunes et le fonctionnement de tous les groupes - ont été appréhendés dans le cadre d'études développées, notamment à l'INRA. Ainsi, l'analyse du comportement maternel et de l'organisation sociale des animaux sont également des instruments d'évaluation de l'adaptation et du bien-être des animaux domestiques (Bouissou MF, 1985 ; Le Neindre P, 1984 ; Signoret JP, 1990). *Grégarité* et *défense contre les prédateurs* sont des qualités localement citées par les éleveurs qui autorisent le troupeau à être autonome, résistant et groupé.

A partir des réactions comportementales, il est également possible de tester les capacités d'adaptation de races différentes à une même méthode d'élevage. Les études confirment que le veau **Salers** est plus rustique pour des mises-bas en liberté et que le **Frison** s'adapte mieux à un élevage artificiel (Le Neindre, 1984).

Les bases d'une typologie des races

Les éléments recueillis indiquent la difficulté de réaliser un classement des qualités d'adaptation du matériel animal sans référence à des situations d'élevages précises. Il est essentiel, à ce stade de la réflexion, de s'interroger sur l'origine de la diversité des races locales. Existe-t-il des qualités communes à ces différentes races qui sont susceptibles de se manifester dans une grande variété de conditions d'élevage ? Ou bien les contraintes d'élevages sont-elles si variées et si typées qu'elles engendrent une adaptation étroite des races locales, au point que l'on puisse supposer que seule la race du "pays" est valable ?

A partir de ces questions posées à propos de la notion de rusticité, Audiot et Flamant (1982) ont fait une analyse synthétique des études sur les systèmes d'élevage et sur les races locales.

Partant de l'étude sur l'utilisation des parcours par les éleveurs de Castagniccia (région de Corse) par le groupe de recherches SEI (1979)[12], l'hypothèse a été formulée qu'il était possible de dégager les traits majeurs communs aux systèmes d'élevage régionaux et de leur faire correspondre les

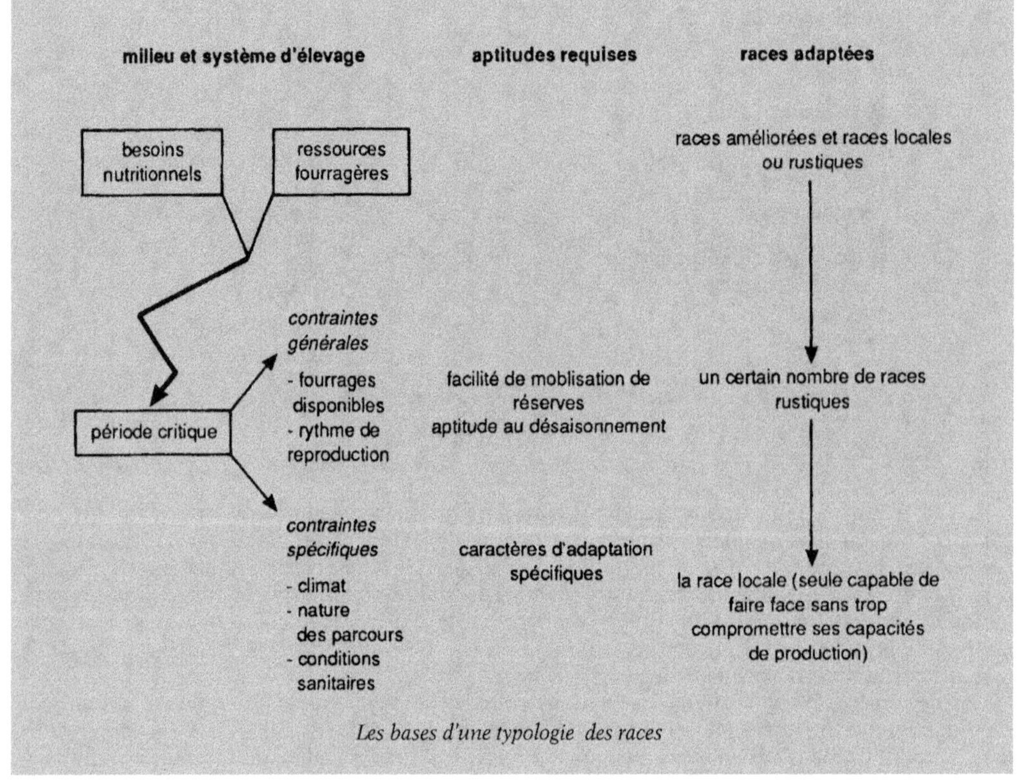

Les bases d'une typologie des races

---

12. Ce travail a mis en évidence l'importance de la connaissance des pratiques des agriculteurs dans le fonctionnement de l'élevage. Il illustre notamment la mise en oeuvre, par l'éleveur, de systèmes de pratiques, ou choix cohérents entre les multiples possibilités d'exécution des différentes tâches d'élevage (surveillance du troupeau ou soin du troupeau) compte tenu des principaux facteurs climatiques et structuraux de l'exploitation. Ces systèmes de pratiques sont tels que la nature du matériel animal apparaît largement associée à la nature des ressources fourragères utilisées, aux investissements de l'exploitation, aux techniques d'élevage mises en oeuvre, aux périodes de reproduction (dans le cas d'élevage caprins). Au système "cueillette", où l'utilisation des ressources des parcours est maximale, est associée la race locale Corse. Au système "cueillette et supplémentation fourragère" est associé un matériel animal "croisé et amélioré".

races locales. La tentative a donc consisté à mettre en rapport "région-système-race". La région a été définie relativement à l'aire d'exercice de systèmes d'élevage d'un type donné.

La typologie des systèmes d'élevage proposée fait intervenir d'une part, des éléments de conduite des troupeaux, d'autre part, les caractéristiques des surfaces pastorales elles-mêmes.

Les conclusions conduisent à identifier deux catégories de contraintes qui sont susceptibles de justifier, par leur combinaison, la diversité des races locales :

Les contraintes générales des systèmes d'élevage impliquant l'utilisation des surfaces pastorales

Les qualités correspondantes concernent la facilité de mobilisation des réserves (aspects nutritionnels) et l'aptitude au désaisonnement (aptitudes de reproduction). Elles sont telles que les animaux qui les possèdent présentent aussi des possibilités d'adaptation à une large gamme de systèmes.

Les contraintes spécifiques à la nature des surfaces pastorales utilisées

Ces contraintes sont relatives à la nature du sol (rochers), de la végétation (épineux), à l'altitude et au climat (froid ou chaud), aux conditions sanitaires (tiques et piroplasmose ...). Les qualités spécifiques qui permettent à la race locale de s'ajuster à un système donné sont propres à cette race qui, tout en possédant les qualités générales communes aux races rustiques, est seule à pouvoir faire face sans trop compromettre ses potentialités de production. La rusticité est ici assimilée à une adaptation étroite aux conditions d'élevage et justifie donc la spécificité d'une race locale par rapport aux autres races[13].

Cette approche a conduit à prendre comme seconde hypothèse qu'aux différentes contraintes peuvent correspondre des aptitudes spécifiques qui justifient telle ou telle race locale : c'est la base du travail d'inventaire réalisé sur les races méditerranéennes ovines et caprines (Flamant et Morand-Fehr, 1989) au sein de leurs systèmes d'élevage.

---

13. Citons par exemple, le cas extrême de la population ovine de l'île du North Ronaldsay qui a développé des aptitudes particulières d'assimilation des ions cuivres, du fait de son alimentation à base d'algues (Flamant *et al*, 1979).

Les premiers sont relatifs à l'action quotidienne de pâturage sur un couvert végétal qui présente des caractéristiques particulières (nature de la végétation, pénétrabilité des parcours), et impliquent donc fortement les caractères comportementaux (on peut distinguer : l'organisation du rythme d'activité à l'échelle de la journée, le choix du secteur à pâturer parmi l'espace disponible, les choix alimentaires parmi les ressources offertes). Il faut évidemment noter que l'expression de ces derniers est fortement conditionnée par l'homme, notamment selon qu'il s'agit d'un pâturage "libre" ou d'un pâturage gardé.

Les deuxièmes critères sont moins spécifiques à un milieu donné et peuvent avoir une valeur plus générale d'un territoire à l'autre. Ils sont tous relatifs à l'ajustement entre le cycle annuel des disponibilités alimentaires (cycle fourrager) et le cycle des besoins des troupeaux :

- la capacité de stockage et de mobilisation des réserves énergétiques, qui assure aux animaux des possibilités de reports d'énergie d'une saison d'abondance en regard des besoins à une saison de limitation des disponibilités, la notation d'état corporel est, à cet égard, l'indicateur le plus largement utilisé pour porter un diagnostic sur les pratiques des éleveurs (Gibon *et al*, 1985 ; Purroy *et al*, 1989) ;

- l'adaptation digestive à des fourrages de mauvaise qualité - les chèvres assurent, par exemple, un meilleur recyclage de l'urée dans le rumen (Devendra, 1978) - et également, dans les situations limites où peuvent se trouver placées plus fréquemment les chèvres et les brebis mais, notamment dans les pays méditerranéens (Mohrand-Fehr *et al*, 1983), l'adaptation à des disponibilités limitées de buvées (voir par exemple à ce sujet les travaux de Shkolnik et Silanikove, 1981) ;

- le désaisonnement sexuel qui permet aux troupeaux ovins montagnards soit de réaliser une mise-bas au retour d'estive dans les systèmes transhumants (Molénat, 1978), soit aux ovins laitiers sédentaires des pays méditerranéens d'assurer le maximum de leur lactation avant les mois chauds de fin de printemps et d'été (Boyazoglu *et al*, 1979).

Bertocchio (1989) a mis en oeuvre une telle procédure d'évaluation des ressources génétiques prenant le parti d'une approche systémique appliquée au cas de la race bovine **Béarnaise**. Il montre que cette méthodologie permet de dégager la spécificité d'une population animale menacée de disparition dont l'effectif est devenu insuffisant pour une évaluation quantitative de ses aptitudes. En outre, dans la mesure où l'approche systémique privilégie l'analyse du fonctionnement des systèmes de production, elle fournit le support d'une réflexion pour une stratégie conservatoire dynamique reposant sur la valorisation

La race bovine Béarnaise

Autrefois répandue dans toute la partie occidentale du Bassin Aquitain, la race **Béarnaise** alors appelée **Blonde des Pyrénées** et forte de 300 000 têtes vers 1914, n'a survécu qu'en vallée d'Aspe (Pyrénées Atlantiques). Elle compte aujourd'hui moins de 100 sujets et est menacée de disparition. A ce titre, elle bénéficie depuis 1981 d'un programme de conservation génétique dont la gestion technique est assurée par l'Institut de l'Elevage.

Son lait était et reste utilisé en mélange avec du lait de brebis pour la production du seul "fromage mixte" de ce type existant en France, et les quelques femelles qui subsistent sont élevées dans des troupeaux pluriethniques.

Un travail de recherches (Bertocchio, 1989) a tenté de dégager les principes d'une méthodologie d'évaluation des races bovines à très petits effectifs en s'appuyant sur l'exemple de cette race. L'objectif était d'identifier les qualités propres aux vaches **Béarnaises** à travers leurs fonctions dans ces troupeaux laitiers par l'identification des logiques de fonctionnement des élevages, l'analyse comparative des types génétiques utilisés, la caractérisation des contributions individuelles à la production du troupeau.

L'analyse de la production laitière de 83 vaches **Béarnaises** relativement à la production globale de leurs troupeaux respectifs a été réalisée sur les plans quantitatif et qualitatif, au cours d'un cycle annuel, en référence aux pratiques d'élevage auxquelles les vaches sont soumises. Des complémentarités entre différents types génétiques ont été observées.

Les vaches de race **Béarnaise** sont parmi les moins productives dans les élevages qui les détiennent. En revanche, elles sont bien adaptées aux fortes variations saisonnières des ressources alimentaires et sont capables de tirer parti des parcours les plus médiocres. De ce fait, elles ont été délibérément exploitées pour la production de lait de printemps, qui représente le meilleur ajustement du cycle des besoins des animaux au cycle de l'offre alimentaire.

L'analyse simultanée du volume de production et des taux de matière utile montre que les femelles **Béarnaises** manifestent une relative stabilité de ces caractères - niveaux de production médiocre, taux protéiques élevés - associée à des mises-bas groupées en début d'année. Les performances des types laitiers ou croisés sont beaucoup plus hétérogènes, bien qu'en moyenne la productivité soit supérieure - ils assurent l'essentiel de la production du troupeau en période de pénurie (du milieu de l'été à la fin de l'hivernage) - et les taux plus faibles. Ils sont liés à des vêlages plus étalés.

Une telle approche apparaît particulièrement opérationnelle pour articuler le niveau animal et le niveau troupeau dans le cadre d'un diagnostic de la production en ferme, en liaison avec les pratiques de l'éleveur (Bertocchio *et al*, 1992).

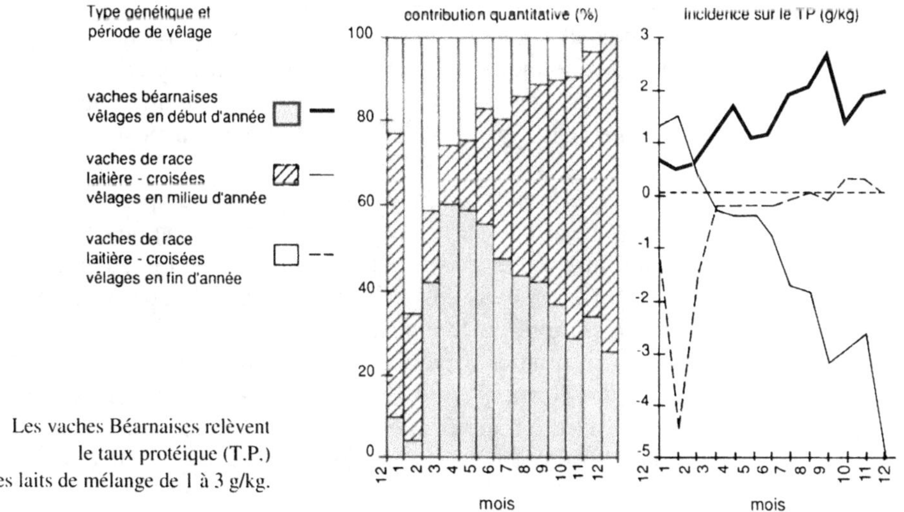

Calendrier fourrager et production laitière dans un troupeau bovin incluant le type béarnais
(d'après Bertocchio et al., 1992).

En bref, les **Béarnaises** fournissent un lait riche en protéines qui relève le taux protéique des laits des autres vaches du troupeau ; elles contribuent ainsi à la qualité fromagère. Les caractères quantitatifs et qualitatifs de la production semblent donc répondre à des contraintes et/ou des objectifs diversifiés, touchant aux pratiques et calendriers d'élevage, qui ne se réduiraient pas au niveau des performances de production elles-mêmes.

économique des races menacées, et plus globalement pour une meilleure gestion des populations animales dans le cadre des nouvelles orientations européennes de revalorisation des zones marginales.

Pourtant, l'identification des critères de caractérisation du matériel animal au sein des systèmes d'élevage est nécessaire mais pas suffisante. En effet, il ne suffit pas d'interpréter l'origine génétique et non génétique de la variabilité phénotypique rencontrée dans de telles situations comme une réponse aux seules contraintes imposées par ces systèmes, il importe également de rechercher les bases héréditaires de cette variation[62].

Un approfondissement de la recherche à un niveau plus biologique a été également possible pour l'étude, par exemple, des capacités métaboliques de constitution et de mobilisation de réserves, des adaptations comportementales ou encore des résistances génétiques aux maladies et parasitisme. Tout comme pour l'étude des performances zootechniques classiquement prises en compte, elle suppose la mise en oeuvre de dispositifs expérimentaux.

Dans certaines zones, les conditions de températures estivales introduisent la nécessité de prendre en compte le critère d'adaptation aux stress climatiques dans l'évaluation du matériel animal. Un état précis des recherches entreprises dans ce domaine a été dressé lors du Symposium International "Animal husbandry in warm climates" organisé conjointement par la FAO, l'ICAMAS, et la FEZ (Ronchi *et al*, 1991). De nombreux exemples indiquent que la sélection génétique en climats tempérés ne diminue pas le potentiel reproductif et productif dans un climat chaud. Ainsi,

---

62. Telle caractéristique peut avoir un déterminisme génétique significatif, telle autre peut résulter d'un apprentissage ou d'une adaptation comportementale.

les potentiels laitiers sont nettement supérieurs pour les races bovines laitières spécialisées sélectionnées en régions tempérées que pour les autres races et leur utilisation dans les pays chauds - à condition de pouvoir mettre en oeuvre des techniques appropriées pour minimiser le stress thermique - est souvent économiquement intéressant (Berbigier, 1991). En revanche, dans les situations de milieu non contrôlées, l'interaction génotype-milieu ne valide pas invariablement ces résultats. On peut en conclure que pour tous les animaux domestiques, le lait et la viande peuvent être produits par des races locales et leurs croisements évitant ainsi les problèmes de stress à la chaleur.

En France, les résultats d'une série d'expériences mise en place en 1985 et 1986 pour tenter de mesurer l'adaptation à la transhumance estivale des brebis **Mérinos d'Arles**, ont fait apparaître des écarts importants entre types génétiques comparés. Largement expliqués par les caractéristiques de la toison, ils démontrent l'adaptation des brebis de toison de type mérinos, notamment de la race locale **Mérinos d'Arles**, au système traditionnel d'élevage transhumant du sud-est (Bouix, 1992). Des études génétiques sur la résistance aux parasites internes sont actuellement en cours dans le cadre d'expériences visant à comparer différents types génétiques (Bouix *et al*, 1992 ; Gruner *et al*, 1992).

Mérinos d'Arles

• *La qualité des produits*

Partant de l'hypothèse que certaines productions spécifiques sont conditionnées par des aptitudes également spécifiques, des recherches ont permis de conclure qu'il existe effectivement une composante génétique dans la détermination de la typicité des produits animaux. C'est ainsi qu'il a été montré (Goutefongea *et al*, 1983) que les porcs croisés "**Corse x Large White**" présentent une qualité de viande nettement améliorée par rapport à celle des animaux de race pure **Large White** très répandus dans les élevages industriels de l'île. Le génotype du porc encore élevé dans la montagne corse constitue bien l'un des facteurs de la spécificité des charcuteries et salaisons locales.

Pour évaluer une race sur la base de la qualité de ses produits, il s'agit d'abord de caractériser correctement les produits concernés, puis de déterminer sur le matériel animal les critères correspondant aux qualités technologiques recherchées. En fait les travaux dans ce domaine sont encore insuffisamment développés. Les plus avancés concernent le lait et son aptitude fromagère.

Cette aptitude s'exprime à travers le rendement fromager, la composition du produit final qui doit respecter des normes précises, et la qualité organoleptique du fromage obtenu. On sait aussi dans ce cas qu'il existe des liaisons entre les types génétiques des animaux laitiers et les caractéristiques du lait et de ses dérivés, y compris dans la composition très complexe des protéines. En 1961, Auriol démontrait déjà que ces caractéristiques influent directement sur le processus de fabrication, notamment la vitesse de coagulation et la qualité des fromages.

Les travaux réalisés dans le cadre du groupe de travail "Philoetios" sur "l'évaluation des ovins et des caprins méditerranéens" (Flamant et Morhand-Fehr, 1989) relatent le cas de la transformation fromagère du lait par l'éleveur lui-même : celui-ci est particulièrement sensibilisé aux caractéristiques technologiques du lait produit, surtout pour les chèvres où le pourcentage de caséine dans la matière azotée totale est habituellement faible (surtout dans les races améliorées) (Morand-Fehr *et al*, 1986). Dans ces régions où le lait est destiné à la fabrication de produits typiques (fromages et yaourts), avec des caractéristiques organoleptiques bien définies, Casu *et al* (1989) se sont posé la question de savoir dans quelle mesure l'introduction de types génétiques de races spécialisées (**Alpine** et **Saanen**) peut modifier la qualité de ces produits. Ils ont vérifié que la composition du lait des races spécialisées est très différente de celle du lait des races locales qui produisent un lait plus riche en matières protéiques et surtout en matières grasses. Ils ont noté également une importante différenciation des laits en ce qui concerne le comportement à la coagulation qui est sensiblement meilleur dans le cas du lait des **Sardes**. Les différences trouvées dans les deux types de lait se retrouvent aussi dans la composition chimique et dans les caractères organoleptiques et structuraux des produits obtenus.

L'étude du polymorphisme des protéines du lait[63] permet d'aller plus loin et de préciser l'origine génétique de ces diffé-

---

63. La caséine du lait est constituée de quatre protéines différentes appelées alpha s1, alpha s2, bêta et kappa. Chacune de ces caséines présente un polymorphisme génétique : les allèles varient d'une espèce à l'autre et ne sont pas présents dans toutes les races (Grosclaude, 1991).

rences dans la mesure où l'on a pu déterminer le génotype des animaux à des loci "caséines" particuliers, et mettre en évidence que certains allèles améliorent la composition et la valeur fromagère des laits (Piacère et Elsen, 1992). Par analyse comparative de différents génotypes bovins utilisés pour la production laitière, Grosclaude (1988) fait ressortir la situation exceptionnellement favorable de la race bovine **Normande** en raison de la fréquence élevée de l'allèle B de la caséine κ qui influence de façon significative les aptitudes fromagères du lait.

Chez la chèvre, Grosclaude *et al* (1987) ont montré une association étroite entre les allèles présents et le taux de caséine du lait. Ainsi, le déterminisme génétique du polymorphisme électrophorétique et quantitatif de la caséine αs^1 a pu être identifié. Il est lié à l'existence de 7 allèles associés à des taux de synthèse différents de celle-ci. Les allèles A, B et C sont associés à un taux fort en caséine (3,6g/l), les allèles E, D et F à un taux faible (0,6g/l), le septième allèle O étant un véritable allèle nul (pas de caséine αs^1). En bref, le taux de caséine αs^1 faible chez la chèvre, augmente du génotype O/O au génotype A/A et on peut donc envisager de l'améliorer en sélectionnant en faveur des allèles "forts". Par ailleurs, les résultats suggèrent une forte corrélation positive entre le taux de caséine αs^1 et le taux de caséine totale. Les effets des différents allèles associés à un taux élevé de caséine αs^1 doivent être cependant recherchés tant au niveau des propriétés physico-chimiques que des qualités technologiques des laits. La mise en évidence de la nature de leur relation présente un grand intérêt dans la mesure où elle pourrait servir de base à une orientation de la sélection des animaux en faveur des variants les plus performants au plan technologique.

Des recherches en cours dans différentes filières animales tendent à vérifier que le caractère objectif du lien produit-terroir en général, et du lien produit-animal-terroir en particulier, n'est plus un simple postulat (Bérodier, 1990 ; Bertocchio et Flamant, 1991). Le type de l'animal pourrait en effet exercer un effet direct sur la typicité du produit (via l'effet de gènes majeurs) mais aussi un effet induit par l'interaction génotype-milieu. De ce point de vue, une meilleure connaissance de l'importance des caractéristiques de la matière première et de leur contribution à la confection des produits finis conduit aujourd'hui à admettre que, contrairement à ce que l'on pensait dans les années 60-70, les procédés technologiques ne peuvent pas tout amender ou corriger. La mise en marché de produits spécifiques suppose que la typicité des produits concernés soit d'abord caractérisée avant de déterminer, sur le matériel animal, les critères correspondants aux qualités technologiques recherchées (Barberis, 1992).

L'identité des races animales : produit d'une histoire humaine

La dynamique des races animales résulte des choix réalisés par les éleveurs, pour retenir et utiliser les reproducteurs, soit pour satisfaire à un type de production, soit pour s'adapter aux contraintes des systèmes d'élevage. Son étude n'est pas uniquement de nature génétique. Elle fait appel à d'autres dimensions. Elle est notamment liée à la dynamique du contexte socio-économique dans lequel elle évolue. Ce contexte englobe aussi les dynamiques du marché ; il dépend de la structure du groupe social impliqué, des techniques appropriables, de la maîtrise du foncier par le groupe ...

Les évolutions historiques des représentations de la race sont telles qu'il paraît indispensable de chercher d'abord à les saisir en situation. Pour chaque étape, il convient de dégager la cohérence des logiques d'articulation du matériel biologique à un système socio-économique et à un système de production en mobilisant tous les matériaux de nature géographique, écologique, sociologique, politique et culturelle...

Des études réalisées sur les races ovine **Castillonnaise**, bovine **Gasconne**, chevaline **Nivernaise** et sur l'ensemble des **races Corses**, ont permis de tester la collaboration entre chercheurs généticiens, linguistes et ethnologues pour la caractérisation du matériel génétique menacé. Les uns, nous l'avons vu, ont conçu et mis au point des outils de sélection des races dominantes mais sont aussi préoccupés par les limites de ces schémas et notamment par le problème du maintien de la variabilité génétique. Les autres s'intéressent aux pratiques traditionnelles des éleveurs et à l'enrichissement de la connaissance de l'identité culturelle du monde rural et de ses acteurs.

Abordée d'un *point de vue diachronique*, l'analyse doit permettre d'appréhender une partie de la genèse des populations et de leur utilisation (conditions de création de certaines races, établissement de leur zone d'extension, de leurs migrations extérieures, de leur dynamique et de celle de leurs systèmes de production), face aux changements techniques des espaces naturels et socio-économiques.

D'un *point de vue synchronique*, elle suppose notamment la "maîtrise d'une sociologie des relations humaines" (Fossat, 1984). Elle doit permettre de décrypter comment, autour de l'objet que constitue la race, s'articulent des actes, des pratiques, comment s'organisent les rapports de pouvoir, et comment enfin la race s'institutionnalise.

• **L'analyse historique** des évolutions conjointes des systèmes agraires et des conditions sociales du fonctionnement des exploitations constitue un outil précieux de connaissance des populations animales. Indicateur possible de l'évolution quantitative des races, elle peut permettre également d'expliquer les caractéristiques qualitatives actuelles de certaines d'entre elles.

En Corse par exemple, le dépeuplement intervenu après la 1ère guerre mondiale a entraîné un abandon du territoire, faisant évoluer le système intensif de type jardinage - polyculture-élevage - vers un système extensif d'usage de l'espace où persiste seulement un élevage qui s'est développé "par défaut". Pour l'élevage porcin, ceci s'est traduit par le passage d'un élevage familial, souvent de type engraisseur, à des élevages parfois importants dont la forme d'exploitation peut aller jusqu'à un type "cueillette". La forme actuelle de l'élevage porcin, notamment en Castagniccia, principal utilisateur de la châtaigneraie, loin d'être traditionnelle, comme une reconnaissance trop rapide sur le terrain pourrait le faire croire, est donc relativement récente.

Les éleveurs de porcs de la Castagniccia qui pratiquent un système de type "cueillette" recherchent des animaux longs, hauts, croissant vite. Ils s'attachent ainsi à des critères "traditionnels" comme la queue qui tourne à gauche pour les mâles, les couleurs pour la femelle (la "grise" est la meilleure laitière ...). Lorsque les conditions d'élevage sont plus intensifiées avec un apport d'aliments achetés, le **Large White** pur ou croisé devient plus recherché. L'absence d'étendues de transhumance et la disponibilité en châtaignes pour l'engraissement obligent de toute manière les éleveurs à distribuer, en été, une complémentation alimentaire et conduit à une production d'animaux jeunes (dix mois). Dans le cas du Niolu, de Soccia, de Bastellica... la surface de châtaigneraie est limitée mais les surfaces en herbe sont importantes l'été. Il n'est nul besoin d'apporter un complément d'alimentation, le porc peut alors attendre un an et demi à deux ans pour être bon à abattre (Casabianca, 1977).

La confrontation d'un large spectre de types génétiques (race pure **Corse**, **Large White**, animaux croisés de différents types) à une gamme également variée de systèmes plus ou moins pastoraux, ou plus ou moins intensifiés, met en évidence l'intérêt de certaines caractéristiques de la race **Corse** locale et *a contrario* les défauts du **Large White**, ainsi que la variabilité génétique des populations originelles et les caractères d'adaptation à différents milieux qu'elle confère. Le milieu naturel, les systèmes d'élevage et les facteurs sociaux sont déterminants sur les aptitudes et le type de produit recherchés. Les critères de sélection retenus par les éleveurs sont à considérer comme un intérêt porté à certaines pratiques plutôt que comme bases de schémas de sélection rationnels.

On retrouve au travers de cet exemple de l'élevage porcin en Corse la liaison qualité des produits / facteurs d'adaptation évoquée ci-dessus dans ce même chapitre.

Contrairement au cas de la Corse, d'autres systèmes agraires ont évolué dans le sens d'une amélioration foncière et d'une intensification de l'utilisation d'un espace. Tel est évidemment le

La Ferrandaise

cas des systèmes bovins laitiers, accompagnés de l'expansion des races spécialisées à haute productivité. Mais l'identification des caractéristiques des systèmes agraires anciens peut renseigner sur les races qui leur étaient associées.

C'est ainsi que de l'analyse des limites historiques de la zone d'élevage de la race bovine **Ferrandaise** par rapport à la race **Salers**, on peut déduire une grille d'explication des aptitudes respectives de ces races (Werck, 1980). La race **Ferrandaise** des marécages de Limagne et des croupes granitiques était élevée dans des conditions plus contraignantes que la race **Salers** des pâturages volcaniques et arrosés du Cantal, d'où la difficulté de réaliser une orientation laitière au cours de la première moitié du 20ème siècle. La profonde transformation des zones traditionnelles d'élevage de la **Ferrandaise** a été un facteur de destructuration et de disparition de la race qui n'a pu valoriser l'intensification des moyens de production[64].

• **Le point de vue anthropologique**, consiste à penser la race, non pas au travers du seul animal, de son phénotype, de son patrimoine génétique, mais par le biais des relations historiques établies entre ces animaux et les hommes, les groupes sociaux, les catégories professionnelles qui les ont produits, commercialisés, utilisés.

Si les sources historiques sont abondantes, elles sont cependant toujours partiales[65]. C'est donc à la croisée des différents

---

64. L'assainissement de la Limagne a permis le développement des cultures céréalières et l'extension de la race **Charolaise** à partir du Nord ; la restructuration du terroir de la région des Dômes a entraîné parallèlement la destabilisation d'un système d'élevage ovins-bovins (**Rava-Ferrandaise**) et le passage à un élevage laitier plus spécialisé.

65. Les théoriciens de la race sont, au 19ème et au début du 20ème siècle, des idéologues qui défendent un point de vue militant.

Le cheval de Trait Nivernais

Dans son livre "La Bête Noire" (1989), Bernadette Lizet, à partir d'une minutieuse enquête ethnohistorique, nous fait revivre l'émergence du "Trait Nivernais". Cette race équine, dont le processus de disparition est en cours, soulève aujourd'hui beaucoup de passion chez les éleveurs, les élus locaux, les représentants de l'administration des Haras. A l'occasion des concours, la presse écrite, comme les éleveurs, développent un discours qui lui confère une valeur emblématique de la région, avec tout un argumentaire sur sa spécificité, sa rusticité, son ancrage dans l'histoire sociale.

Une première lecture de l'abondante littérature hippologique et agronomique locale de la fin du siècle dernier a rapidement révélé un grand décalage avec la réalité historique récente. La race noire de la Nièvre est née, dans les dernières années du 19ème siècle, du désir d'un grand propriétaire terrien des environs de Nevers, de "construire" une forte et belle cavalerie de travail, conforme aux besoins économiques et esthétiques du moment et du lieu, pour prendre place sur le marché de l'exportation. Elle serait noire, par souci d'opposition avec la race bovine **Charolaise** blanche. Pour faire face à la demande américaine, des étalons sont importés du Perche ; ils ont le "poil noir comme jais" et la "charpente monumentale".

Ces reproducteurs sont la propriété d'une Société hippique installée à Nevers, grande ville située dans une plaine où l'agriculture est déjà fortement modernisée. Dûment répartis aux points stratégiques, ils assurent la monte de l'ensemble de la cavalerie jugée de "qualité" : les bêtes de fort gabarit localisées dans la plaine et les collines limitrophes.

Les "décideurs" de la race, grands propriétaires terriens dans cette région à forte inégalité dans la structure foncière, mais aussi les notables locaux (vétérinaires, médecins, hommes de loi) établissent d'emblée des concours et des primes d'incitation. Ils impriment à la race, dès les premières années, sa personnalité : animaux de grande envergure aux harmonieux rapports de proportion et de couleur résolument noire, signe distinctif justifiant l'exclusion des "atypiques". On obtient une population très homogène et constamment évaluée lors des concours par le classement des jurys qui jugent le degré d'adéquation à la norme établie.

Dès la fin du siècle, le **cheval noir de la Nièvre** se campe donc comme un animal d'élite, le produit d'un élevage amélioré, tant du point de vue du contrôle de la généalogie, que du système alimentaire et sanitaire. Il se démarque du reste de la cavalerie locale que les sources écrites définissent, sans grande précision car elle est mal connue, comme hétérogène et de volume insuffisant. Celle-là est marginale à deux titres : elle est géographiquement localisée sur les contreforts de la montagne ; aux plans économique et culturel, elle est extérieure au réseau d'influence de la société cavalière évoquée plus haut.

Aujourd'hui porteurs d'une forte valeur patrimoniale, les **chevaux noirs de la Nièvre** ont une histoire courte mais mouvementée. Ce cas particulier confirme un trait remarquable de la relation hommes-chevaux, qu'il s'agisse de bêtes de travail, de loisir ou de prestige. Dans la balance des mobiles de choix de production ou d'utilisation de cet animal, les facteurs culturels et sociaux pèsent souvent autant que l'économique !

QUÉBEC : Étalon trait Nivernais âgé de 7 ans N° 1532 du Stud-Book. 1 Prix au Concours Central, Paris 1925. Appartenant à Mr. A. Denis. Éleveur à Cuzy par Tannay (Nièvre)

discours qu'il convient de reconstruire la réalité subtile et concrète de l'histoire des races. Dans son livre "La Bête Noire", Bernadette Lizet, à partir d'une minutieuse enquête ethnohistorique, nous fait revivre l'émergence du "**Trait Nivernais**" (Lizet, 1989).

Les linguistes Fossat et Besche-Commenge ont mis en place une stratégie de recherche basée sur une approche historique des grandes étapes de formation d'un vocabulaire de l'élevage. Il s'agit d'aborder l'histoire sociale des concepts par l'usage des mots. L'analyse des procès verbaux des premiers concours bovins du département de l'Ariège permet de mettre en évidence, sous l'angle de leur dénomination, le schéma d'évolution des populations qui furent, au début du 20ème siècle, regroupées sous l'étiquette "race **Gasconne**", sous l'influence de l'administration et des notables (Besche-Commenge, 1981a). L'analyse des textes d'archives s'est avérée indispensable pour comprendre l'organisation et la définition de la population bovine **Gasconne** dans sa phase d'extension. Elle a mis en évidence la pratique des éleveurs face à la définition officielle, monolithique et univoque de la race. Elle a permis de déterminer l'aire d'extension historique des circuits des populations qui furent, au début du 20ème siècle, fixées sur les vocables actuels. Cette approche linguistique a été appliquée à l'histoire des vocables ("Gasconne", "race Gasconne", "race", "type"), des concepts et des actes de langage qui participèrent, durant le 19ème siècle, à la transformation de l'élevage bovin dans le Gers au sein des pratiques économiques et sociales d'un groupe d'hommes (Bégué, 1986). Elle démontre comment 1821 voit la mise en place, dans les discours, du mot "race", 1861 l'apparition de l'expression "race gasconne" et 1901 la multiplica-

La fixation de la race bovine Gasconne sous la pression des officiels du Bas-Pays (d'après Besche-Commenge, 1981a).

1819	Bêtes à grosses cornes Espèces : Boeufs de Donnezan (++) de l'Aude de Tarascon (+-) de St Girons (+-) de Hte-Garonne	Les boeufs de montagne quoiqu'inférieurs en taille à ceux de la plaine sont considérés comme mieux adaptés aux pays montueux
1865	Espèce bovine Races : Mijanaise (—) Carolaise (—) Gasconne (++) St Gironnaise (—)	Les boeufs de montagne s'ils sont inférieurs supportent alors les inconvénients de leur infériorité et s'effacent de plus en plus devant la "race Gasconne"
1898 1898 1904 1907	Concours spécial des races bovines Gasconne et Carolaise "Race Gasconne" race Gasconne auréolée race Gasconne carolaise race Gasconne à muqueuses auréolée race Gasconne à muqueuses noires race Gasconne auréolée "catégorie à muqueuses noires"	Début de description de la race à partir de critères extérieurs discrets "La race de Tarascon" devenue Carolaise sera absorbée sous la dénomination généralisante "race bovine Gasconne"

Les animaux répondant à "telle" dénomination sont quantitativement

(—) peu représentés   (+-) moyennement représentés   (++) le plus représentés

tion des "races gasconnes" et l'institutionnalisation de cette expression. On voit émerger, autour de ce concept, comment un pouvoir va se créer et comment vont, du fait de cette création, émerger des conflits.

Martinand (1979) donne un autre exemple des étapes qui jalonnent la création "officielle" d'une race au travers de l'analyse de l'état actuel de la population ovine du Sud-Est. A partir d'un fond hétérogène, rassemblant divers rameaux appelés **Savournon**, **Sahune, Quint** ... se définit au fil des décennies et sous la pression d'éleveurs influents, un "standard blanc" - qui correspond à la race "**Préalpes du Sud**" reconnue en 1948 par le Ministère de l'Agriculture. Plus récemment un autre groupe d'éleveurs parvient à justifier un standard "rouge" concrétisé par la race **Mourerous** (ou **Péone**). Mais parallèlement on observe, dans certains cas, le maintien d'une hétérogénéité intra-troupeaux, y compris lorsque les éleveurs utilisent des béliers de race homogène. Le polymorphisme observé peut être interprété comme le fruit de la "résistance" à la diffusion des techniques modernes, l'expression d'une inadéquation des solutions proposées dans le domaine de la zootechnie[66]. Martinand souligne aussi que l'on peut formuler l'hypothèse que cette diversité intra-troupeau est une forme d'adaptation au milieu, ceci à l'échelle du troupeau et non pas relative à l'animal pris individuellement.

Il apparaît donc nécessaire de pousser cette réflexion théorique encore exploratoire. Il est tout aussi urgent de le faire car, si l'on peut envisager que l'investigation en archives[67] et la recherche de documents divers (cartes postales et photographies anciennes concernant la population étudiée) seront encore possibles durant quelques années, l'accès essentiel aux témoignages des praticiens, des utilisateurs d'animaux qui ont "pensé" la race se trouve tous les jours un peu plus compromise. Ces informateurs sont aujourd'hui âgés.

Les entretiens ethnologiques avec les derniers témoins de ce début de siècle[68], alors que les populations animales locales tenaient encore une place non négligeable, sont capitaux à double titre. Ils visent à analyser les différents rapports de l'homme à l'animal au travers des techniques d'élevage, des objets

---

66. Cette inadéquation est mise en évidence par une application *ad minima* de la sélection prévue dans le cadre de la loi sur l'Elevage.

67. Les archives à consulter comprennent : la littérature locale ou départementale (monographies agricoles, compte-rendus des Sociétés d'Agriculture, procèsverbaux des assemblées générales des Syndicats d'Elevage et Livres généalogiques - FPSERBBP, INRA-URSAD, 1989 - presse locale ...) ; la littérature zootechnique nationale et internationale ; les statistiques régionales et nationales ... et tous les documents pouvant permettre de retracer l'histoire des races.

68. Ces témoins sont les personnes ayant eu, de par leur métier, des relations étroites avec l'élevage ou l'utilisation des animaux : anciens éleveurs, anciens reponsables de syndicats d'élevage, jurys de concours, vétérinaires, maquignons, etc ...

matériels utilisés. Ils permettent également de confronter témoignages écrits et témoignages verbaux et, par là même, de conforter l'histoire récente de la race et notamment sa période "critique".

• Les concepts détectés par l'enquête orale, fonctionnent, à leur tour, comme révélateurs du sens (souvent caché) des textes d'archives ; le dépouillement de ces textes s'avère en effet indispensable pour comprendre la persistance en certains points de certaines pratiques traditionnelles de même que les causes qui ont, en d'autres points, entraîné une évolution (ou disparition) de ces pratiques.

C'est dans ce sens que la race ovine **Castillonnaise** a été minutieusement approfondie par Besche-Commenge (1981b). Localisée en Haute Ariège, cette population est fortement associée à la valorisation des ressources pastorales en zone de montagne pyrénéenne par des éleveurs relativement résistants depuis deux siècles aux innovations techniques, telles que les infusions imposées par l'administration de l'agriculture (**Mérinos**) ou préconisées par les agronomes (races anglaises). Elle s'est longtemps maintenue malgré sa "non reconnaissance" par l'Administration alors que ses agneaux et ses moutons étaient particulièrement appréciés sur le marché de Toulouse.

Cet état de fait conduit à l'analyse de la population animale en tant que fait social. L'analyse linguistique, appliquée au "savoir" du berger de montagne, donne accès à une source extrêmement originale d'information. Elle révèle que des éleveurs persistent à maintenir la variabilité de la population relativement à plusieurs paramètres (patrons colorés, conformation, laine, adaptation du bétail), ce qui conduit à une hétérogénéité contraire à la définition classique des races à laquelle on associe un standard, mais cohérente avec la gestion raisonnée d'un territoire différencié (on peut noter ici la convergence avec l'hypothèse formulée ci-dessus par Martinand à propos des troupeaux ovins du sud des Alpes). A l'échelle du terroir en effet, Besche-Commenge précise que cette pratique de gestion de la population est cohérente avec l'utilisation de milieux relativement contrastés, les terrains "glap" - qu'on pourrait traduire par terrains doux - et les terrains "resch" (durs). Les animaux élevés sur les premiers, qui correspondent aux parties les plus fumées et aux versants ombragés des vallées, sont plus fragiles et valorisent mal ensuite les terrains "resch". Au contraire, les animaux conduits dès leur jeune âge sur ces derniers présentent une laine plus serrée, ne permettant probablement pas des performances élevées mais ayant, semble-t-il, une plus grande longévité.

Cette pratique est également dépendante de la gestion collective de la race opérée par des éleveurs de montagne entre lesquels interviennent des échanges privilégiés de reproducteurs et dont les produits sont utilisés à basse altitude par des éleveurs pratiquant le croisement. Les premiers choisissent leurs reproducteurs, selon les mêmes références correspondant à une aptitude générale à répondre aux contraintes résultant des mêmes systèmes d'élevage et de l'utilisation des mêmes types de milieux. Besche-Commenge en déduit que le terme utilisé par les éleveurs "era raça", n'a rien à voir avec le mot français "race". Le premier concerne en fait une pratique qui intègre de nombreux critères de nature écologique, génétique, historique, sociologique et technique, économique à l'échelle du troupeau et de l'éleveur, tandis que le second exprime beaucoup plus l'existence d'une entité administrative constituant le support de diverses actions de développement à caractère technique.

Quelle utilisation ?

Par rapport au souci de caractérisation du matériel animal et de son originalité, nous avons passé en revue les méthodes disponibles pour mieux cerner les composantes de "l'originalité" du matériel biologique en cause. En fait, celles-ci sont justifiées par des points de vue spécifiques concernant les critères qui définissent ce qu'on appelle des "races" : marqueurs génétiques pour retracer la genèse des races et les bases de leur différenciation biologique, outils de mesure de leurs performances, identification de leurs aptitudes sous l'angle de la réponse aux contraintes des systèmes d'élevage gérés par les éleveurs.

Rendre opérationnelle cette approche en proposant aux acteurs de la conservation un "itinéraire type" d'évaluation dans une perspective de préparation ou de réadaptation des programmes de conservation supposerait de hiérarchiser la contribution des différents critères retenus à la définition de l'identité de chacune des races. De fait, aucune race n'a jamais mobilisé la totalité de ces méthodes.

Dans les programmes de conservation à l'oeuvre, on s'est jusqu'alors contenté de mettre au point des stratégies visant à sauvegarder la variabilité génétique des races concernées, variabilité appréhendée dans la plupart des cas à partir des données généalogiques des animaux. L'analyse de cette variabilité utilisant les méthodes fondées sur le calcul des coefficients de parenté et de consanguinité - mesure de la diversité absolue - (Vu Tien Khang 1989), les probabilités d'origine des gènes ou, plus récemment, les méthodes d'analyse du génome n'a été que rarement réalisée pour procéder à l'évaluation *a posteriori* des programmes de conservation, voire de sélection mis en oeuvre (Avon et Vu Tien Khang, 1989 ; Barillet *et al*, 1989 ; Djellali, 1992 ; Djellali *et al*, 1994 ; Prod'homme, 1986, 1989).

On est donc conduit à considérer cet ensemble d'instruments comme une "boîte à outils" disponible pour donner, à un instant "t", une évaluation réalisée sur la base de critères sur lequel se fonde un état biologique propre à chacune des races.

Notion de race
et notion de conservation

"La vie est un peu plus compliquée qu'on ne dit, et même les circonstances. Il y a une nécessité pressante à montrer cette complexité."

Marcel Proust *(Le Temps retrouvé, 1927)*

Alors que le champ des connaissances, dans chacune des disciplines sur lesquelles se fonde la gestion des races locales (génétique, physiologie, éthologie, agronomie, ethnologie ...) tend à s'étoffer et à s'affiner (notamment les analyses strictement génétiques, quantitatives et moléculaires), les critères pour appréhender globalement "la race" font défaut.

En définitive, s'il paraît illusoire de pouvoir retracer, un jour, la complexité de l'histoire des races animales et des phénomènes biologiques qui lui sont liés, il semble en revanche intéressant de superposer les différentes méthodes d'évaluation pour tester la correspondance des variations observées. Car le véritable problème est plus complexe qu'il n'y paraît : c'est à la conjonction de ces multiples particularités que se situe la "spécificité" de chaque race. Il s'agit de rapprocher et synthétiser les éléments constitués des acquis plus ou moins sectoriels de disciplines scientifiques variées qui portent sur la race des regards différents.

Le présent chapitre a pour objet d'instruire la notion de race par une mobilisation ordonnée des informations contenues au long des chapitres précédents.

Nous en déduisons finalement des leçons pour organiser la conservation des races anciennes, pratiques qui articulent à la fois des entités sociales et un patrimoine génétique.

La question qui se pose ici est d'ailleurs très contemporaine : mettre au point des systèmes de gestion réalisant une adaptation optimum entre un matériel génétique animal original et un milieu naturel et socio-économique spécifique fait partie des défis méthodologiques que devraient tenter d'assumer, dans les années à venir, les gestionnaires des populations animales menacées de disparition.

Quels points de vue sur la race ?

Les controverses sur ce que l'on doit considérer comme une race ne sont pas récentes. De nombreux écrits du 18ème siècle et du début du 19ème témoignent des importantes polémiques auxquelles elles ont donné lieu (Dechambre, 1914, 1925 ; Lydtin et Hermès, 1910 ...).

Plus récemment, quelques chercheurs ont engagé une réflexion interdisciplaire visant à définir ce concept (Fossat, 1981 ; Besche-Commenge, 1981b ; Audiot *et al*, 1983a ; Laurans, 1989 ; Lizet, 1984 ; Mulliez, 1982 ; Ollivier, 1981b ...), sous l'impulsion donnée par la Société d'Ethnozootechnie qui y a consacré, fort à propos, l'une de ses journées d'études (Ethnozootechnie 29, 1981).

Il peut être paradoxal que le concept de "race" ne puisse pas être simplement cerné et qu'il soit encore aujourd'hui l'objet de controverses. A la lumière des faits recueillis par l'observation des pratiques de conservation, nous avons pris comme hypothèse de travail que la seule génétique ne peut permettre de caractériser l'ensemble des animaux qui constituent une race.

La réalité apparaît en effet beaucoup plus complexe. C'est pourquoi la notion de "points de vue", développée par Osty (1978, 1990) à propos de l'exploitation agricole, nous est apparue intéressante à mobiliser pour éclairer les différentes dimensions d'une race. Nous avons également adopté comme principe que chacun des "points de vue" induisait aussi en termes d'actions une conception propre de la conservation du matériel génétique, et nous avons tenté de montrer que les liens entre ces différents points de vue résultaient de la dimension sociale de la race.

Quand "race" rime avec "resssource" : le point de vue "biologique"

Le point de vue "biologique" situe la race au sein d'une diversité identifiée à la fois par des combinaisons génétiques et des fonctions physiologiques. Or, la transmission du capital génétique se faisant par le choix des géniteurs qui vont initier la génération suivante, cette notion repose de façon implicite sur la parenté et la filiation. Elle se rapproche ainsi de celle exprimée par les zootechniciens du 19ème siècle pour lesquels "la race est l'ensemble des individus semblables appartenant à une même espèce ayant reçu et transmettant, par voie de génération sexuelle, les caractères d'une variété primitive" (De Quatrefages cité par Dechambre, 1914). Le critère d'existence de la race est lié à la preuve d'une origine déterminée.

Le généticien qui appréhende la race au travers de l'information contenue dans son polymorphisme génétique, s'intéresse aux principes de base de l'hérédité au travers de l'étude de générations successives. Chargé de l'amélioration des animaux domestiques, il doit contribuer à faire évoluer ce matériel en tenant compte d'objectifs économiques à moyen terme. "Productiviste", il ne s'interdit cependant pas de regarder les effets des schémas qu'il met en oeuvre et se place en "conservateur" chaque fois qu'il se trouve face à une situation évidente d'érosion génétique (Vissac, 1972). Il s'agit donc pour lui de conserver à la fois un potentiel d'évolution et une réalité biologique constituée de certains gènes ou associations de gènes originaux, source hypothétique de création de ressources adaptées à un avenir incertain.

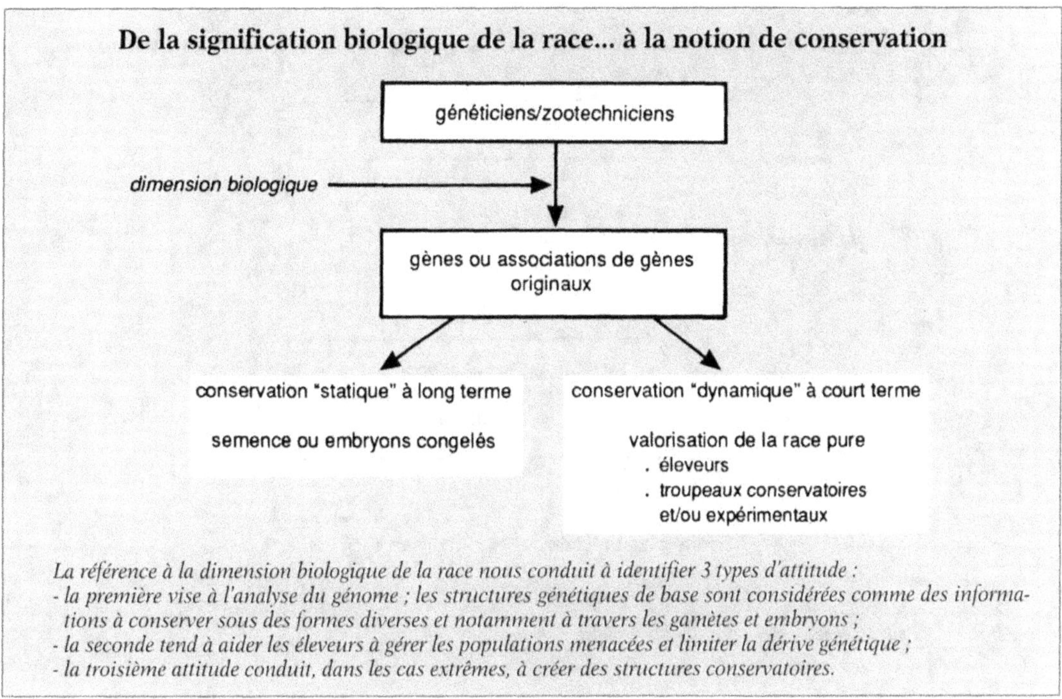

La référence à la dimension biologique de la race nous conduit à identifier 3 types d'attitude :
- la première vise à l'analyse du génome ; les structures génétiques de base sont considérées comme des informations à conserver sous des formes diverses et notamment à travers les gamètes et embryons ;
- la seconde tend à aider les éleveurs à gérer les populations menacées et limiter la dérive génétique ;
- la troisième attitude conduit, dans les cas extrêmes, à créer des structures conservatoires.

Cette conception biologique induit deux types possibles d'interventions distinguées classiquement sous les qualificatifs de conservation *in situ* et *ex situ*. Dans le premier cas, la race est conservée à l'état vif, nous la qualifions alors de conservation "dynamique", dans le second cas, la conservation est assurée sous forme de semence ou d'embryons congelés, nous la qualifions de "statique".

Dans cette logique, on peut considérer que la conservation des races n'est en fait qu'un moyen de conserver des gènes et qu'il en existe d'autres pour y parvenir, par exemple par la constitution d'un "pool de gènes" qui consiste à entretenir, en l'absence de sélection artificielle, une population d'animaux vivants obtenue par mélange de plusieurs races dont les génotypes et phénotypes spécifiques disparaissent. Les outils modernes de la biologie moléculaire permettent d'aller encore plus loin en considérant la possibilité d'identifier les séquences géniques et en faisant l'hypothèse du maintien de la diversité génétique à cette échelle.

En fait, la conservation des races ne peut être limitée à la conservation de gènes ; elle s'adresse aussi à la conservation de combinaisons originales de gènes.

La race "reconnue" par l'administration est définie par un "standard", un certain nombre de critères descriptifs transmissibles à déterminisme génétique simple (coloration du pelage, critères morphologiques, équilibre des formes) sont mis en rapport avec les aptitudes de production.

Quand "race" rime avec "reconnaissance": le point de vue ""administratif

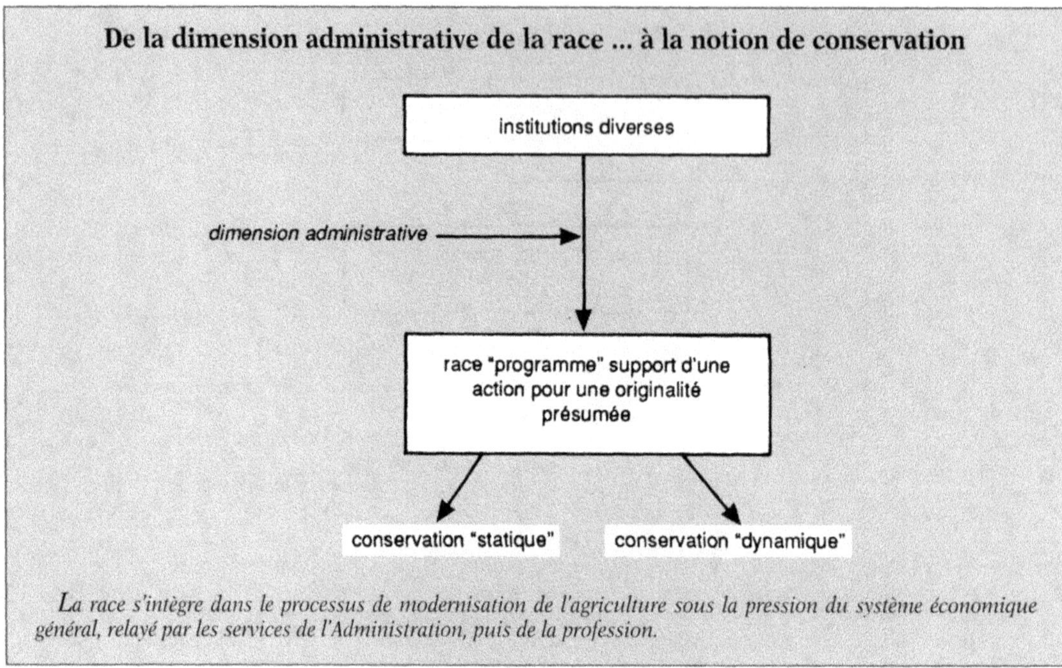

La race s'intègre dans le processus de modernisation de l'agriculture sous la pression du système économique général, relayé par les services de l'Administration, puis de la profession.

Il s'agit d'une définition schématique et purement conventionnelle de la race sur des caractères ethniques, lesquels sont susceptibles d'évoluer[69]. L'homogénéité induite constitue en quelque sorte une "base phénotypique" d'organisation de la sélection. Développée par l'élite des propriétaires bourgeois terriens du 19ème siècle - elle était alors liée à un début de rationalisation de l'élevage et de la production - cette logique correspond aujourd'hui aux exigences économiques de la production de masse.

La race, ainsi conçue à la fois comme support d'actions d'amélioration génétique, bénéficie largement de l'intervention de l'Etat. Celui-ci interfère à différents niveaux en aidant les éleveurs sélectionneurs et leurs organisations techniques à installer et à développer leur schéma de sélection dont le bénéfice à long terme sera partagé avec les éleveurs utilisateurs du progrès génétique. Il intervient notamment à propos de l'officialisation des Livres Généalogiques, de la reconnaissance administrative des schémas de sélection ou de l'agrément de reproducteurs, et il apporte une contribution financière à la réalisation de ces schémas. Cette situation d'intervention des pouvoirs publics se réfère à l'idée qu'une race constitue un patrimoine collectif, national ou régional, dont le maintien, la gestion et l'amélioration correspondent à des investissements à long terme (Flamant, 1988).

---

69. Cette définition laisse cependant la possibilité de modifier un standard jugé trop restrictif par rapport à l'état réel d'une population à un instant "t".

La notion de conservation qui en découle présente d'importantes similitudes avec la précédente. Elles s'inscrivent toutes deux dans un cadre de préoccupations à long terme, mais ne peuvent, en tout état de cause, concerner à un instant donné que la situation génétique d'une population susceptible d'évoluer si elle est conservée "sur pied".

Cette conception induit un cadre plus ou moins contraignant de la conservation : la priorité est concédée aux races "fixées" et officiellement reconnues - c'est-à-dire ayant obtenu la décision administrative pour figurer dans les textes règlementaires -. L'appartenance des animaux à un type donné, codifié à l'aide de critères descriptifs, tend à être considérée comme seul gage de leur existence[70].

Dans ce cas, l'animal - et *a fortiori* la race - est le résultat nécessaire de l'inscription du système d'élevage dans des objectifs économiques qui pèsent sur l'éleveur dans le cadre d'un marché déterminé. Elle constitue le support financier le mieux adapté aux objectifs de production animale et d'échange.

Dans la palette des mobiles de choix de production et d'utilisation, le facteur économique conditionne largement l'évolution

Quand "race" rime avec "revenu": le point de vue "économique"

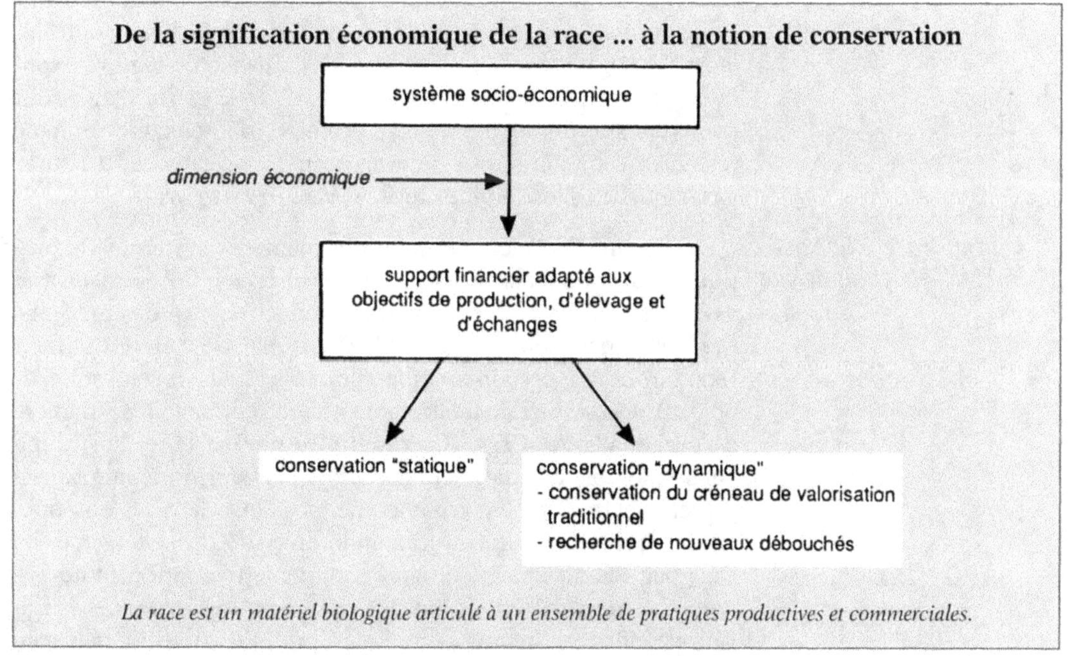

La race est un matériel biologique articulé à un ensemble de pratiques productives et commerciales.

---

70. C'est dans cette logique, et sur la base d'une solide organisation de ses défenseurs, que l'Ane Grand Noir du Berry a obtenu sa "reconnaissance officielle" début 94.

temporelle et spatiale de la race. Parfois dominant sur le critère de sélection - dans le cas par exemple d'un changement de type d'utilisation - il peut en effet contribuer à empêcher toute possibilité d'extension d'une race moins productive, induisant son absorption dès lors qu'aucune spécificité susceptible de la préserver n'a été dégagée. Poussé à l'extrême, l'argument économique peut parfois aussi détériorer la réalité génétique[71].

Considérant l'aspect économique particulier que revêt la subsistance d'une race adaptée à un système agropastoral défini - notion abordée dans le précédent paragraphe -, la notion de race "économique" est forcément absente des motivations d'une action urgente et organisée de conservation. Fluctuante, elle peut cependant émerger à tout moment avec la perspective de nouveaux créneaux de valorisation.

La race, support nécessaire des relations commerciales, devient "race-programme" reconnue en fonction d'un objectif de production lié à un contexte socio-économique déterminé.

Son amélioration est assurée dans le cadre d'un schéma de sélection qui, pour des raisons d'efficacité, privilégie un petit nombre de critères qui correspondent à des caractères d'intérêt économique dont le choix est pratiquement imposé par la logique des modèles de développement dominants. Elle mobilise tout un arsenal de technologies pour contrôler les performances, identifier les individus, les faire reproduire (insémination artificielle, transfert d'embryons, fécondation *in vitro* ...) contrôler leurs descendances et calculer les index. Ces technologies ne sont donc pas utilisées dans l'absolu mais dans le cadre d'un profit construit sur un mode collectif, celui de la sélection animale réglementée par la Loi sur l'élevage, tant au niveau des structures sur lesquelles elle s'appuie que des principes retenus.

Quand "race" rime avec "racine" : le point de vue "pratique"

La race apparaît ici comme un élément des **systèmes de pratiques** dans lesquelles les animaux s'insèrent. Ce point de vue associe la race à des processus de production et à des produits. Ces pratiques sont mises en oeuvre par les éleveurs pour répondre à un certain nombre de contraintes et réaliser leur objectif de production ; elles constituent leur savoir en matière d'élevage (Vissac, 1978). Ce cas trouve une parfaite illustration dans l'exemple du matériel animal ovin et caprin méditerranéen présenté classiquement comme une mosaïque de races ou populations impliquées dans une grande diversité de systèmes d'élevage peu touchés par le progrès technique, résistant à toutes les tentatives de substitution ou de croisement par des races Nord-Européennes et aboutissant à des produits traditionnels peu standardisés (Flamant et Morand-Fehr, 1989).

---

71. Citons pour exemple l'introduction de sang Red Holstein dans les races **Pie Rouge** pour faciliter la relance des ventes de reproducteurs.

Les Hautes-Pyrénées. Attelage montagnard

Lorsque les races s'individualisent en demeurant sous l'influence des conditions naturelles, la relation étroite qu'elles entretiennent avec le milieu a conduit, dans bien des cas, à les désigner selon une nomenclature géographique, tirée de leurs pays d'origine ou de celui qui passe par leur centre d'irradiation[72]. C'est d'ailleurs en se basant sur les conditions locales de sol et de climat, en remarquant l'extension prise par le bétail de certains propriétaires et en observant la vente des produits, que les éleveurs se sont efforcés d'établir le type d'animal à élever (Lydtin et Hermès, 1910).

Cette logique propre aux éleveurs s'associe au souci de conserver "l'outil de travail" - l'animal dans son milieu - afin de conserver les aptitudes liées à un type de production. Les aptitudes recherchées ne doivent pas être considérées comme des critères de sélection rationnels, mais plutôt comme un intérêt porté à certaines pratiques[73].

La notion de race ainsi définie ne repose pas essentiellement sur des faits biologiques, elle se montre plutôt la conséquence de considérations pratiques d'élevage.

Pour les éleveurs concernés, conserver une race en péril ne peut constituer un objectif isolé. L'action est étroitement liée au

---

72. La notion de "berceau de race" situe bien l'idée qu'on avait autrefois de la relation essentielle d'une race avec son milieu d'origine ; elle a été intégrée par les zootechniciens du début du siècle (Dechambre, 1914) dans l'élaboration tout à fait pratique d'une classification des pays d'Europe occidentale, reposant également sur la géographie.

73. Il convient de mettre ici l'accent sur le phénomène de transmission des caractères par apprentissage entre la mère et le jeune ; les déterminants en sont ignorés par les généticiens mais l'on sait que "l'on ne conserve pas l'apprentissage dans une éprouvette". L'apprentissage du territoire par exemple ne réapparaîtra pas de lui-même s'il n'y a pas de continuité de la population dans son milieu et avec ses pratiques.

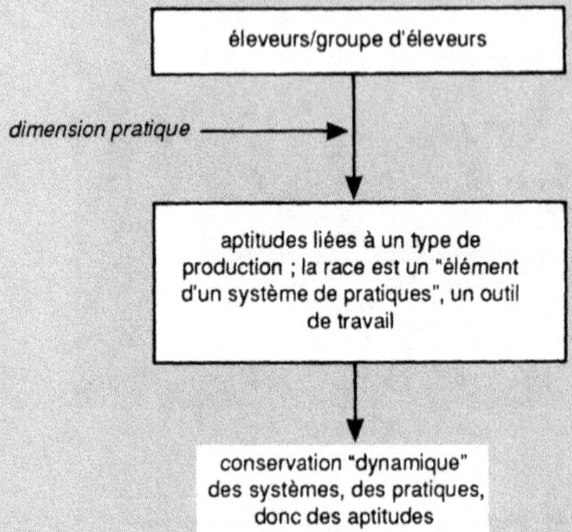

La race est considérée comme l'élément d'un ensemble naturel et culturel organisé et localisé susceptible de constituer une rente collective à définir, à adapter et à défendre.

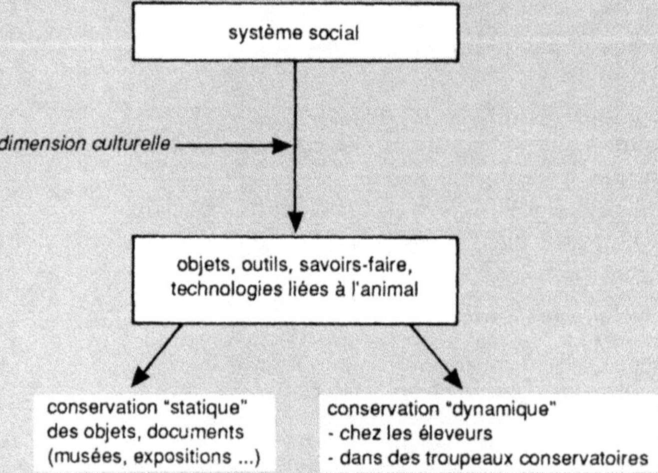

L'accent porte ici sur l'accumulation de l'histoire et, s'il n'y a pas de continuité biologique de la population dans son milieu et avec ses pratiques, on l'inscrit dans la mémoire culturelle des activités humaines.

maintien ou à la revalorisation de leurs milieux, de leurs ressources, de leurs systèmes de production, voire de leur société rurale. Dynamique par essence - puisque les animaux restent sur leurs sites d'origine - ce mode de conservation s'avère à court terme étroitement dépendant de la persistance de certaines de ces pratiques. A moyen terme, il repose sur l'aptitude des hommes à assurer son renouvellement.

Répondant à une logique de production, ce modèle comporte un aspect économique particulier : puisque les contraintes du milieu ne sont pas modifiables par la technique, les éleveurs se placent dans une recherche d'économie et d'autonomie de moyens.

Tout au long de son histoire, l'homme a tissé des liens complexes avec les animaux. L'histoire du sens pris par le mot "race", avec tout ce qu'il induit comme sentiment d'appartenance à une culture donnée (objets, documents - écrits, sonores ou visuels - outils, savoir-faire, technologies mises en oeuvre pour l'élevage et l'utilisation de l'animal), relève de l'histoire culturelle des activités humaines.

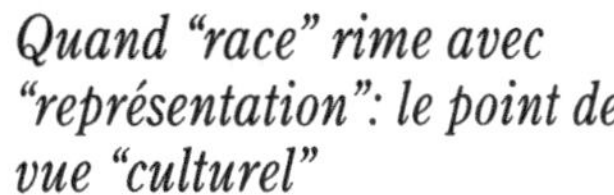

Quand "race" rime avec "représentation": le point de vue "culturel"

La possession d'une race, les choix matériels et économiques qu'elle entraîne, cristallisent les différences culturelles et les conflits entre groupes sociaux. Sa conservation correspond à la recherche d'une identification au milieu local par le biais du culturel et de la valeur patrimoniale.

A ce titre, la race fait partie intégrante du patrimoine ethnologique. Ainsi, parallèlement à toute action entreprise pour sauvegarder des animaux vivants, il faut admettre l'opportunité d'une approche ethnologique visant à parfaire la connaissance de la race comme "fait de société". Au niveau régional et local, cet intérêt se traduit aujourd'hui par des initiatives multiples et une demande sociale pressante liée à une prise de conscience collective des problèmes d'identité et de patrimoines culturels. La remise en valeur de ces races ne doit pas se borner cependant à approvisionner le marché du tourisme au travers des vitrines vivantes que sont, par exemple, les écomusées. L'approche ethnologique doit aider - au travers de l'identification de nouveaux liens au terroir vivifiés par la modernité - à la définition de nouveaux usages sociaux auxquelles se prêteront les races locales dans les années à venir.

Et si "race" rimait avec "relations": la race vue comme produit d'un "système social"

L'analyse des logiques qui sous-tendent l'organisation des programmes de conservation génère en retour une réflexion théorique qui, au-delà de la dimension génétique, intègre des facteurs socio-économiques, idéologiques et culturels. Elle privilégie le rôle des partenaires divers qui s'engagent dans l'organisation des programmes de conservation et de gestion des ressources génétiques et fournit une clé d'interprétation de l'enchaînement des décisions relatives à leur mise en place.

Nous formulons ici l'hypothèse que les aspects sociaux déterminent largement la diversité des situations individuelles des programmes de conservation que nous avons observés dans toute la France. Les particularités de chaque programme de conservation procèderaient donc avant tout des interférences entre les différents points de vue attachés à la notion de race émanant des multiples acteurs de sa sauvegarde : ceux qui décident et organisent d'une part, ceux qui participent d'autre part. Ceci nous conduit à introduire la dimension sociologique de la conservation.

Il existe notamment une large diversité parmi les éleveurs ou groupes d'éleveurs qui produisent, utilisent ou gèrent la race. Cette diversité tient à leur statut social et professionnel mais aussi à leurs propres objectifs d'exploitation et de valorisation économique et qui motivent des choix différenciés en regard de la conservation des ressources génétiques[74]. Leur position par rapport à la race engendre, autour de l'animal, des formes d'organisation sociale pouvant aller d'un mode de gestion individuelle à une gestion collective[75].

Ils ne se comportent pas de la même manière face à l'émergence et aux composantes d'un schéma de conservation dont les objectifs à long terme et les contraintes de réalisation peuvent alourdir la gestion quotidienne des élevages, et ne répondent

---

74. Le croisement **charolais** a peut-être sauvé l'**Aubrac** en lançant l'idée de l'intérêt économique d'exploiter la complémentarité qui en retour justifiait la conservation d'animaux purs et entraînait une plus value de femelles pures.

75. "Races domestiques en péril : affaire de collectionneurs ou affaire collective ?", telle a été la question posée par la Direction Générale de l'Enseignement et de la Recherche (DGER - Ministère de l'Agriculture et de la Pêche) lors de la journée du 24 septembre 1992 organisée dans le cadre du Festival Animalier International de Rambouillet.

donc pas obligatoirement aux exigences économiques individuelles à court terme.

La conception des éleveurs amateurs, motivés par la préservation de la pureté d'une race en référence à un standard bien défini et sur la base de l'établissement de pédigrées rejoint l'aspect "administratif". C'est en revanche une vision "technique" de la race qui motive les éleveurs paysans. Les néoruraux peuvent se trouver aux carrefours des trois dimensions "technique"[76], "administrative"[77] et "économique"[78]. Quant aux "leaders" de race, ils sont susceptibles d'appartenir à chacune des trois catégories précitées d'acteurs sociaux, leur position au sommet de la pyramide de création et de diffusion des reproducteurs leur confère cependant un "poids génétique" important et leur rôle social fait d'eux le pivot des relations (Audiot *et al*, 1983a).

Pourtant ces différents points de vue des acteurs de la conservation s'articulent et ne s'opposent pas : le programme de conservation forme un tout. Ceci nous amène en retour à formuler une conception intégrée de la race.

Adhérant aux développements de Besche-Commenge (1981b), Fossat (1984) et Bégué (1986), nous avons été amenée à poser comme **définition de la race "l'interprétation sociale d'une personnalité biologique au travers des usages et des pratiques"**.

Différents types d'éleveurs intervenant dans un programme de conservation d'une race menacée (d'après Audiot et al, 1983)

Types d'éleveurs	Caractéristiques dominantes	Nature de la participation au programme de conservation
Traditionnels	Système d'élevage avec faible niveau d'intrants et large utilisation des ressources naturelles locales	* Maintien de la race dans les systèmes traditionnels d'élevage * Pas de participation active à un schéma qui ne prendrait pas en compte les objectifs économiques propres à ces éleveurs
Amateurs	Elevage dans le cadre des loisirs, avec des motivations affectives	* Choix des animaux pour des raisons esthétiques * Participation éventuelle au schéma de conservation par la réalisation d'enregistrements et d'observations sur les animaux
Néo-ruraux	Recherche d'une cohérence entre leurs activités familiales et professionnelles et leur conception de la vie et de la société	* Implication active à des programmes collectifs * Actions militantes * Défense du patrimoine génétique menacé
Leaders de race	Identification personnelle à une race	* Participation active à la défense de la race * ... avec des vues personnelles sur l'orientation et l'organisation d'un projet collectif

---

76. La conservation d'une population a pour objectif premier de préserver les qualités d'un outil de travail.

77. Ils sont alors persuadés qu'il existe une race pure et qu'il faut la sauver.

78. Dans ce cas, ils associent l'utilisation d'un matériel animal local à la recherche de créneaux économiques d'un type nouveau.

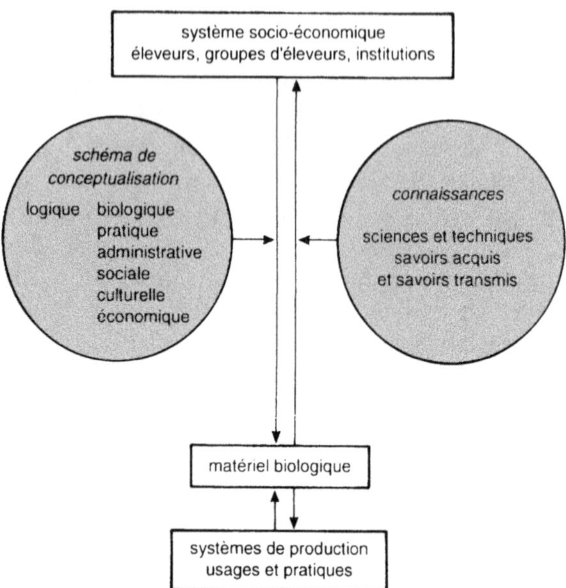

Modèle conceptuel de la notion
de race

Cette interprétation évolue au gré du temps et de l'histoire des pratiques, des usages économiques et sociaux de groupes d'hommes dans un territoire donné. Au niveau régional, il existe en effet différents degrés d'anthropisation et de contrôle du milieu de production. Les interventions techniques sur le cheptel et les processus de production sont donc en interaction avec des poids relatifs variables et la race correspond à un moment dans l'évolution générale des populations animales. Considérée à un instant "t", elle cristallise les différents rapports d'une société avec un matériel biologique donné. En d'autres termes, comme l'énonce Vissac (1992) "l'information génétique ne peut être révélée que dans son contexte d'usage ; ce dernier n'a de valeur sociale qu'à travers le contenu génétique" et la race est considérée comme le résultat de processus finalisés mis en oeuvre par des acteurs divers en vue de créer un matériel conforme à des objectifs communs. Cette définition implique un objectif collectif, une organisation collective et une transmission à travers le patrimoine génétique des animaux (pool génique). La race est donc assimilée à une production sociale à fondement naturel qu'on peut expliquer à travers la théorie du système général suivant la définition qui en est donnée par Lemoigne (1990) : "la représentation d'un phénomène actif perçu identifiable par ses projets dans un environnement actif, dans lequel il fonctionne et se transforme téléologiquement[79]".

Sa stabilité correspond à une interaction stable des différentes logiques émanant de ces multiples acteurs : logique de production propre aux éleveurs, logique sociale en quête de représenta-

---

79. Téléologiquement signifie : par rapport à quelque finalité.

tivité, logique administrative soucieuse de normalisation, et enfin logique scientifique d'amélioration ou de régénération[80].

L'évolution des moeurs et de la civilisation peut à tout moment entraîner la rupture de cet équilibre. Que la fonction économique se désintègre, entraînant dans sa chute la majorité des acteurs de base impliqués dans les processus de production - les éleveurs -, le système se déstabilise et la race se marginalise avec ses propriétaires au point de perdre quelquefois sa propre signification[81] ! A ce stade, deux situations peuvent émerger : si la base sociale des éleveurs est suffisamment forte, ceux-ci se mobilisent et peuvent adopter des types de fonctionnement et d'échanges qui échappent au contrôle des circuits officiels. A l'opposé, une trop grande hétérogénéité des projets pour un petit effectif d'animaux peut conduire les derniers propriétaires à gérer leur cheptel de façon autonome. Ce dernier état très précaire ne peut être que transitoire, préparant l'extinction définitive de la race ou au contraire l'amorce d'une nouvelle dynamique impulsée par un porteur de projet imposant son "leadership".

Dans ce dernier cas, le plus favorable, un nouvel équilibre doit se construire sur la base des "compétences" reconsidérées de chacune de ces races. Avec le passage à une conservation "organisée", surgit la nécessité de donner un statut à ces races subitement élevées au rang de celles dites "d'intérêt économique", supports de schémas de sélection et d'amélioration génétique et de ce fait reconnues par l'administration et les scientifiques.

Chez ces dernières, la finalité économique constitue l'élément fédérateur. Elles se voient dotées de structures qui leur sont propres et qui servent de support et de cadre à leur sélection et orientation. A moins que les divergences de point de vue conduisent à un moment donné à la constitution de rapports de force quasi équilibrés, les minorités s'estompent.

En revanche la gestion des races à petits effectifs ne concerne qu'un petit nombre d'acteurs et les bases d'organisation n'existent pas - ou du moins pas toujours -. Elle laisse plus de place à l'extériorisation des divergences et l'initiative individuelle peut s'avérer incompatible avec des modes de gestion collective.

En effet, si la notion de race est, d'une certaine façon, attachée à une volonté de différentiation, de classification et de hiérarchisation, la notion de conservation suppose, elle, la préservation des "uniques" pour conserver la diversité. Cette ambivalence

---

80. Elle s'inscrit dans le long terme et ses applications à court terme, ne correspondent pas toujours à la réalité fonctionnelle de l'élevage.

81. Les races ovines **Boulonnaise** et **Landaise** se sont vues rayées du dernier catalogue des races ovines françaises (Quittet et Franck, 1983). Elles étaient et sont pourtant encore une réalité bien vivante comme le prouve le récent agrément du Livre Généalogique de la race **Boulonnaise** et sa (re)reconnaissance par le Ministère de l'Agriculture. Notons en effet qu'un Flock-Book existait autrefois, il a été démantelé en 1963.

nécessite une approche de l'originalité comparée des races d'animaux domestiques, laquelle ne peut s'évaluer qu'en termes de différences. Or on sait que la différence quand elle n'est pas acceptée et à plus forte raison, quand elle n'est pas connue - le seul critère de "l'existence" a, rappelons-le, prévalu à la mise en place de la plupart des opérations de conservation -, sert souvent de prétexte pour appuyer un rapport de force entre les différents protagonistes. La dynamique du groupe social (ou des groupes sociaux) porteur(s) tient une place prépondérante. L'intégration dans leur propre logique, de niveaux de connaissances et de techniques différentes selon les espèces, voire des savoirs - lorsqu'il s'agit des éleveurs eux-mêmes -, se traduit, d'un point de vue pratique, par des modalités de conservation différentes.

L'analyse du "système racial" permet d'accéder à la connaissance des logiques qui sous-tendent les différentes actions de conservation. Elle nous a conduit à élaborer des schémas de représentation des différentes logiques auxquelles se réfèrent les programmes et de leurs implications respectives dans les stratégies de conservation.

C'est précisément parce que les schémas méthodologiques pour appréhender le matériel biologique en regard de ces différentes composantes font défaut qu'une politique globale de conservation a du mal à s'instaurer. Redonner une cohérence au système en dehors d'objectifs finalisés de production n'est évidemment pas chose facile. La diversité des stratégies et pratiques mises en oeuvre illustre clairement ce phénomène.

Des concepts ... aux stratégies ...

Si la nécessité de conserver les races est une notion acquise à l'unanimité, elle ne fait pourtant pas l'objet d'une politique clairement définie et en ce sens, elle laisse, nous l'avons vu, une large place à l'expression de la diversité des "points de vue".

Rappelons au préalable que l'une des préoccupations majeures énoncées autour des années 1980 par les protagonistes de la conservation des ressources génétiques était de réaliser un arbitrage des actions, les priorités d'intervention devant être orientées vers les races à la fois les plus menacées et les plus intéressantes. A l'expérience, ce ne sont pas des critères "raciaux" qui ont été mis en avant. Des situations se sont imposées, sous l'influence, ici ou là, d'un acteur ou d'un groupe social dynamique, imposant son propre point de vue et de fait, sa propre méthode.

Nous avons décrit la complexité que revêt la notion de race et montré comment les réponses (interventions et pratiques de

Les différents états du "système racial" et les modes de conservation induits

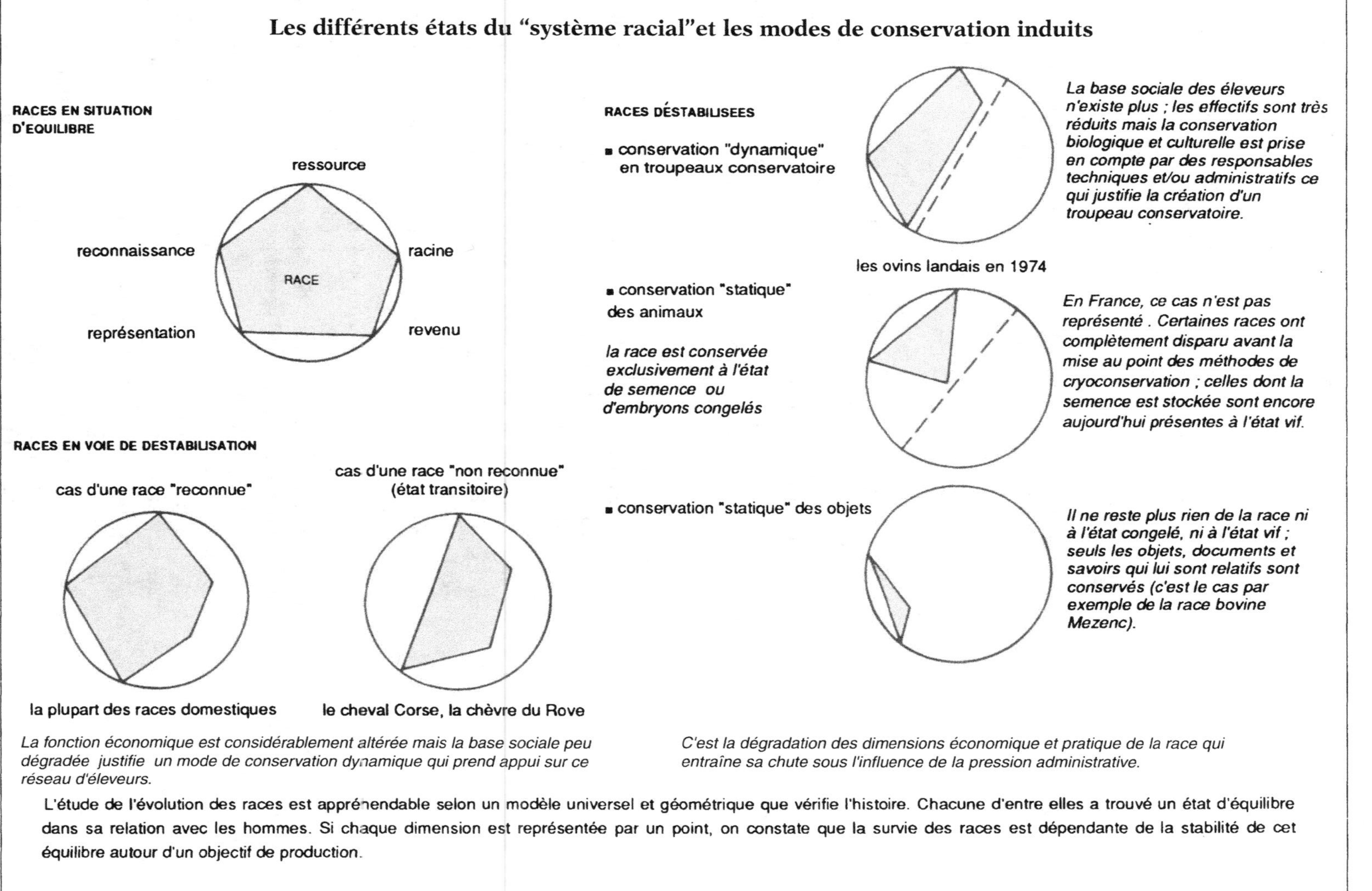

La fonction économique est considérablement altérée mais la base sociale peu dégradée justifie un mode de conservation dynamique qui prend appui sur ce réseau d'éleveurs.

C'est la dégradation des dimensions économique et pratique de la race qui entraîne sa chute sous l'influence de la pression administrative.

L'étude de l'évolution des races est appréhendable selon un modèle universel et géométrique que vérifie l'histoire. Chacune d'entre elles a trouvé un état d'équilibre dans sa relation avec les hommes. Si chaque dimension est représentée par un point, on constate que la survie des races est dépendante de la stabilité de cet équilibre autour d'un objectif de production.

conservation mises en oeuvre), face à une situation critique des effectifs, diffèrent largement selon le niveau auquel se pose la question et, par voie de conséquence, selon la nature des intervenants. De ces interrogations et de la réflexion sur les outils méthodologiques nécessaires à des procédures d'élaboration des programmes de conservation, nous déduisons que les actions de conservation ne peuvent être réduites à la seule dimension génétique de la race et aux techniques mises en oeuvre pour conserver et gérer la variabilité.

Le parti-pris des acteurs de la conservation

Que nous révèle le parti pris d'analyser la gestion des ressources génétiques sous l'angle des acteurs impliqués ? Ce point de vue renvoie nécessairement aux contraintes de la prise de décision dans un univers dominé par des intérêts économiques et dans une forme d'organisation sociale.

Les schémas de conservation des races menacées ont pour vocation de prendre en compte la totalité des éleveurs - en effet aucun animal ne peut être perdu, donc aucun éleveur -. Cette situation peut engendrer une tension entre les tenants de la mise en oeuvre des techniques les plus performantes (banques de semence et embryons congelés) et les détenteurs des animaux sur le terrain pour éviter l'irréversibilité de la disparition d'une ressource potentiellement intéressante même si son intérêt n'a pas été cerné.

Dans la mesure où est prise l'option de préserver une race sous forme de troupeaux en production, il apparaît en effet essentiel de tenir compte de la diversité des éleveurs et de la convergence (ou non) de leurs projets individuels avec le projet d'intérêt collectif que constitue la conservation d'une race donnée. La gestion de tels schémas impose une connaissance personnelle des acteurs, de leurs réseaux d'alliance comme des conflits qui les opposent (Audiot *et al*, 1983a).

Le problème sous-jacent est donc avant tout de gérer des intérêts particuliers et parfois contradictoires à court terme. L'analyse des facteurs de cohésion d'une population animale, régie par un groupe humain différencié, nous a permis de formuler trois hypothèses sur lesquelles repose l'organisation actuelle de la gestion dynamique des ressources génétiques animales locales :

- le budget de l'Etat ne peut assurer sur une longue période les besoins de financement des programmes de conservation de toutes les races en péril. Il importe donc, après une première phase de sauvegarde, d'engager, lorsque c'est possible, une phase de promotion et de valorisation économique du matériel animal ;

- les races locales présentent certes le handicap d'un effectif limité, mais on peut supposer qu'elles ont plus de possibilités que les grandes races de maintenir actif au niveau local le réseau de relations sociales qui conditionne leur cohésion ; dans une aire géographique déterminée, ce réseau peut avoir une signification pour des objectifs autres que génétiques (Flamant *et al*, 1991) ;

- enfin un matériel animal original, impliqué dans des systèmes d'élevage "différents", peut être le support de productions spécifiques qui trouvent aujourd'hui leur place dans des stratégies de développement local, voire micro-local, et de diversification des productions agricoles adaptées à de nouveaux objectifs sociaux.

Ces hypothèses mettent l'accent sur l'intérêt d'inscrire les recherches sur le devenir des races menacées dans des projets sociaux collectifs anticipant sur les évolutions à long terme d'un processus accéléré de développement humain.

De manière tout à fait cohérente avec la conjugaison des différents points de vue sur la race, il est aujourd'hui généralement admis que les ressources génétiques peuvent être évaluées en référence à trois centres d'intérêt : *Trois thèses pour la conservation*

- les éléments d'un patrimoine naturel et culturel, héritage des générations passées ;

- une assurance pour faire face à l'avenir à des besoins non encore identifiables ;

- les moyens d'un développement diversifié.

Dès lors, la problématique de la conservation génétique trouve un support rationnel dans trois thèses que l'on peut envisager de façon indépendante, mais qui sont finalement complémentaires sur le plan des stratégies qu'elles génèrent :

- La première consiste à conserver ce **patrimoine hérité des générations passées** au même titre que nos monuments historiques et nos paysages. Les facteurs culturels sont primordiaux, le **Baudet du Poitou**, le **mouton Landais** et la **jument noire Nivernaise** leur doivent leur survie.

- La seconde thèse doit être raisonnée autour des **concepts de veille et d'irréversibilité**. Elle s'applique aux processus de décision des pouvoirs publics. La disparition d'un matériel génétique étant supposée irréversible, toute ressource identifiée et menacée doit être conservée devant ce risque. Une politique raisonnée de conservation doit veiller à conserver le plus possible d'allèles identifiés, plus un échantillon représentatif de la diversité de la population, de façon à conserver avec la plus grande probabilité non seulement les gènes inconnus mais aussi les combinaisons génétiques dont les animaux sont porteurs et qui garantissent, d'un point de vue zootechnique, des aptitudes intéressantes dans des conditions d'élevage particulières. Quelle que soit la solution adoptée, conservation biologique ou chez les producteurs, le décideur principal (la puissance publique) est l'Etat qui a en charge ces fonctions économiques de veille et d'irréversibilité (Bertocchio, 1989). Les techniciens sont chargés de la mise en oeuvre des programmes en liaison avec des éleveurs convaincus qui s'engagent sur l'avenir d'un patrimoine commun à l'ensemble de la société. Cette thèse privilégie la dimension biologique de la race dans l'hypothèse d'une valorisation différée.

- La troisième explore la voie de **nouvelles filières de valorisation économique** dans le cadre d'une économie de marché organisée classiquement. Elle s'inscrit actuellement dans le contexte d'incitation à la diversification des productions agricoles par rapport à une production de masse encadrée et règlementée. C'est une nouvelle chance pour les races "locales" ou "dominées" dont l'avenir se joue dans un univers socio-économique incertain mais possible : on voit en elles un atout potentiel pour le développement local et on postule que leur valorisation économique constitue, sur le moyen terme, le meilleur support de leur préservation. Cette thèse qui s'appuie sur une gestion dynamique des animaux vivants est motivée par des raisons bio-économiques, culturelles et sociales et repose essentiellement sur la capacité des hommes ou des structures à assurer son renouvellement[82].

Des stratégies ... aux méthodes

A quoi bon donc rechercher de l'ordre dans cette apparente diversité ? Les interventions réalisées ne sont en aucun cas critiquables pour elles-mêmes, elles ont pour le moins le mérite d'exister car, sans elles, certaines races auraient probablement disparu.

Nous nous sommes cependant interrogée sur les limites de certains programmes, leurs conditions d'adaptation structurelle à la situation concrète et, dans certains cas, leurs conditions d'intégration dans un système global coordonnant le maintien du milieu, les contraintes politiques et les exigences socio-économiques.

S'il n'y a pas de logique implacable et automatique, on peut néanmoins dégager des tendances et certaines corrélations entre le souhaitable et le réalisable. Le problème sous-jacent est donc avant tout de gérer des intérêts particuliers et parfois contradictoires à court terme. D'un point de vue pratique, ceci doit se traduire par un certain nombre de mises en garde pour intégrer le maximum de contraintes imposées par les différentes approches et maintenir ouvertes toutes les possibilités de diversification.

Le développement qui suit a pour objet de replacer ces acquis pour proposer un guide permettant une approche et une gestion dynamique et rationnelle des races et ce sur le plan :

- de l'inventaire et de la connaissance,

---

82. Dans ce cas, le milieu et les techniques d'élevage évoluent, et les races continuent d'évoluer. Certes, les mutations sont possibles, mais la variation est à ce point imperceptible que la vie d'un homme ne suffit pas pour percevoir le changement (d'autant plus que les intervalles de génération sont longs).

- de l'opportunité de mettre en oeuvre un programme de conservation,
- de sa conception et de sa mise en oeuvre,
- enfin de la pérennité de l'action et de son développement.

Recenser et documenter sont, parmi les recommandations édictées par la FAO (1984), les priorités accordées aux programmes de conservation.

Identifier et inventorier

Partant des informations recueillies depuis plusieurs années sur la plupart de nos races ou populations françaises, l'inventaire de nos ressources génétiques animales pour les espèces bovines, ovines, caprines, porcines et chevalines a été élaboré conjointement par l'INA-PG, le Bureau des Ressources Génétiques et l'Association Française de Zootechnie (Bougler, 1985). Cet inventaire fait suite à une demande formulée par la Commission de Génétique Animale de la Fédération Européenne de Zootechnie (FEZ) à chacun des pays d'Europe. Plus récemment, Lauvergne (1987) a produit un catalogue sur "Les Ressources Génétiques Ovines et Caprines en France". Ce catalogue est basé sur une homologie avec la classification utilisée pour les plantes cultivées et selon les principes évoqués dans le précédent chapitre.

A l'échelle régionale la démarche prend une signification quelque peu différente. C'est sur la base d'un inventaire des opérations de conservation menées localement, réalisé dès 87 par un groupe de travail spécialement constitué à cet effet, que la Région Midi-Pyrénées a pu identifier les domaines non encore couverts et formuler les éléments d'une politique régionale de conservation et de valorisation des ressources génétiques.

• *Les objets*

Une fois la ressource identifiée, un inventaire rapide de la situation (importance de la population, localisation, répartition, organisation des producteurs), suffit en général pour mesurer la nécessité et l'urgence de mettre en place un programme de conservation.

La race "retrouvée" dans tel ou tel endroit a parfois été décrite ou simplement citée dans un ouvrage ancien. Les témoignages des détenteurs ou connaisseurs constituent, dans tous les cas, une précieuse référence.

Une tendance à la fois intuitive et rationaliste pousse l'homme à créer des catégories. Ce n'est pas fortuitement que, dans la première phase d'inventaire des races à petit effectif (à partir des années 1975), l'intérêt se soit porté prioritairement sur des races à "standard", "reconnues" par l'administration à une époque déterminée - et de ce fait parfaitement décrites dans divers documents, traités de zootechnie ou catalogues de races -. Lors de la seconde génération de programmes, on s'est préoccupé de certaines races "nommées" par leurs utilisateurs, mais non recon-

Anes de Provence

nues, quoique parfois décrites, et n'ayant de ce fait jamais eu de structure officielle d'organisation (**chèvre du "Rove", cheval "Corse"**)[83]. La troisième étape, récemment amorcée, fait inéluctablement référence aux populations dites "traditionnelles" ou de "pays", réservoirs supposés d'une importante variabilité génétique et présentes à l'état relictuel dans les espèces ovines et surtout caprines d'Europe de l'Ouest[84]. Elles sont généralement la propriété de petits éleveurs qui ont pu survivre en restant en marge du changement.

Néanmoins, l'absence de reconnaissance de certaines races menacées (**chèvres Catalanes, chèvres Pyrénéennes** et **du Massif Central, ânes de Provence** et **des Pyrénées** ...), négligées par le fait qu'aucun élément de dynamique locale n'ait pu les faire prendre en considération par les pouvoirs publics, pose clairement la nécessité de réaliser, à l'échelon de chaque espèce, un inventaire exhaustif des populations, à l'image de la démarche exemplaire suivie par l'IE (Institut de l'Elevage) pour les bovins, ainsi que par l'ITP pour les porcs, et d'intervenir de façon urgente chaque fois que les effectifs atteignent un seuil critique.

L'inventaire vise à réaliser un "état des lieux" de la population qui subsiste. Il n'est donc pas une simple opération de routine. Il suppose de surmonter toutes les difficultés liées à la dispersion des animaux, au repérage des sujets isolés dans des troupeaux en croisement, et dans certains cas, à l'amorce du dialogue avec les éleveurs (ce dernier handicap est généralement rapidement surmonté par l'enquêteur).

Les schémas de conservation ont pour vocation de prendre en compte la totalité des animaux : aucun ne peut être perdu. Dans le cas des races "fixées"[85], les caractéristiques phénotypiques constituent un outil directement utilisable. Cette première approche doit cependant être complétée par une analyse plus fine. Il faut à tout prix éviter de mettre à l'écart des animaux intéressants, sous prétexe qu'ils ne correspondent pas au standard.

Dans le cas des populations traditionnelles, définies d'abord par leur liaison avec la pratique d'éleveurs, il y a nécessité d'une approche plus prudente et plus progressive. Elle mobilise des indicateurs plus fins, notamment les enquêtes sur les réseaux d'échange de reproducteurs, les fréquences géniques - par le biais du profil génétique de la race établi à l'aide des fréquences de

---

83. Ces populations sont insérées dans des réseaux d'éleveurs liés par une proximité géographique, par les mêmes systèmes de production, parfois par la même communauté culturelle ; ceux-ci peuvent avoir introduit une sélection implicite pour des caractères extérieurs correspondant à des fréquences de gènes, et pour des aptitudes spécifiques (Flamant, 1988).

84. Rappelons en effet que dans l'espèce caprine, les races fixées sont peu nombreuses.

85. Ce fut le cas des races bovines dont le recensement peut être considéré comme exhaustif.

certains gènes à effet visible - et le contrôle social exercé sur la population animale.

L'inventaire - souvent réalisé avec la contribution d'un étudiant à l'occasion d'un stage de fin d'études d'un établissement supérieur d'enseignement agricole ou vétérinaire - ne doit pas cependant se limiter au simple repérage des animaux mâles et femelles. Il est important d'intégrer les paramètres démographiques et génétiques de la population, fussent-ils approximatifs. L'analyse démographique permet d'évaluer la dynamique de reproduction : est-ce une population jeune ? quel est l'intervalle de génération ? quelles sont les pratiques de renouvellement ? Quant à la situation génétique de la race, elle est généralement approchée en interrogeant les éleveurs sur l'ascendance de chaque animal.

• *L'information*

A l'heure où de nombreuses initiatives se font jour pour faire face à la détérioration des connaissances traditionnelles, l'animal domestique, expression d'une culture qui s'élabore sur un territoire, draîne des connaissances populaires insoupçonnées, une mémoire individuelle et collective, une littérature orale, tout un folklore très souvent méconnu qu'il est également temps de collecter, l'érosion du savoir évoluant dans le même sens que celui de la variabilité génétique.

De plus en plus on prend conscience de ce problème et simultanément aux actions de conservation des animaux vivants, on assiste à la mise en place de musées, de stocks de documentation ... voire à la création d'associations de sympathisants qui ont pour objet de mobiliser tous les éléments susceptibles de contribuer à la conservation des savoirs-faire et technologies qui sont liés aux races.

Chaque action d'inventaire et d'évaluation devrait donner lieu à l'établissement d'une bibliographie complète et à la constitution d'un fonds documentaire. Ouvrages, documents divers, écrits, photographiques et sonores constituent un outil privilégié pour l'étude du passé et du présent du patrimoine génétique ainsi qu'une aide appréciable dans une entreprise générale d'inventaire et de préservation de nos ressources animales. Toutefois, la bibliographie, si elle est parfois rare pour les races qui ont été reconnues, est quasi inexistante pour les autres. Elle apporte pourtant des éléments de description des races, de leur histoire, de leurs aptitudes, de leurs conditions d'exploitations, mais rarement des résultats zootechniques.

Sur le plan de l'accès à cette information, on a pu constater, en effectuant le recensement de l'ensemble des publications réalisées en France de 1961 à 1979 sur ce sujet (Lauvergne et Laurans, 1979), que l'on se heurte fréquemment à des difficultés de consultation des documents anciens ou récents (mais peu diffusés). Un maximum de précautions devraient être prises pour rassembler toute la documentation correspondante. La base informatisée des données bibliographiques relatives à la race ovine Solognote, réalisée par Verrier *et al* (1985), constitue un modèle à généraliser et à compléter par un catalogage systématique de toute l'information existante sur chaque race.

Préserver • *Les technologies de l'urgence*

Les nouvelles technologies de conservation du sperme et des embryons sont utilisables pour assurer en urgence la conservation des éléments du génome afin de pouvoir disposer demain des gènes et combinaisons génétiques dont on n'a pas encore détecté l'existence et l'utilité.

Cette méthode "statique" interdit toute possibilité de co-évolution avec le milieu - et généralement de valorisation économique à court terme -. Elle minimise donc le risque de dérive génétique et garantit le maintien de la variabilité génétique. Elle peut, à tout moment, servir de témoin pour l'étude des populations conservées sur pied. Elle constitue de surcroît le moyen le plus sûr de léguer nos ressources aux générations futures, sans présumer de l'utilisation qui en sera faite. Son efficacité repose, à un certain niveau, sur les performances des technologies disponibles[86].

Elle est toutefois complètement dépendante d'un cadre règlementaire qui fait défaut actuellement. Il est non seulement logique mais indispensable qu'un "statut" légal puisse protéger les semences congelées des animaux des différentes races faisant l'objet d'un programme de conservation. Une fois cette première condition remplie, il peut également paraître opportun pour des raisons de sécurité que ces stocks soient concentrés et pris en charge par la collectivité. Ceci permettrait l'acquisition d'une autonomie de fonctionnement, une garantie de pérennité, ce qui validerait l'investissement technique et financier consenti jusque là. La complémentarité de l'Etat et des Régions paraît à ce propos parfaitement indiquée.

• *Les structures conservatoires*

Dans le cas où le milieu et les conditions d'élevage sont considérablement ou entièrement dégradées, le recours à la création de "troupeaux spéciaux de conservation" comme seule alterna-

---

86. Il est par ailleurs probable que dans un proche avenir, les banques de séquences de gènes ou génothèques constitueront une solution adaptée à la conservation de gènes individualisés. On pourra alors replacer dans le génome d'un animal donné, un seul ou un petit nombre de gènes. Ceci suppose qu'ils soient d'abord identifiés.

tive à la disparition du cheptel vivant, s'impose malgré le coût qu'il représente pour la collectivité.

Spécialement créées à cet effet, ou s'appuyant sur des structures existantes, de telles interventions doivent être envisagées dès lors que la disparition du dernier propriétaire risque d'entraîner celle de la race dont l'effectif est forcément très réduit. Ce type d'argument a prévalu à la création du troupeau conservatoire d'**ovins Landais** dans le cadre de l'écomusée de Marquèze (Parc naturel régional des Landes de Gascogne).

Pour les races ayant changé leur système de production - et menacées de perdre certaines de leurs aptitudes - un troupeau conservatoire peut servir de support au maintien du système traditionnel lorsqu'aucun élevage privé ne peut s'y prêter[87], au moins transitoirement.

Enfin, et c'est loin d'être le cas actuellement, la recherche devrait pouvoir s'appuyer de façon permanente sur des "troupeaux de référence". Ces troupeaux permettraient d'approfondir des thèmes d'intérêt général pour l'élevage (conduite et sélection des animaux notamment), de procéder à une évaluation des animaux dans des conditions optimales, de servir éventuellement de référence au sein d'un réseau d'élevages suivis techniquement[88] et, le cas échéant, de contrôler la valeur pratique d'un nouveau type d'utilisation.

On a cru, à partir de 1983, que la participation des établissements d'enseignement agricole à la "Gestion des Ressources Génétiques" serait notablement renforcée par les quelques actions incitatives mises en place par la DGER (Direction Générale de l'Enseignement et de la Recherche du Ministère de l'Agriculture). Cette participation se fait encore rare en regard du rôle pilote que les lycées pourraient être amenés à jouer dans une telle perspective. Leur intervention peut s'exercer à différents niveaux selon qu'ils interviennent dans la démarche d'investigation et d'observation d'une race menacée - par le suivi d'un réseau d'élevages concernés - ou plus directement en intégrant un troupeau dans leur domaine annexé. A l'intérêt pédagogique, se greffe un intérêt expérimental évident pour l'obtention de références sur les aptitudes lorsque le suivi chez les éleveurs apparaît impossible ou trop contraignant du fait, par exemple, d'une trop grande dispersion géographique ... Par ailleurs, le rôle de ces éta-

---

87. On pourrait avoir recours à de telles structures dans le cas par exemple de conservation du "type laitier" pour des races bovines devenues exclusivement allaitantes, ou encore pour assurer une conservation des races de chevaux de trait qui évoluent, en race pure ou en croisement, vers une production de boucherie (les critères de sélection étant différents de ceux qui présidaient à la création de l'animal adapté à la traction).

88. Ce type de troupeau devra, à terme, diffuser des reproducteurs et contribuer à modéliser des systèmes viables et donc reproductibles au niveau d'autres élevages.

Troupeau pépinière : l'exemple du dernier troupeau ovin landais

La création d'un troupeau conservatoire s'avère indispensable dans le cas d'une race dont le très faible effectif d'animaux, dispersés dans plusieurs élevages, rend le danger de sa disparition imminent

Autrefois prospère dans toute la région des Landes de Gascogne, l'élevage ovin a subi une régression rapide à la suite de la loi agraire promulguée le 16.06.1857 pour mettre en valeur cette région par le boisement systématique des espaces de lande jadis parcourus par les troupeaux. Le déclin de l'ancienne économie agro-pastorale et l'évolution des conditions techniques d'élevage ont condamné la race ovine Landaise au profit d'autres races plus performantes qui se sont substituées à la race locale ou qui l'ont absorbée par des croisements répétés.

En 1974, le dernier troupeau ovin de race **Landaise** qui ne comptait alors plus qu'environ 80 brebis fut introduit sur le site de l'Ecomusée de Marquèze (territoire du Parc naturel régional des Landes de Gascogne).

Avant tout destiné à servir la politique de conservation de ressources génétiques locales, assurer l'entretien et la maintenance des sols, l'animation zoologique de l'Ecomusée et permettre l'étude du comportement de cette race dans des conditions d'élevage extensif en sous-bois, ce troupeau posa très vite des problèmes du fait de son effectif limité et de la difficulté de trouver de nouveaux géniteurs mâles.

Afin de gérer au mieux ce potentiel génétique, l'Ecomusée s'est doté d'un Comité Scientifique qui opta pour la mise en oeuvre, à partir de 1981, d'un système planifié de reproduction. L'effectif s'est stabilisé en quelques années à quelques cent cinquante reproducteurs.

Pour répondre aux contraintes imposées par le programme technique (augmentation sensible des mâles notamment, lutte raisonnée) l'espace conservatoire a dû faire l'objet de quelques aménagements fonciers.

Si ce type d'initiative présente l'avantage de maintenir un effectif suffisant, avec un système de conduite traditionnel, et d'encourager un courant d'opinion favorable au maintien du patrimoine génétique chez les amateurs potentiels (par le biais de l'information et de la vulgarisation), elle ne devrait cependant avoir qu'un rôle transitoire. L'effectif sera en effet toujours limité, du fait d'impératifs tant financiers que de maîtrise du troupeau, et exposé au risque d'une disparition totale en cas d'épizootie.

Cette conservation génétique *"stricto sensu"* conçue à l'échelle du troupeau conservatoire et indépendamment de toute possibilité de valorisation économique a rapidement fait apparaître ses limites. Le maintien du système de conduite traditionnel du troupeau paraissait *a priori* incompatible avec les contraintes de mise en place du programme de conservation (bâtiments traditionnels inadaptés à un système de lutte contrôlée par lots...). Les gestionnaires du troupeau, défenseurs d'une oeuvre d'intérêt collectif, ont longtemps attendu l'appui de la communauté scientifique pour caractériser leur cheptel et, par conséquent, justifier les charges financières qui pesaient sur eux. Cette carence a conduit à une gestion de la population au coup par coup pour faire face aux exigences quotidiennes de conduite. L'initiative individuelle s'est quelquefois imposée, entraînant un certain nombre d'impasses et de pertes de charges par rapport au programme élémentaire de gestion génétique.

Au-delà des problèmes techniques posés par le maintien du potentiel génétique, les exigences de main-d'oeuvre, la nécessité de conserver dans un Ecomusée la dualité des collections (collection "vitrine" ouverte au public, collection "annexe" partie cachée, ouverte aux études), la situation des derniers **moutons Landais**, complètement abandonnés par l'élevage, totalement supportés par les pouvoirs publics est rapidement redevenue très précaire. En 1986 l'avenir de la race paraissait lié au devenir et à la cohérence des structures administratives ! Un des quatre lots de brebis a depuis lors été placé chez un éleveur privé, une sage initiative face à la fragilité d'une telle situation !

blissements comme structure d'accueil provisoire, pour des opérations de sauvetage *"in extremis"* d'animaux menacés de sortir des circuits de reproduction, devrait être conforté dans tous les cas.

Parfois considérées comme "opérations de prestige", les implications scientifiques, culturelles et historiques de ces différents types de structures conservatoires revêtent un important poids médiatique et permettent de rallier d'autres partenaires, la démonstration apportant aux éleveurs la preuve que certains aménagements sont réalisables pour la gestion et la valorisation de leur cheptel.

D'autres alternatives d'insertion des races locales mériteraient d'être encouragées. De plus en plus, on assiste dans le cadre d'Instituts Médico-éducatifs, à la création de fermes thérapeutiques, destinées notamment à développer, chez les enfants handicapés, un intérêt psychologique au travers du contact établi avec les animaux lors des activités agricoles : ferme thérapeutique de l'Institut Médico-éducatif d'Oloron Sainte-Marie (Pyrénées Atlantiques) ou encore la "Ferme des Vallées" de Saint Amand de Montmoreau (Charentes). Dépassant l'intérêt psychologique lié à la relation homme (enfant) / animal, il semble que la cause s'attache également aux espèces et races en voie de disparition (ânes, chèvres etc...). Bien que "non animal", le cas du Conservatoire Génétique d'Espèces Fruitières de la Ferme Départementale du Roc à Puycelsi (Tarn) géré par l'Association Régionale pour la Sauvegarde de l'Enfant, de l'Adolescent et de l'Adulte (ARSEAA) mérite ici mention. Dans le même état d'esprit, selon Maijala (1987b), l'utilisation des fermes de prisons pour la conservation des races en Finlande sert largement l'intérêt psychologique et l'emploi des prisonniers.

Dans de tels contextes, des rendements ne sont ni nécessaires, ni même possibles. Le plus gros risque encouru dans de telles structures est la mise hors réseau de reproduction de certains animaux ; ceci suppose la vigilance des intervenants pour éviter de compromettre tout ou partie des objectifs.

Se pose néanmoins le problème de la pérennité de ces interventions lié à la mobilité du personnel responsable et à la nécessité de travailler sur des structures administratives cohérentes, qualité essentielle pour un engagement de responsabilité sur l'avenir.

• *Le maintien dans les exploitations agricoles*

Toutes les fois que cela est possible, la conservation des races anciennes chez les éleveurs, ou conservation *in situ*, doit être privilégiée. Ainsi intégrées dans leurs régions d'élection, elles peuvent s'adapter sans cesse aux changements de leur environnement local, à condition que les réseaux d'éleveurs dans lesquels elles s'insèrent collaborent à la réalisation des investissements techniques nécessaires à la mise en oeuvre d'un projet collectif, fusse-t-il exclusivement conservatoire. Les programmes de conservation des races bovines Pyrénéennes **Casta et Lourdaise** - comme d'ailleurs l'ensemble des programmes de conservation de bovins - ont su combiner le stockage de la semence congelée de taureaux et le maintien des vaches chez les éleveurs dans leur milieu traditionnel.

Gérer   Dans la mesure où l'option est prise de conserver les animaux vivants, la conservation doit être assortie de modes de gestion efficaces.

Il est indispensable (et d'autant plus que la population animale est réduite à un nombre limité d'individus) de mettre en place des programmes de gestion génétique, ce qui suppose une procédure quasi systématique d'identification des animaux. Les éleveurs gardent alors la maîtrise de leurs animaux mais acceptent des contraintes sur le plan des accouplements. Ces contraintes sont justifiées par la nécessité de limiter la consanguinité (chez les ovins) ou de créer de nouvelles lignées pour atteindre ce même objectif (bovins). Dans le premier cas, l'accent doit être mis spécialement sur les possibilités liées au contrôle de la circulation des reproducteurs entre les familles d'animaux : pratiquement entre éleveurs. Rappelons ici que le meilleur schéma théorique peut être parfaitement inefficace, voire catastrophique, s'il impose aux éleveurs des contraintes excessives. Ceci rend impératif d'élaborer des modes de gestion génétiques plus souples, d'assortir la phase d'étude d'un effort de sensibilisation des éleveurs et, en aval de la mise en place du programme, d'analyser ses conséquences pratiques de façon à mettre en lumière ses succès comme ses insuffisances.

La stratégie consistant à travailler avec l'ensemble des éleveurs d'une race considérée est un facteur essentiel de cohésion, notamment lorsque la race est insérée dans un périmètre géographique restreint. Elle suppose néanmoins un entretien constant des inventaires et de la tenue des généalogies ainsi qu'une large circulation de l'information relative aux animaux et aux éleveurs. C'est là d'ailleurs un niveau d'intervention minimum pour assurer le maintien de la race en place ! Pour preuve le remarquable travail réalisé dans les espèces bovines et porcines sous la vigilance de leurs animateurs respectifs.

Bien entendu, tous ces efforts qui visent forcément l'utilisation des animaux à des fins de reproduction pourraient s'avérer vains s'ils ne sont pas rapidement accompagnés de mesures visant à garantir l'intégrité sanitaire des cheptels : rendre la prophylaxie obligatoire - ce qui n'est pas une règle actuellement - pour arriver à un état sanitaire irréprochable constitue une garantie essentielle à condition toutefois de prévoir des possibilités de dérogatjon à une règlementation trop stricte dès lors qu'elle risque de mettre en danger l'avenir d'une race !

Au-delà des aspects techniques, toutes ces initiatives de conservation sont par voie de conséquence assorties de décisions d'ordre économique. Or notre économie vise essentiellement aux investissements rentables et le long terme ne se situe jamais pour elle au-delà de cinq ans. D'un point de vue théorique il faut assurer le financement et l'assistance technique pendant une dizaine d'années au minimum afin que, à leur terme, la reconstitution de la race soit amorcée, ses potentialités exprimées, et qu'enfin un plan de relance de la production puisse être éventuellement élaboré. Dans le cas où l'éleveur prend sa marge de liberté et accepte une contrainte génétique ne correspondant pas forcément à son optique propre de sélection, il paraît nécessaire de lui apporter une contrepartie financière pour éviter de lui faire supporter le coût total de la conservation. En dehors de ces encouragements, le financement public est également justifié lorsque le renouvellement des hommes n'est pas suffisant à un instant donné. Cette formule est utilisée par le Centre Régional de Ressources Génétiques Nord-Pas-de-Calais pour les races **ovine Boulonnaise** et **bovine Flamande** : les nouveaux éleveurs sont incités à reprendre des troupeaux par le biais d'aides remboursables (CRRG, 1991)[89].

En pratique, du fait du manque de politique et de moyens financiers[90], les actions ont été, nous l'avons vu, appréhendées selon des méthodologies très diverses et avec des moyens très inégaux.

En l'état, les actions de conservation sont prépondérantes par rapport aux activités d'évaluation du matériel animal, et force est de constater que la présence scientifique visant à définir et analyser les propos de la conservation ne s'est pas, elle-même, toujours manifestée de façon pérenne et concertée. *Connaître et évaluer*

Cette situation est la conséquence de limites méthodologiques quant à la possibilité de décrire réellement l'originalité d'une population en regard des multiples composantes que revêt la notion de race. D'ailleurs, si l'évaluation scientifique des races est théoriquement possible, dans la pratique, les résultats qu'elle propose pour orienter les stratégies de conservation "dynamique" sont très partiels. L'affirmation de l'originalité des populations

---

89. Cette aide au démarrage d'un élevage est remboursable sans intérêts, sous réserve que le nouvel éleveur accepte quelques contraintes techniques fixées par l'association d'éleveurs, membre du groupe de travail du Centre, en particulier le contrôle de performances.

90. Le Ministère de l'Agriculture n'intervient que ponctuellement sur les ressources génétiques dans le cadre des programmes concernant les races sur lesquelles il a établi des priorités, selon une enveloppe annuelle de l'ordre de 750 000 francs. A titre de comparaison, la Région Midi-Pyrénées dote chaque année le Conservatoire du Patrimoine Biologique Régional d'une enveloppe de 700 000 francs.

résulte souvent beaucoup plus de considérations historiques, géographiques ou écologiques que d'une réelle évaluation de leurs spécificités génétiques et de leurs utilisations possibles. Elle ne peut prétendre qu'à fournir des arguments venant légitimer *a posteriori* l'action entreprise mais en aucun cas la condamner.

Il en ressort la nécessité de développer des outils de caractérisation de la spécificité génétique des matériels conservés (caractères morphologiques, caractères de reproduction, caséines de coagulation des laits, qualité organoleptiques des viandes, résistance aux maladies ...). Il est par ailleurs indispensable de poursuivre l'effort théorique en vue d'évaluer l'évolution de la variabilité génétique des populations qui font l'objet de programmes de conservation les plus anciens.

Dans le cadre des actions confiées par la Région Provence-Alpes-Côte d'Azur au Groupe de Recherche et de Développement sur le Patrimoine Génétique, le COGOVICA a pu poursuivre l'élaboration des profils génétiques des races **Brigasque** et **Mourerous** et leur localisation dans le spectre des races ovines françaises et européennes (Bonaccini *et al*, 1982 ; Benadjaoud et Lauvergne, 1991). De cette manière, l'intérêt génétique qu'il y a de conserver des souches de ces races est mis au clair, mais le problème de leur sauvegarde n'est pas résolu pour autant.

Il paraît ainsi très justifié de conduire de façon coordonnée les programmes de conservation eux-mêmes et les recherches sur la connaissance des populations concernées, en réalisant notamment un va-et-vient entre ces deux types d'action. Un minimum de maîtrise des reproducteurs et l'existence d'interlocuteurs organisés, constituent de surcroît des bases essentielles au développement du travail des chercheurs. S'il convient de conserver *a priori* le maximum de races *"in situ"*, le fait de pouvoir disposer de troupeaux d'études constitue un élément important.

Le chèvrier et son troupeau

Un contact permanent entre les chercheurs et les acteurs du programme de conservation (éleveurs, techniciens, pourvoyeurs de moyens de travail...) doit permettre, à chaque étape, d'évaluer l'intérêt et la qualité du programme et d'orienter ainsi les recherches vers les sujets dont l'intérêt aura été révélé par les études antérieures et les questions posées par les éleveurs, leurs techniciens et leurs organisations.

La **chèvre des Pyrénées** mérite d'être citée ici en raison de l'aspect exemplaire de la démarche interactive entreprise à son égard. La situation de cette race était encore récemment mal connue. Cette chèvre à poil long, souvent noir et qui supporte bien le froid et l'humidité, était autrefois réputée pour la richesse de son lait et l'aptitude laitière développée de certaines souches. Après un premier "état des lieux" dressé en 1992 par le Conservatoire du Patrimoine Biologique Régional de Midi-Pyrénées et affiné[91] conformément aux attendus formulés dans le cadre d'un groupe de travail "Petites Populations Caprines"[92], un inventaire exhaustif de la population est aujourd'hui disponible. Une analyse des polymorphismes des caséines de son lait a été entreprise lors de ce recensement. Les premiers résultats font apparaître une fréquence assez élevée de l'allèle B au locus de la caséine αs^1 qui situerait, sur ce critère, la race entre l'**Alpine** qui porte l'allèle **A** - associé à un fort taux en caséine αs^1 - et la **Poitevine**, chez laquelle on a également détecté une présence majoritaire de l'allèle **B**. Un approfondissement de ce travail, complété par un typage d'ADN - visant à mieux caractériser les génotypes des animaux - , devrait permettre d'une part de caractériser plus précisément la race au plan génétique, d'autre part de mieux préciser ses relations génétiques avec les autres races caprines. Pratiquement, l'objectif est de bâtir de façon concertée avec les éleveurs un programme de conservation et de gestion intégrant le maximum d'informations génétiques sur les mâles et les femelles.

La connaissance ne se limite cependant pas aux seules races recensées sur le territoire national. Elle nécessite aussi une démarche inter-frontalière et non seulement inter-régionale. C'est dans le but d'identifier les spécificités et les parentés possibles entre les races du Massif pyrénéen - l'une des zones les plus riches en Europe quant à la création de combinaisons génétiques originales - et de mettre en commun les efforts de conservation de ce matériel génétique que se situe l'opération "Inventaire des races pyrénéennes à très petits effectifs " du Programme Opérationnel INTERREG France-Espagne 1992-

---

91. Cette seconde étape a été réalisée en collaboration avec l'Association pour la Sauvegarde des Races Domestiques Menacées (Région Aquitaine).

92. Ce groupe de travail a été organisé à l'échelon national par l'Institut de l'Elevage du Ministère de l'Agriculture.

1993, confiée à l'URSAD (Centre INRA de Toulouse) par l'Institut Supérieur Agro-Vétérinaire de Toulouse (ISAVT-AGROMIP).

Valoriser   Puisque les arbitrages actuels en matière de conservation de races sont de type socio-économique, la meilleure conservation paraît être celle qui optimise l'utilisation conjointe de ces différentes stratégies pour gérer l'incertitude liée aux ressources génétiques menacées : utiliser les méthodes de cryoconservation pour conserver à moindre coût devant l'incertitude d'utilisation des races aujourd'hui "incompétentes" tout comme devant l'incertitude de la réussite et de la pérennité de leur conservation "dynamique" ; et justement à cause de ces incertitudes mettre en oeuvre une conservation "dynamique" peu coûteuse qui permette une rapide évaluation du matériel animal.

L'évolution d'une agriculture orientée par la seule logique des prix et des règlements à l'échelle européenne et mondiale rend tout à fait crédible une situation génétique qui serait réduite à un nombre limité de races par espèce animale. Dans cette perspective, y aura-t-il encore une place dans le futur pour les races qui sont restées "locales" autrement que dans un statut de race "conservatoire" dans quelques zones ou élevages "reliques" ?

Les voies et les évolutions possibles de l'activité agricole, en créant sur le court terme des besoins nouveaux - production d'animaux adaptés à des milieux moins maîtrisés, mise en valeur des zones marginales et des paysages, intégration d'objectifs récréatifs dans la gestion de l'espace rural, productions de qualité, identifications culturelles régionales - fournissent maintenant à la conservation des races locales des arguments immédiats. On peut, en toute légitimité, imaginer que les opérations de diversification des productions agricoles puissent s'appuyer sur la diversité des ressources biologiques.

Les grandes filières de production animale ont utilisé les ressources génétiques animales dans une perspective de rentabilité des unités d'élevage, ce qui a provoqué simultanément la disparition des races traditionnelles et du même coup d'une culture et d'un savoir-faire particulier. La nécessité d'envisager des systèmes originaux, dont la particularité serait de combiner des activités productives avec d'autres usages du territoire, invite à promouvoir les races anciennes en les accompagnant de leur mode d'emploi au vu des pratiques et des expériences connues. Par rapport à des productions agricoles de masse, qui restent par ailleurs nécessaires, il s'agit en quelque sorte de favoriser des dynamiques alternatives mettant en avant, chaque fois que c'est possible : la qualité, la spécificité, l'identité reposant sur un matériel biologique original et valorisant les savoirs-faire paysans. En terme de développement agricole ce schéma correspond à une agriculture dont les acteurs sont plus proches du produit fini et des consommateurs.

Les voies d'entrée sont multiples selon qu'on valorise le matériel animal comme "outil" - pour la gestion de l'espace rural par exemple - ou comme "objet" pour la mise en marché de productions spécifiques.

L'option stratégique de cette démarche est que la meilleure "défense" que l'on peut faire des ressources génétiques locales et originales, c'est de leur organiser une valorisation économique s'appuyant précisément sur leur caractère local supposé unique.

• *L'élevage extensif*

Loin d'une image passéiste, comme certains sont tentés de le croire, la persistance de certaines races locales participe tout autant à la conservation des ressources génétiques animales, qu'au maintien des activités d'élevage dans certaines zones dont les contraintes naturelles n'autorisent pas, dans la majorité des cas, les efforts d'investissement, les changements de conduite et le recours à une quantité supplémentaire d'intrants que demanderait l'exploitation de races plus performantes. Cependant, l'exploitation des caractères de rusticité des races locales conduit, le plus souvent, à des produits qui n'obtiennent pas sur le marché les meilleures cotations, tout particulièrement dans la filière "viande".

La recherche des conditions d'ajustement des différents types d'ensembles "matériel animal - système d'élevage" aux situations que l'on peut rencontrer dans les zones de montagne ou en région méditerranéenne a conduit à l'élaboration d'un "modèle biogéographique" qui permet théoriquement d'exploiter les interactions génotype-milieu et les combinaisons entre effet direct et maternel au niveau régional. L'utilisation des races locales apparaît ainsi positive pour produire, à destination de zones plus riches, des femelles croisées réalisant une bonne combinaison des caractères bouchers et maternels, et exploitant les effets d'hétérosis qui se manifestent, dans l'espèce bovine par exemple, par le nombre de veaux sevrés. Ces femelles croisées peuvent être exploitées dans des systèmes moins extensifs que les précédents. Ainsi apparaît la possibilité de raisonner la conservation du matériel génétique dans une perspective globale d'optimisation des ressources fourragères à différents niveaux de contrainte et de valorisation de la variabilité génétique entre races (Bibé et Vissac, 1979 ; Vissac et Casabianca, 1986 ; Casabianca, 1988).

Pour ces régions, il est possible d'envisager d'autres alternatives de développement que l'augmentation du nombre d'animaux ou le recours au croisement pour améliorer l'acceptabilité des produits comme solution à la mévente. L'adaptation de ces

Race Castillonnaise en montagne

races à un milieu de production qui ne pourra jamais atteindre le degré d'intensification, et surtout d'artificialisation réalisé en d'autres conditions, en fait un matériel biologique de premier choix, si l'on a pour objectif l'amélioration de la production animale en ne bouleversant pas la logique des conditions actuelles d'exploitation et en valorisant les ressources fourragères des régions concernées. Or, telles sont les préoccupations nouvelles poursuivies dans le cadre de politiques nationales ou européennes d'aménagement du territoire, accompagnées de dispositifs de primes à la vache allaitante et à la brebis, et de relèvement des quotas laitiers dans le cas des systèmes mixtes allaitant/laitier valorisés par des fabrications fromagères locales.

Il paraît par ailleurs certain que face à la déprise agricole, il sera rapidement difficile d'entretenir des espaces ouverts à d'autres activités (loisirs ...) sans un minimum d'activité productrice agricole. Les risques d'incendies de forêt et l'homogénéisation des couverts qui en résulte, les avalanches en montagne, sont déjà des risques bien recensés. On connaît le rôle des ovins pour éviter l'embroussaillement de certains sites (Amandier, 1978). L'élevage caprin, longtemps frappé d'interdit dans ces zones forestières en référence à une situation où l'emprise humaine sur l'espace était excessive, peut également constituer un outil productif participant à la protection du couvert végétal : création et entretien de pare-feux ; maîtrise de la strate arbustive qui constitue le vecteur de propagation des incendies. Les recherches menées par l'Unité SAD-INRA d'Avignon, s'inscrivent directement dans cette voie. Elles ont pour objet d'utiliser des herbivores par pâturage pour recréer, dans la région provençale, dès paysages diversifiés et une association arbres-herbe offrant des ressources utilisables pour les animaux (domestiques et sauvages) et un espace accessible pour diverses aménités.

La chèvre provençale **du Rove** est l'une des rares races caprines survivant à la pression productive très forte dans cette espèce, qui soit utilisable dans ce contexte. Ses facultés d'adaptation à la traite et à l'allaitement sans complémentation constituent un intérêt essentiel pour de tels systèmes d'élevage. Dans le cas de l'allaitement, le produit obtenu - chevreau lourd de 30 à 40kg - est un produit original dont les débouchés sont assurés notamment par la demande croissante des populations maghrébines de la côte méditerranéenne[93]. Cette fonction d'entretien du milieu devra également être prise en compte pour raisonner la gestion de la population relictuelle de **chèvres des Pyrénées**, dont le caractère rustique et l'adaptation au milieu montagnard ont souvent été cités dans les écrits du début du siècle.

L'émergence du point de vue écologique a suscité aussi un nouvel engouement en faveur de la gestion, par des races d'herbivores rustiques, des milieux naturels, en vue de maintenir une diversité écologique optimale permettant le stationnement et la nidification de l'avifaune aussi bien migratrice que sédentaire. Les exemples se multiplient, qui impliquent les chevaux **Camargues**, les bovins **Nantais**, **Maraîchins**, **Castas**, les brebis **Boulonnaises** ...

Alors que l'extensification et la création de zones de loisirs constituent ainsi une des alternatives imaginées pour l'avenir des terres abandonnées, il convient de porter un regard attentif à ces "territoires d'expériences" (et conforter les études dont ils sont le support), véritables traits d'union entre "races" et "zones menacées". C'est à ce thème que le CEREOPA (Centre d'étude et de recherche sur l'économie et l'organisation des productions animales) a consacré une partie de sa seizième journée d'études (CEREOPA, 1990). Ce mode de gestion commence à donner des résultats écologiques (sauvegarde de la faune et de la flore), économiques (réhabilitation d'un milieu et élevage), et touristiques. C'est pour répondre aux besoins d'informations techniques de tous ceux qui souhaitent élever des chevaux, en association ou non avec d'autres espèces, dans des perspectives de développement durable, qu'une équipe pluridisciplinaire associant de nombreux organismes (CNRS, CEREOPA, ONC, Station biologique de la Tour du Valat avec le concours de la FPNF et de la

---

93. Les membres de l'Association de Défense des Caprins du **Rove** ont créé une coopérative Cabri-Provence. Cette organisation a pour vocation d'ouvrir un marché du "cabri lourd de Provence", produit qui devrait valoriser l'image d'un produit régional de qualité, élaboré selon des méthodes "naturelles" (allaitement sous la mère, alimentation sur parcours) à partir de la race locale rustique du **Rove**, de commercialiser tous les produits issus de la **chèvre du Rove** et en particulier le chevreau lourd (Weber et Jullian, 1989).

Les races locales, outils de gestion des milieux naturels

L'émergence du point de vue écologique a suscité un nouvel engouement en faveur de la gestion des milieux naturels par des races d'herbivores domestiques. Ces espaces sont le support d'écosystèmes complexes représentant une diversité écologique qu'il est important de préserver.

Jusque là, le respect des mesures déontologiques propres à la recherche française l'a poussée à beaucoup de réserve pour préconiser, faute d'expérimentation, le recours à tel ou tel matériel animal (espèce et race) pour utiliser un type de milieu donné et notamment les milieux humides. Il fut donc de bon aloi, pour les instigateurs de ces nouvelles initiatives, de se référer au modèle de nos voisins anglo-saxons en introduisant, dans le "paysage zootechnique" français, la **Highland** cattle - race bovine écossaise ancienne - et autres poneys écossais (Bredin, 1987) parfaitement connus au regard de leur utilisation dans leur contexte naturel d'origine.

L'exemple largement médiatisé de la restauration de biocénoses palustres de la réserve naturelle de Mannevilles (Marais-Vernier-Eure)* par l'utilisation de **Highlands**, bovins auxquels se sont joints par la suite des **chevaux Camargue**, a nettement contribué à démontrer les relations existant entre le troupeau et l'activité microbienne du sol, la flore et les populations animales sauvages. L'intérêt de ce mode de gestion dans le cadre d'une réserve naturelle a ainsi été mis en évidence (Lecomte *et al*, 1981 ; Lecomte et Le Neveu, 1986, 1990 ; Le Neveu et Lecomte, 1990)).

D'autres réserves se sont lancées depuis lors dans ce type d'expérience en y associant des races françaises.

Suite à la campagne mondiale de sauvegarde des zones humides lancée par le WWF (Fonds mondial pour la nature), la SEPNB (Société pour l'étude et la protection de la nature en Bretagne) a entrepris, en 1988, une opération de sauvetage de la Grande Brière, marais de l'Ouest de la France, pour assurer la survie de la race bovine Nantaise - rameau de la race Parthenaise aujourd'hui représentée par moins de 60 animaux -. La création en 1989 de "l'Association pour la valorisation de la race bovine Maraîchine** et des prairies humides" du Marais Poitevin s'apparente à la même démarche.

A l'instigation de la SEPANSO (Société pour l'Etude, la Protection et l'Aménagement de la Nature dans le Sud-Ouest) un troupeau de 16 animaux de **race Casta**, petite vache originaire des Hautes-Pyrénées et de l'Ariège, colonise avec succès depuis 1985, une partie de la Réserve Naturelle du Marais de Bruges (Banlieue Bordelaise). Quelles raisons ont déterminé ce choix ? "Le type morphologique de ces vaches est étonnamment proche de celui des **vaches Landaises**" (ou **Marines**) autrefois répandues sur toute la frange du littoral atlantique du Médoc à l'Adour. D'autres **Castas** ont été introduites durant quelques années dans la réserve naturelle de la Tour du Valat en Camargue et plus récemment dans celle de Chérine (Indre, région de la Brenne).

Race Casta

Poneys Landais

Ces expériences tendent à conforter l'hypothèse de l'adaptation des races rustiques à une large gamme de systèmes (zones montagneuses et zones humides). Elles constituent un maillon important de conservation des femelles de cette race (20% de l'effectif total en 1992) et mériteraient d'être étendues à d'autres "espaces" et "espèces". Cette même réserve de Bruges associe aux bovins quelques spécimens du **poney Landais** - aussi appelé "poney barthais" en référence à son habitat privilégié ", les Barthes", prairies marécageuses de la vallée de l'Adour - et dont il ne reste plus que 94 femelles (sources SIRE, 1986).

Ce mode de gestion extensif par des chevaux a été étendu à d'autres réserves (en Lorraine, en Alsace, en Picardie, dans le Vaucluse). Dans le marais de Lavours (Ain), chevaux **Camargue** et poneys **Pottok** vivent, depuis mars 1989, dans des conditions proches de celles que connaissaient leurs ancêtres. Ce sont là "les premières expériences de réintroduction d'équidés en marais dans un milieu semi-continental".

Après la mise en évidence de la gestion intuitive de ces élevages et la difficulté d'établir de réels bilans de ces projets en l'absence de suivis zootechnique et économique sur les sites visités (Girard, 1990), Doligez (1993), à l'occasion de la mise en place d'un réseau de recueil de références techniques et économiques sur de tels élevages, recense et analyse différentes méthodes spécifiques de suivi des herbivores en milieux difficiles.

Camargue

---

*la gestion en est confiée au Parc naturel régional de Brotonne ;   **un autre rameau de la Parthenaise

Fondation de France) a édité le manuel "L'élevage extensif de chevaux pour la gestion d'espaces naturels" (Girard *et al*, 1992).

Nul doute que les races domestiques locales possèdent des atouts inégalables dans l'actuelle dynamique de "Gestion de l'espace rural". Du reste, en instituant dans le dispositif "agri-environnemental" des mesures d'accompagnement de la réforme de la PAC - règlement n° 2078/92 du 30 juin 1992 - un régime d'aide aux races menacées cofinancé par le Fonds Européen d'Orientation et de Garantie Agricole (FEOGA), l'Union européenne (UE) reconnaît la contribution possible de ces ressources à l'enrichissement de notre environnement culturel, économique et social. Rappelons en effet que les objectifs définis par ce règlement sont :

- l'adaptation des systèmes de production vers une moindre intensification,

- la diminution des risques de pollution d'origine agricole,

- l'introduction de méthodes de production compatibles avec la protection des ressources naturelles, le maintien des paysages et la diminution des risques naturels.

• *Les produits de qualité*

Les évolutions récentes des modes de vie et de consommation, conjuguées à celles des conditions de production et de distribution ont abouti au modèle de consommation de masse, caractérisé par une forte standardisation des produits alimentaires, un abaissement des prix relatifs et par une diminution des spécificités régionales fondées sur l'association "produit-terroir". De manière concomittante, on observe l'émergence d'une demande des consommateurs pour des produits typés susceptibles de stimuler de nouvelles perspectives de production à l'échelon local. Ceci conduit à rechercher l'intégration des ressources génétiques locales dans des systèmes de production-transformation originaux ou valorisant les acquis régionaux. La production de Munster fermier par utilisation des processus de fabrication traditionnelle dans les fermes auberges exploitant la race bovine **Vosgienne** (Avon, 1990), la production de fromage fermier mixte brebis-vache associé à la race bovine **Béarnaise** en vallée d'Aspe et l'utilisation du **porc Corse** pour les charcuteries ou salaisons comptent parmi les exemples de ce type.

L'hypothèse motrice de ces actions est qu'un matériel animal original, impliqué dans des systèmes d'élevage "différents", peut être le support de produits spécifiques (volailles, agneaux, veaux, boeufs, charcuterie, fromages typés etc...). Elle est aujourd'hui à la base de stratégies de développement local, voire micro-local, et de diversification des productions agricoles. Il s'agit de mettre au point des types de production réalisant une valeur ajoutée au bénéfice des producteurs. Le petit volume de production à écouler, imposé par la faiblesse des effectifs, peut conduire à privilégier des circuits courts de commercialisation basés sur des relations de "proximité" ou des ventes associées à une production touristique organisée à l'échelon local ou régional.

De fait, dans la dynamique de rationalisation des signes officiels de qualité (labels, appellations), la réforme de la PAC - qui

Aubrac

consacre la reconnaissance d'appellations spécifiques liées à l'origine des produits - contribue à renouveler le questionnement relatif à la gestion des races locales. On connaît déjà le rôle joué par les races bovines **Abondance** et **Tarentaise** dans la fabrication de produits typés bénéficiant d'une Appellation d'Origine Contrôlée (AOC) : le Reblochon en Haute-Savoie et le Beaufort en Savoie. On se rappelle l'abandon - au profit d'autres types génétiques bovins importés - des usages laitiers et fromagers liés à la vache d'**Aubrac**, autrefois exclusivement utilisée pour la fabrication du fromage de Laguiole ; et l'on n'exclut pas que la valorisation de l'action "Aubrac laitière", qui vise à conserver les souches laitières de la race, puisse contribuer à améliorer la qualité et l'image de celui-ci. En s'appuyant sur des critères objectifs, l'évocation du terroir n'est donc plus aujourd'hui un seul argument commercial. Elle doit pouvoir redonner à l'espace rural la fonction de différenciation de ses produits qu'il exerçait autrefois naturellement.

• *Le tourisme rural*

Il semble également que l'augmentation générale de la disponibilité des gens, pour des activités autres que directement productrices, soit en mesure d'apporter des solutions et de jouer la carte de la pérennité.

Prenant acte de la montée de la demande des populations urbaines pour le tourisme vert, il convient d'évaluer la contribution que peuvent apporter les races anciennes à des activités d'agrément selon un modèle hérité du passé ou totalement novateur. Le **cheval Corse**, le **cheval Castillonnais** et les races chevalines de trait, les **ânes des Pyrénées**, du **Berry** et de **Provence** ..., autant de races dont la fonction traditionnelle a disparu, trouvent aujourd'hui réunies les conditions socio-économiques et culturelles d'une reconnaissance dans une nouvelle fonction : la production d'animaux de "loisir" ou "d'animation" (marché à fort potentiel de développement) pratiqué par des amateurs.

Pour les races de poneys, l'apparition d'un marché intéressant lié au débouché pour l'équitation des enfants, a conduit les éleveurs à une amélioration des techniques d'élevage[94]. Le recours à des reproducteurs améliorés induit une augmentation de la qualité des productions, ce qui permet de conserver et valoriser des types rustiques et plus économiques répondant bien au goût du public pour des produits utilitaires et durables : le poney de **Merens** qui a su pleinement profiter du développement spectaculaire du marché du cheval de loisir ces 10 dernières années en constitue un parfait exemple. Le développement parallèle du tourisme rural conçu comme une nouvelle filière de diversification

Fabrication de l'aligot dans les monts d'Aubrac

---

94. Ceux-ci confèrent notamment plus de soins aux animaux.

Mérens

des productions agricoles et des activités économiques locales offre, nous l'avons vu, une nouvelle alternative pour la conservation des races locales menacées et notamment les chevaux.

La race ovine **d'Ouessant**, race de très petite taille dont la sauvegarde a été assurée par quelques éleveurs et institutions fédérés en 1976 en un Groupement des Eleveurs du Mouton d'**Ouessant** (GEMO) (Abbé, 1978), s'est attirée la considération de particuliers pour une exploitation et une consommation familiale. Devenue animal d'agrément en France et à l'étranger, on la trouve souvent sur les petites propriétés où elle s'affaire à soigner sa réputation de "tondeuse écologique".

Ce type d'intervention est généralement impulsé par des néoruraux, détenteurs de niveaux d'information et d'idéologie différents de ceux des éleveurs d'origine. On en trouve des exemples dans chacune des autres espèces, notamment les "petites" (pigeons, lapins, volailles diverses) pour lesquelles les coûts d'entretien et d'alimentation sont relativement faibles, les propriétaires étant souvent structurés en associations. Ils sont susceptibles de redonner un certain dynamisme aux populations, mais parfois avec des méthodes de gestion, d'utilisation qui ne correspondent pas toujours à l'utilisation traditionnelle.

La disparition d'un matériel génétique doit être considérée comme irréversible. En conséquence, pour chaque race animale menacée, il importe d'optimiser et de mettre en oeuvre - en fonction des conditions qui sont propres à chacune d'elle -, toute méthode susceptible d'assurer, sur le long terme, la préservation d'un maximum de variabilité génétique. Les initiatives sont cependant vouées à l'échec si elles ne respectent pas une méthodologie rigoureuse : identifier et inventorier, préserver, gérer, connaître et évaluer, valoriser sont les 5 étapes d'une stratégie globale.

... et le faire savoir Face aux multiples agressions que connaît le milieu naturel, les hommes deviennent manifestement plus demandeurs de "nature" au travers des sites visités, du patrimoine et des produits. Il convient de poursuivre les actions en faveur d'une prise de conscience de la nécessité de défendre les patrimoines génétiques et culturels que représentent les races animales domestiques, en déployant tous les moyens susceptibles d'être allégués à cet effet : presse, participation à des manifestations publiques, organisation de fêtes rurales et ouverture au public de certaines fermes - privées ou appartenant à des collectivités locales - qui détiennent une partie de ce patrimoine. Les Fermes Pédagogiques, en nombre croissant aujourd'hui devraient tout particulièrement s'attacher à intégrer les races anciennes dans leur mission de sensibilisation au milieu naturel et rural.

Rappelons ici la contribution apportée par certains zoos et parcs d'acclimatation, notamment le Museum national d'histoire naturelle (Lauvergne, 1980) ainsi que la formule des "écomusées", apparue en France dans les années 70 et qui s'est beaucoup développée dans les années 80. Ces musées d'un "genre particulier", au-delà de leur rôle de "mémoire" et de la fonction de nostalgie qui leur est bien souvent assignée, pourraient être amenés à jouer un rôle croissant au niveau local. A l'heure où l'histoire est facilement invoquée par les responsables du développenent, certains écomusées, en tant que facteurs d'activité, réunissent en effet les conditions suffisantes pour devenir les leviers d'une réflexion sur de nouveaux modes d'utilisation des races d'hier. C'est d'ailleurs cette même volonté de conserver, perpétuer et mettre en valeur ces "faits de société" qui motive, en Midi-Pyrénées le projet "Chemins du Patrimoine Biologique". Le Conservatoire du Patrimoine Biologique Régional de Midi-Pyrénées a déjà accompagné ses réalisations d'une importante action de promotion avec notamment, en 1992, la publication de "Trésors Vivants", une plaquette richement illustrée élaborée avec le concours de l'INRA et qui en présente les principes et les réalisations (INRA/Conseil Régional de Midi-Pyrénées, 1992). Ce document a bénéficié d'une excellente couverture médiatique dans les quotidiens et magazines de la presse générale ou de la presse agricole spécialisée. Sa distribution en 500 exemplaires à l'occasion du premier "Sommet de la Terre" (Conférence des Nations-Unies sur l'Environnement et le Développement) de Rio de Janeiro, en juin 1992, a étendu sa notoriété à l'échelle internationale.

Quelles leçons pour l'organisation ?

Une fois sensibilisés au problème du maintien des races, certains Parcs Naturels ont été très vite amenés à engager des actions plus volontaristes. Au travers de leur mission menée en collaboration avec l'INRA et le Ministère de l'Environnement, ils ont contribué à bien des égards à favoriser le maintien des races locales par des interventions plus ou moins directes. Amorçant un effet d'entraînement sur les particuliers et organisations, ils ont également permis d'affiner une doctrine de gestion des ressources génétiques.

Les actions qu'ils ont lancées ont été un moyen de rallier les propriétaires qui conservent - et qui donc réalisent des opérations isolées - à ceux qui travaillent sur ces problèmes et les financent. Ils ont ainsi relayé sur le terrain les actions pilotées par les Instituts Techniques.

Les acquis de l'expérience des Parcs naturels

N'ont droit à l'appellation Camargue, que les produits nés et élevés en "manade" dans le berceau de race (Arrêté ministériel du 9 mars 1990).

Le défi réussi d'un parc régional :
Préserver et valoriser,
dans son berceau d'origine,
une des plus anciennes races
chevalines du monde
"le Camargue"

A toute manade reconnue correspond un nom et une marque à feu enregistrés par le parc naturel régional.

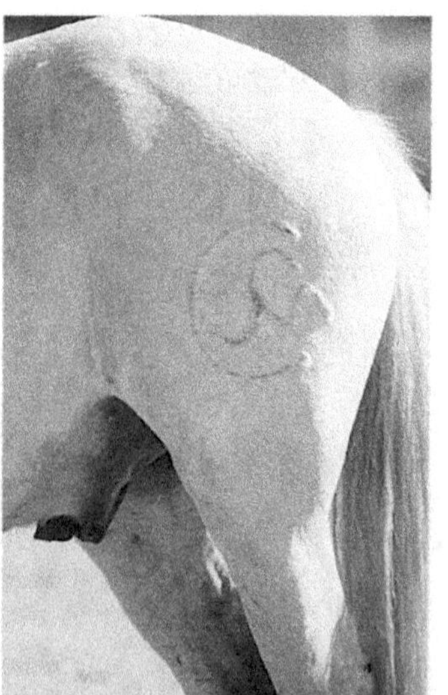

*Façonné par son habitat naturel,
auxilliaire indispensable du "gardian", pour la surveillance du
"Biou" (taureau Camargue), son compagnon de toujours dans
l'univers Camarguais, le cheval Camargue,*

Dès sa création en 1970, le Parc de Camargue s'est engagé à participer à la sauvegarde du cheval Camargue dans son milieu d'origine. Ses efforts conjugués avec ceux des éleveurs et des Haras aboutiront en mars 1978 à la reconnaissance officielle de la race. Le parc régional, agréé pour participer à la sélection du cheval Camargue, a défini les critères de reconnaissance d'une « manade »*.

Pour permettre aux deux races de survivre dans leurs conditions naturelles d'élevage menacées par les progrès des techniques agricoles (irrigation et mise en culture) et la concurrence des autres activités économiques (industrie et tourisme), le parc, en étroite collaboration avec les collectivités locales et les manadiers, achète avec l'aide de l'État, certains terrains mis à la vente, afin de les louer aux éleveurs.

L'élevage des taureaux de sang Camargue est aujourd'hui pratiqué pour les courses camarguaises. Le principe d'ouverture d'un Livre Généalogique a été voté en 93 par l'Association des manadiers.

*... c'est l'histoire d'une rencontre
entre une race, un milieu et des traditions,
... une image à perpétuer*

*Une "manade" est un élevage en liberté de chevaux Camargue comprenant au minimum quatre juments reproductrices stationnées toute l'année dans le berceau de race, sur un territoire ne comprenant pas plus de deux unités de gros bétail par hectare avec un minimum de vingt hectares d'un seul tenant en propriété ou en location.

Leur action s'est pourtant heurtée parfois à un manque de moyens en personnel - quoique que celui-ci fut toujours motivé - et à une liaison insuffisante à l'origine avec les organismes du développement agricole, plus préoccupés par les actions entreprises dans des zones davantage intensifiées et sur des modèles plus productifs et moins autonomes. Des problèmes importants ont également surgi lors de la création de troupeaux conservatoires compte tenu des difficultés induites par les lenteurs administratives par rapport aux exigences d'un programme technique. Pour toutes ces raisons, la réalisation des projets de conservation s'est vue souvent retardée.

Le bilan des interventions des Parcs est néanmoins impressionnant car, depuis 10 ans, ils ont participé à la préservation d'une grande partie des races locales françaises. Ils ont en outre stimulé d'autres initiatives : de nombreuses instances publiques et professionnelles se sont depuis ralliées à cette cause !

Si l'analyse a mis en évidence la diversité des situations de conservation, elle a également permis de poser les limites de leur organisation.

La démonstration était faite que réaliser une approche globale de la conservation en privilégiant le point de vue génétique n'est pas la solution pertinente. Mais puisque les multiples initiatives qui se faisaient jour - souvent exclusives les unes des autres - relevaient de compétences et de motivations variées, il convenait toutefois d'éviter à l'opposé une tendance à l'atomisation. L'expérience acquise mettait l'accent sur la nécessité d'impliquer et d'établir une concertation entre les opérations menées dans le même domaine en des lieux différents, problème auquel les capacités des organismes animateurs ne pouvaient faire face à la fois pour des raisons financières et humaines. Il y a un juste milieu à rechercher pour préserver une unité d'organisation et satisfaire à la diversité des motivations.

Sur la base de ce constat, il apparaissait clairement que la conservation du patrimoine génétique devait être organisée en faisant appel à différents niveaux complémentaires :

- le niveau de base avec les éleveurs et agriculteurs, les associations locales,

- le niveau national avec le Bureau des Ressources Génétiques et les structures spécialisées pour la mise au point et la diffusion de méthodes efficaces de conservation (Instituts Techniques, UNLG),

- et, entre les deux, le niveau régional.

La nécessaire implication des régions

Dans cette architecture nous voulons ici mettre l'accent sur le rôle incontournable de l'échelon régional à plusieurs titres : appui aux initiatives locales, intégration de la conservation dans des préoccupations de développement économique et social, politique de l'environnement, contribution à la construction ou au renforcement d'une identité régionale. Cependant, jusqu'à présent, seules cinq Régions se sont impliquées dans une telle démarche : la Corse - où, dès les années 80, s'est instaurée une étroite collaboration entre le Parc naturel régional et le Laboratoire de recherche sur le développement de l'élevage (INRA) - suivie, quelques années plus tard, par les régions Provence-Alpes-Côte d'Azur, Nord-Pas-de-Calais (CRGG, 1987), Midi-Pyrénées et, plus récemment, Aquitaine, largement soutenues par leurs Conseils Régionaux respectifs.

La région Midi-Pyrénées est la seule dans laquelle l'INRA a pris l'initiative de concevoir et d'animer une telle organisation avec le concours des établissements d'AGROMIP. A la clé de cette réalisation, des chercheurs intéressés par la concrétisation, dans un ensemble régional réceptif, de leur conception de la conservation des ressources génétiques exposée dans le présent document. Cette création, soutenue et largement financée par le Conseil Régional de Midi-Pyrénées, est significative de l'évolution des idées des scientifiques en matière de ressources génétiques. Son rôle est de soutenir sur le terrain de véritables programmes d'inventaire, de sauvegarde, de gestion, d'évaluation et de valorisation de races animales et variétés végétales anciennes et menacées de disparition. Il travaille sous l'égide d'un "Conseil Scientifique et Technique" présidé par le Président du Conseil Régional et regroupant des experts scientifiques, des représentants du Conseil Régional et du Conseil Economique et Social de Midi-Pyrénées, des agents de l'Etat et des personnalités qualifiées de l'Agriculture. Il sert en quelque sorte de réceptacle aux initiatives locales, facilite la mise en relation des différents projets et constitue en même temps une cellule d'expertise et de conseil en vue d'élaborer une politique régionale de gestion et de valorisation des ressources génétiques. Dès 89, **le Conservatoire du Patrimoine Biologique Régional,** ouvert vers des partenaires économiques, lançait le défi d'une stratégie de valorisation du patrimoine génétique menacé selon le principe : une ressource locale, un terroir et ses paysages, un système d'élevage ou de production différent, et un produit identifiable par le consommateur. D'abord, toutes les fois que cela est possible, les programmes de conservation sont mis en oeuvre chez les éleveurs. Ensuite, les opérateurs du Conservatoire sont incités à rechercher les formes possibles de valorisation économique lorsque la population aura de nouveau atteint un effectif génétique suffisant : races locales ovines et bovines pour le développement d'un élevage extensif, organisation de filières agro-alimentaires de qualité pour la viande et les fromages, animation et tourisme rural pour les chevaux, les ânes et la truite... Affaire à suivre ... même si les créneaux économiques sont encore étroits !

2

1

3

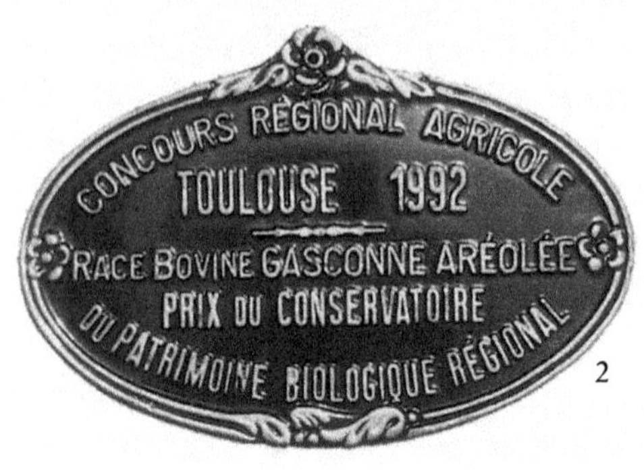

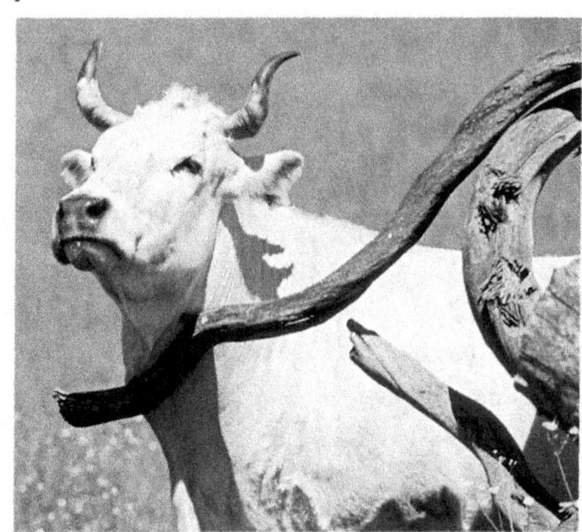

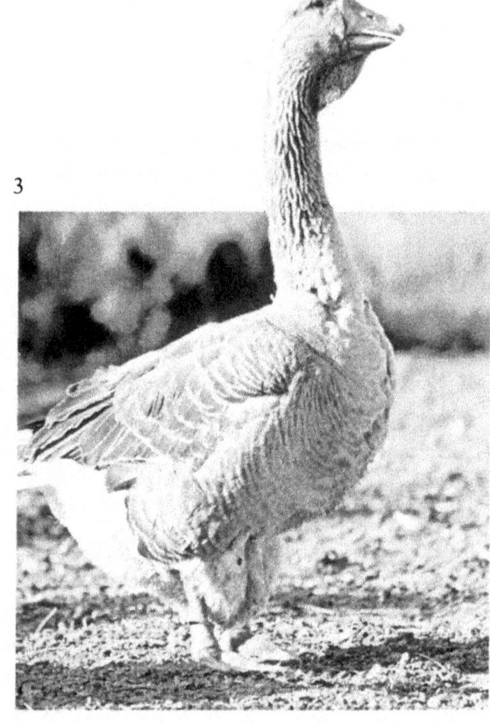

CONSERVATOIRE
DU PATRIMOINE BIOLOGIQUE REGIONAL

5

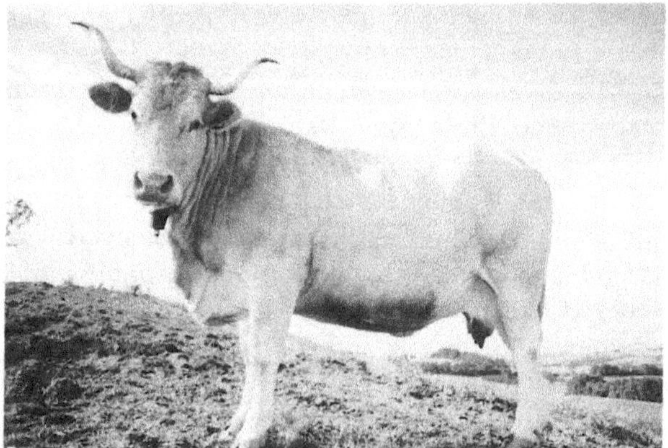

4

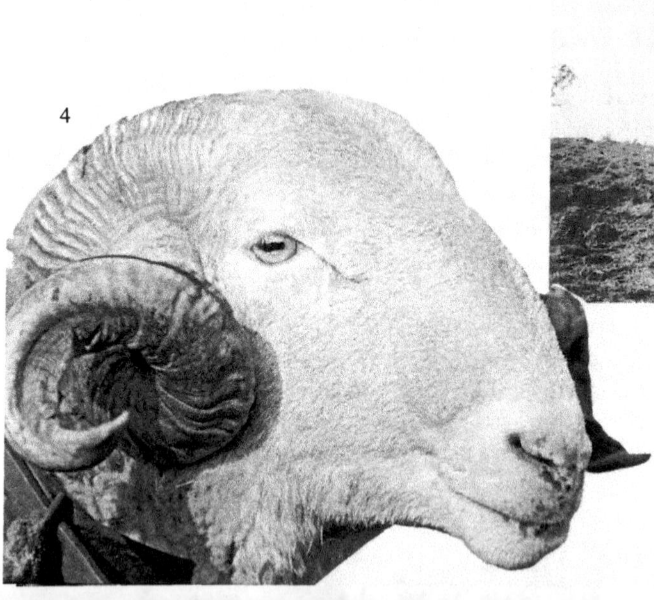

9

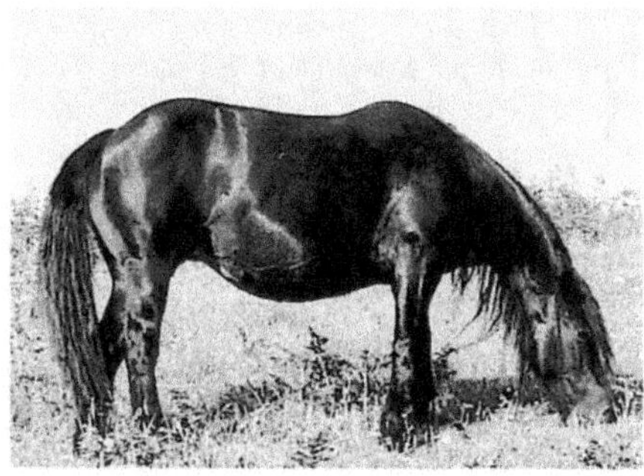

10   8

7

DE MIDI-PYRENEES

6

1   Gasconne Aréolée
2   Plaque récompense
    Conservatoire
3   Oie de Toulouse
4   Bélier Castillonnais
5   Vache Lourdaise
6   Griffon Bleu de Gascogne
7   Porc Gascon
8   Cheval Castillonnais
9   Chèvre des Pyrénées
10 Plaquette du Conservatoi

Flux de l'information sur les ressources génétiques animales

Le Centre Régional des Ressources Génétiques regroupe des compétences scientifiques complémentaires ; il constitue un groupe permanent d'échange d'informations et de réflexion rassemblant également des agents des administrations régionales et des Conseils Régionaux, ainsi que des techniciens et des professionnels de l'agriculture.

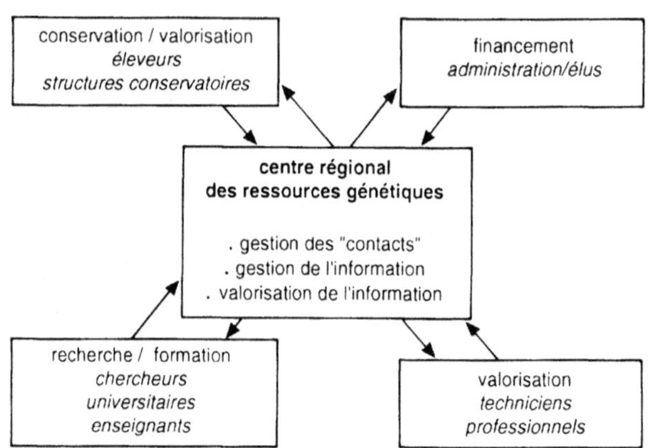

et

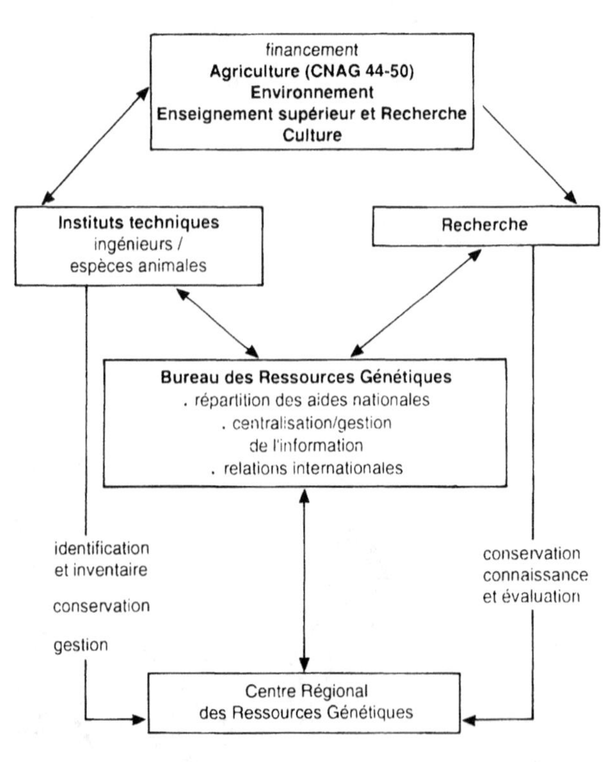

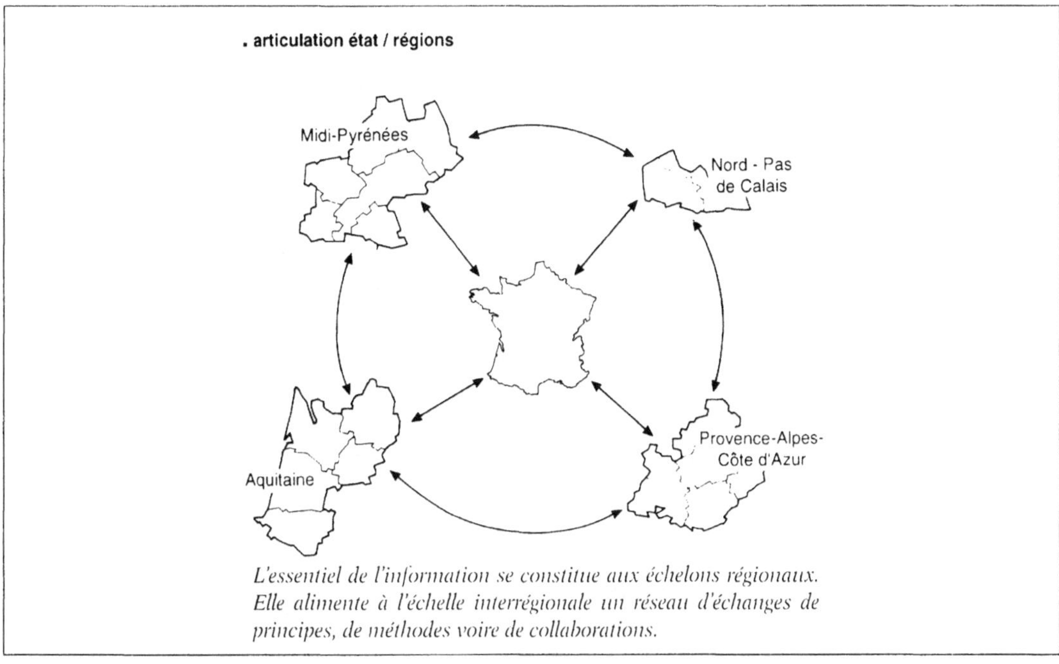

L'essentiel de l'information se constitue aux échelons régionaux. Elle alimente à l'échelle interrégionale un réseau d'échanges de principes, de méthodes voire de collaborations.

Les actions entreprises dans les Régions doivent contribuer à jeter les bases d'une organisation nationale de conservation, mais surtout de gestion des races locales en réalisant un véritable compromis entre des objectifs simples de protection et de connaissance et des objectifs plus complexes de gestion dynamique impliquant différents acteurs socio-économiques.

Vers un réseau national des ressources génétiques

Cette organisation devrait reposer sur l'animation permanente, à l'échelon national, de **trois réseaux d'informations** :

- Le premier, **régional**, destiné à formuler les éléments de politiques de conservation et de valorisation des ressources génétiques. Il s'appuie sur un large partenariat entre élus, scientifiques, professionnels, enseignants, producteurs et amateurs.

- Le second, **interrégional**, lieu d'échanges principalement thématique de principes, de méthodes, voire de collaborations.

- Le troisième reliant le niveau national et les échelons régionaux. Il est alimenté par un **double courant d'informations** : les unes "**descendantes**" et résultant de mises au point techniques, scientifiques et financières pour chacune des races concernées ; les autres "**ascendantes**" et s'appuyant sur une connaissance des conditions d'adaptation des méthodes et de la possibilité de les infléchir pour répondre aux spécificités locales (milieu physique, biologique et humain) (Audiot *et al*, 1992).

Nouveaux enjeux, nouveaux équilibres

Le fait de confronter l'expérience acquise sur les races selon différents "points de vue" s'avère un référentiel utile pour concevoir des réponses aux problèmes complexes posés par la conservation des ressources génétiques, en référence aux composantes d'une race en état d'équilibre. En définitive, l'analyse que nous avons conduite dans cet ouvrage démontre que la race doit être conçue comme un "système social" impliquant une ressource biologique, mobilisant les racines culturelles de celle-ci (origine et histoire), revêtant des dimensions administratives qui lui confèrent un caractère officiel, se définissant par une représentation en vue d'obtenir un revenu dans le cadre de systèmes de production définis. C'est donc avant tout un réseau de relations articulant ces différentes composantes et fonctions qui constitue le support social de la race (Flamant *et al*, 1991).

La gestion des races animales a déjà subi une rupture d'ordre économique du fait des choix quantitatifs imposés par les enjeux de la production de masse. Or les différentes actions mises en place pour la conservation des races menacées ne sont pas toutes légitimées par la totalité des acteurs concernés - agriculteurs, scientifiques, décideurs politiques ... - ce qui fait qu'asseoir des décisions sur un postulat d'originalité pour une possible utilité future peut être considéré comme arbitraire pour certains d'entre eux. Il faut à tout prix éviter une nouvelle rupture entre les dimensions génétiques et sociales.

Nous avons donc été amenée à considérer que la solution optimale pour la conservation "dynamique" consistait à raisonner en terme d'efficacité économique. En effet, loin d'être une action passéiste, la conservation du patrimoine biologique a une valeur prospective. Un impératif : ne pas rester prisonniers du passé mais intégrer ce passé dans la recherche de nouvelles logiques de production en conciliant les besoins impératifs du présent et les besoins possibles de l'avenir ! Un grand effort de recherche et d'enseignement est à ce niveau nécessaire ainsi qu'un engagement d'une large fraction de l'opinion publique.

L'évolution du contexte socio-économique, en créant de nouveaux enjeux à l'échelle des terroirs, redonne aux races locales la possibilité d'extérioriser leurs facultés génétiques d'adaptation au milieu physique, biologique et humain. Elle leur offre l'opportunité de trouver un nouvel état d'équilibre. C'est au travers de "choix plus qualitatifs" que doit se fédérer aujourd'hui l'objectif collectif de gestion des races locales et c'est à cette seule condition qu'elles peuvent aspirer à une nouvelle cohérence.

Il appartient donc à la communauté scientifique, non plus seulement de proposer un outil méthodologique permettant de faire des choix, mais de fonder sur des critères scientifiques le propos

Des produits
typés
identifiables
par le consom-
mateur

Un système
de production
différent

Un matériel
biologique
original et
adapté

Un terroir

de la valorisation des races locales menacées et *a fortiori* de celle des terroirs qui offrent à la recherche un cadre réceptif pour tester ses hypothèses.

A l'évidence, on doit s'interroger sur la capacité réelle des éleveurs "conservateurs" à assurer la remise en valeur des races anciennes. En effet, si leurs élevages ont souvent constitué un refuge pour les races abandonnées par les éleveurs "modernistes", c'est probablement sur des éleveurs "entrepreneurs" et "innovants" en quête d'une "nouvelle modernité" que se structureront ces nouvelles options de développement. La rationalisation de ce "transfert" vers un nouveau type d'acteurs - tranfert partiel puisqu'il n'exclut pas bien entendu le rôle pivot des éleveurs "conservateurs" - de même que la détermination urgente des conditions socio-techniques de sa mise en oeuvre, renforce le caractère indispensable de l'étape préalable d'évaluation. Le rôle des institutions impliquées dans le développement régional apparaît à ce propos déterminant, et les dispositifs devront être organisés en tenant compte de la diversité des acteurs impliqués.

Conclusion

Pouvoir gérer la diversité

Héritées du schéma britannique au 18ème siècle, les races locales françaises se sont vues en moins de 20 ans, décimées par le processus général de spécialisation et d'intensification de l'agriculture auquel a largement participé, dans le domaine animal, la "machine de guerre" des productions de masse et de l'amélioration génétique. Sans l'alerte donnée par ces quelques généticiens et zootechniciens "visionnaires" de l'impasse à laquelle conduisait inéluctablement un "paysage zootechnique" exempt de diversité et donc sans couleurs, elles auraient probablement toutes aujourd'hui disparu.

Le présent ouvrage tente de rendre accessible au plus grand nombre cette problématique où se croisent actualité scientifique et certains enjeux sociaux. Notre analyse a montré comment s'instituent les programmes, quels aspects de la race ils privilégient, quels types de discours et de "pratiques de conservation" ils produisent. Les cas concrets sur lesquels elle s'est appuyée ont infléchi les théories premières qui postulaient que, face au constat que tout ne pourrait être préservé - pour des raisons à la fois financières et humaines -, on devait pouvoir établir les priorités d'action sur des bases biotechniques et évaluer les stratégies en vue d'optimiser les modalités de financement. Après avoir explicité le cadre théorique de nos réflexions, nous nous sommes donc efforcée d'en traduire les enseignements en terme de propositions pour l'action.

Car à défaut de pouvoir travailler, dans la plupart des cas, sur des critères objectifs d'originalité, force est de constater que les actions de conservation engagées depuis 1975 ont été menées "au cas par cas". L'insuffisante mobilisation de la recherche scientifique de même que le relatif désengagement de l'Etat, nous ont conduit, d'une part à écarter la généralisation de la thèse du "tout ou rien" qui s'imposait pour les bovins, d'autre part à la conclusion que l'évaluation scientifique des races ne peut à elle seule présider à tous les choix et ce pour deux raisons :

- la première est une objection pratique : l'absence de références scientifiques tient à ce que les outils pour mesurer l'originalité des ressources génétiques représentées par les races animales domestiques sont encore trop limités ;

- la seconde raison est plus fondamentale : elle tient à la complexité de la notion de race et à la forte valeur sociale que revêt ce concept.

De fait, la "race", système complexe à la charnière de "faits de nature" et de "faits de culture" (Vissac) est une notion relative dans le temps : sa stabilité fortement liée aux possibilités de valorisation de l'animal ou de ses produits, lui confère une double structuration spatiale et sociale. Et il faut bien admettre que si différentes méthodes et outils sont d'ores et déjà opérationnels pour en comprendre le fonctionnement interne (les déterminants), on s'est souvent heurté à la difficulté de créer des schémas de conservation qui soient un véritable compromis entre des motifs et des méthodes différentes pour gérer le système déstabilisé que constitue une race en voie d'extinction.

En démontrant que la véritable originalité de chaque race est contingente à un état d'équilibre de ses différentes dimensions (biologique, culturelle, sociale et économique), l'analyse scientifique révèle que construire une politique de conservation en référence à la seule "thèse d'irréversibilité" d'un point de vue strictement génétique est actuellement totalement insuffisant si l'on n'a pas conduit au préalable un raisonnement sur ses possibilités de valorisation à court terme. Car si le généticien, qui anticipe sur les évolutions technologiques, n'a, à la limite, besoin que de gènes pour se prémunir contre les incertitudes du futur, le praticien doit pouvoir puiser à tout moment dans la palette d'animaux dont il dispose. Or il sait qu'à chaque fois qu'une race s'éteint, c'est cet assemblage relativement unique, produit d'une activité humaine dans un agro-écosystème particulier, et susceptible d'évoluer, qui disparaît. Et cette disparition là - parce que non reconstructible quels que soient les progrès biotechnologiques - est bel et bien irréversible !

Ce changement de perspective n'est donc pas neutre sur le plan épistémologique. Il n'est pas neutre non plus sur le plan des exigences méthodologiques pour la mise en oeuvre d'actions d'inventaire, de préservation, de gestion, d'évaluation et de valorisation adaptées à une conception intégrée de la race.

A l'appui de cette affirmation, le simple constat que les différents "modèles de conservation", eux-mêmes à la croisée d'une vision passéiste et d'une anticipation sur le temps, privilégient des approches complémentaires (conservation *in situ, ex situ, in vitro*) pour entretenir des situations suffisamment polymorphes et impliquant le plus grand nombre d'acteurs. Il nous apparaît en corollaire que la "diversité" des situations de conservation, engendrée par la gestion de ces systèmes élémentaires, constitue le meilleur garant de la conservation des races.

Car même si l'on rejette la dimension holiste de la conservation sur la base même que son principe n'est pas universel, le fait que ces conceptions soient encore très hétérogènes a été sans doute une chance pour les races locales toutes placées dans des conditions différentes ! En d'autres termes, nous considérons que la diversité de "points de vue" sur la conservation émanant des gestionnaires des populations animales a augmenté la probabilité de les préserver.

Une question évidente se pose alors : comment transposer ces résultats de valeur générale au "cas particulier" de chaque race ?

Le fait d'expliciter le cadre théorique de nos réflexions en référence aux différents "points de vue" nous conduit tout d'abord à admettre qu'il vaut mieux aider les différents acteurs de la conservation plutôt que de normaliser les interventions. En ce sens, les 5 étapes définies ne sont pas non plus des "itinéraires" *a priori* qui imposeraient aux protagonistes tout un arsenal de contraintes indispensables au cheminement normal calqué sur un modèle unique de conservation. Au contraire, elles laissent totalement ouvert pour chaque race le champ des évolutions possibles et constituent le référentiel dont tout scientifique a besoin pour se repérer dans la diversité. La fiabilité des outils mobilisés et leur ajustement aux configurations sociales en présence garantissent à eux seuls la pertinence des procédures mises en oeuvre. Une fois ces choix réalisés, il convient alors de les valider en s'assurant que les conditions de conservation sont bien réalisées.

Un effort d'adaptation de la recherche nous paraît à cet égard indispensable pour élaborer, sur des bases scientifiques, des réponses structurées à des sollicitations urgentes. Car au-delà de la rente culturelle, du capital génétique et de la propriété collective qu'incarnent les races locales menacées de disparition, la perspective de nouvelles fonctions économiques débouche sur un véritable problème de "recherche-développement" relevant de la démarche systémique. Elle invite à réfléchir sur les conditions d'émergence d'un consensus social permettant de maintenir à moyen terme une base génétique exploitable et répondant aux exigences des différents acteurs socio-économiques. En quelque sorte, il s'agit, au travers de la mise en oeuvre de stratégies articulant les variables techniques, sociales, culturelles et économiques, d'identifier de nouvelles formes de gestion des populations animales et de nouvelles formes d'organisation des opérateurs garantes d'une nouvelle cohérence de chacune des races locales.

En ce sens, si le référentiel proposé doit servir de base à la mise en oeuvre d'une "stratégie globale" de conservation, il nous paraît seul apte à garantir le maintien des choix "tactiques", ou plans de conservation, propres à chaque race. De manière plus générale, il s'avère également utile pour concevoir des réponses effectives aux problèmes complexes liés à la gestion des populations animales.

Le renouveau d'intérêt manifesté pour les races à petits effectifs dans le nouveau contexte de la PAC, l'ouverture vers de nouvelles Institutions telles que les Conseils Régionaux et associant des partenaires économiques replaçent de fait une partie de la responsabilité de la conservation des ressources génétiques aux échelons régionaux. Les débats sur les conditions d'un développement régional intégrant harmonieusement la race, le terroir, les pratiques de production et l'image du produit, les nouveaux enjeux socio-économiques donnent aux races locales l'opportunité de rétablir cet équilibre qui résulte d'une double action séculaire et combinée de l'homme et du milieu. L'hypothèse ici exprimée est que la faible productivité des races anciennes peut être compensée, dans leurs régions d'origine, par l'organisation de filières à haute valeur ajoutée.

Ainsi, même si les principes de la conservation, tels qu'ils ont été définis dans ce livre, sont adoptés au niveau national, leur mise en application donne au niveau local un poids très fort. C'est donc bien aux échelons régionaux que doit se constituer l'essentiel de l'action. C'est en ce sens que le succès de la conservation, motivée par un choix de survie, dépendra d'actions décentralisées.

Une politique normalisante de la conservation aurait tôt fait de devenir réductrice et simplificatrice et risquerait, à terme, en entraînant une unification des objectifs et des méthodes, de gommer la personnalité et les compétences de chaque race menacée et, par voie de conséquence, d'accélérer le phénomène d'extinction. De plus, elle contribuerait à dépassionner le débat de la conservation en figeant son cadre et ses procédures *a priori*. Gardons présent à l'esprit que la complexité du concept de conservation a fait le jeu de multiples acteurs. Ce jeu a d'ailleurs permis d'opposer au processus de rupture génétique qui se généralisait depuis la mise en place de la Loi sur l'Elevage, un processus d'adaptation progressif qui autorise aujourd'hui les éleveurs de races anciennes à jouer leur rôle d'adaptateurs.

L'approche de cette diversité n'est pas seulement une question de méthode, elle débouche sur des enjeux sociaux et matériels car, bien que faisant intervenir technique et science, "conservation" se conjugue d'abord avec passion !

Bibliographie

Abbé P., 1978. — Conservation de la race ovine d'Ouessant. *Ethnozootechnie* 22, 21-22.

Adalsteinsson S., 1970. — Colour inheritance in icelandic sheep and relation between colour, fertility and fertilization. *J Agric. Res. Icel.* 2, 1-135.

Alderson L., 1990. — *Genetic conservation of domestic livestock.* Wallingford, UK, CAB International, 242p.

Alderson L., Bodo I., 1992. — *Genetic Conservation of Domestic Livestock.* 2. Wallingford, UK, CAB International, 282p.

Amandier L., 1978. — Une petite race bovine méditerranéenne menacée. La Massanaise. *Bull. Tech. Dép. Génét. Anim.* 26, 118-121.

Audiot A., 1978. — *Le baudet du Poitou et la production mulassière en 1977.* Mémoire ESAPurpan, INRA, Station de génétique quantitative et appliquée, CNRZ, 78350 Jouy-en-Josas, CEREOPA éd., Paris, 129p.

Audiot A., Flamant J. C., 1982. — Qualités et dynamique des populations d'animaux domestiques utilisant des surfaces pastorales. *Ethnozootechnie* 32, 41-57.

Audiot A., Gibon A., Flamant J. C., 1983a. — La conservation des races menacées : quels éleveurs ? *Ethnozootechnie* 33, 71-81.

Audiot A., Langlois B., Rossier E., 1983b. — Inventaire des races menacées et des actions de conservation : les Equidés. *Ethnozootechnie* 33, 33-44.

Audiot A., Verrier E., Flamant J. C., 1992. — National and regional strategies for the conservation of animal inheritance in France. *In : Genetic Conservation of Domestic Livestock* 2, L Alderson & I Bodo ed., 110-127.

Aupetit R. Y., 1983. — Méthodes d'estimation des différences entre races. *Ethnozootechnie* 33, 83-86.

Aupetit R. Y., 1985. — *Analyse des relations phylogénétiques entre les races bovines françaises par le polymorphisme biochimique.* Thèse 3ème cycle, Univ. Paris VII, 66p.

Auriol P., 1954. — Progeny-test et amélioration des aptitudes fromagères de la race Pie Rouge de l'Est. Premières réalisations dans le Jura. *Bull. Tech. Inf.* 87, 20p.

Avon L., 1983a. — Méthode de gestion des petites populations : le cas des races à très petits effectifs. *Ethnozootechnie* 33, 63-70.

Avon L., 1983b. — Inventaire des races menacées et des actions de conservation : les caprins. *Ethnozootechnie* 33, 17-19.

Avon L., 1986. — *Conservation des ressources génétiques bovines* (France). ITEB, Section Amélioration génétique, 24p.

Avon L., 1990. — *Conservation et gestion des ressources génétiques bovines en France et en Europe Occidentale 1988-1989.* ITEB-CR d'études, 57p.

Avon L., Duplan J. M., 1983. — La conservation des races bovines à petits et très petits effectifs. *Annuel pour l'éleveur de bovin*, ITEB 5, 19-28.

Avon L., Vu Tien Khang J., 1985. — L'insémination artificielle dans les programmes de conservation génétique des races bovines à très petits effectifs : exemple de la race "Villars-de-Lans". *Elev. Insémin.* 205, 3-20.

Avon L., Vu Tien Khang J., 1989. — Gestion génétique des populations : cas de la race bovine Villars-de-Lans. *In : La Gestion des Ressources Génétiques des Espèces Animales Domestiques*, Colloque Paris, 18 et 19 avril 1989, 181-190.

Balakrishnan V., Sanghvi L. D., 1968. — Distance between populations on the basis of attribute data. *Biometrics* 24, 859-865.

Barberis C., 1992. — *Les micromarchés alimentaires : produits typiques de qualité dans les régions méditerranéennes. Agriculture, Programme de recherche Agrimed.* Commission des Communautés européennes, Rapport EUR 13783 FR, 35p.

Barillet F., 1975. — *La conservation de la race ovine Solognote.* Union Nationale des Livres Généalogiques, (Ronéotypé), 25p + annexes.

Barillet F., Roussely M., Vu Tien Khang J., Poivey J. P., Chevalet C., Elsen J. M., Rochambeau H. (de) 1989. — Variabilité génétique dans le noyau de sélection des ovins laitiers de race Lacaune. *In : La Gestion des Ressources Génétiques des Espèces Animales Domestiques*, Colloque de Paris, 18 et 19 Avril 1989, 71-80.

Bazan-Bazan R., 1986. — *Contribution à l'étude de la croissance et qualité bouchère des cabris de race Rove.* DEA USTL, Montpellier.

Benadjaoud A., Lauvergne J. J., 1991. — Comparaison de 14 races ovines françaises autochtones par l'indice d'archaïsme. *INRA Prod. Anim.* 4(4), 321-328.

Benadjaoud A., 1987. — *Etude des profils génétiques de quelques populations traditionnelles et races de première standardisation d'Ovicaprinae en France : gènes à effet visible et polymorphismes biochimiques.* Thèse Doct. Sci. Biol. Univ. Rennes I, 161, 2 vol, 108 et 80p.

Bégué D., 1986. — *Les définitions de la race bovine Gasconne dans le Gers. 1821-1901 : concept, catégorie, institution.* Thèse 3ème cycle, Univ. Toulouse-Mirail, 260p.

Béranger C., 1988. — L'élevage au secours de l'espace rural. *In "1988-2008 : un défi à relever", Cultivar 2000* 233, 140-141.

Berbigier P., 1991. — Productive responses of ruminants under high temperature conditions. *In : Proceedings of the International Symposium on Animal Husbandry in Warm Climates*, Viterbo, Italy, 25-27 Octobre 1990. EAAP Publication 55, PUDOC, Wageningen, 31-38.

Berge S., 1966. — Goat coat color. *Meld. Norg. Landbrukhogsk* 5, 24p.

Bérodier F., 1990. — L'image sensorielle du Comté. Colloque *Authenticité du goût et terroirs*, 27-28 novembre 1990. Poligny-Besançon (à paraître).

Bertocchio F., 1989. — *L'évaluation d'une race Bovine à très petit effectif. L'exemple de la race Béarnaise.* Thèse Doct. Inst. Nat. Polytech. Toulouse, 199 p + annexes.

Bertocchio F., Audiot A., Flamant J. C., 1992. — Contribution de l'animal à la production du troupeau : Analyse de la contribution de types génétiques variés au sein de troupeaux bovins laitiers en vallée d'Aspe. *In : Programme de Recherche Agrimed - Approche globale des systèmes d'élevage et étude de leurs niveaux d'organisation : concepts, méthodes et résultats*, Toulouse, 7 juillet 1990, Commission des Communautés européennes, 123-129.

Bertocchio F., Flamant J. C., 1991. — D'une race menacée à un fromage mixte en vallée d'Aspe : réflexions sur le lien produit-animal-terroir. *Ethnozootechnie* 47, 53-60.

Besche-Commenge B., 1977. — *Le savoir des bergers de Casabède.* Travaux de l'Institut d'Etudes Méridionales, CNRS Toulouse, 2 vol.

Besche-Commenge B., 1981a. — De la notion de race au concept de population. Les concours de bovins en Ariège depuis 1923. *Ethnozootechnie* 28, 75-90.

Besche-Commenge B., 1981b. — Le concept de race. Mythe rationnaliste ou pratique socio-économique. *Ethnozootechnie* 29, 43-59.

Bibé B., Flamant J. C., 1981. — Choix du matériel animal dans le contexte des systèmes d'élevage ovin en Europe méridionale : raisonnements faisant intervenir l'existence d'interactions génotype-milieu. 32ème *Congrès de la Fédération Européenne de Zootechnie*, Zagreb, août-sept. 1981, 11p.

Bibé B., Frébling J., Ménissier F., 1974. — Schéma d'utilisation des races rustiques en croisement avec des races à viande. *In : 6èmes Journées du Grenier de Theix*, 192-211.

Bibé B., Frébling J., Ménissier F., Vissac B., 1976. — Utilisation des races rustiques en croisement avec des races à viande : exemple de la race Gasconne. *Ann. Génét. Sél. anim.* **8** (2), 233-264.

Bibé B., Vissac B., 1975. — Gènes en péril : d'importants risques pour notre économie. *L'élevage bovin* 15, 46-51.

Bibé B., Vissac B., 1979. — Amélioration génétique et utilisation du territoire. *In : 10èmes Journées du Grenier de Theix*, 481-491.

Bidanel J. P., 1989. — Etude de stratégie de valorisation en croisement de la race Meishan. 3. Evaluation comparée de différents systèmes de croisement. *In : 21èmes Journées de la Recherche Porcine en France*, Paris, 31 janvier - 2 fevrier 1989, ITP Paris, 361-366.

Blanc H., Chaumeil R., Rémy C., 1988. — *Rapport d'enquête relatif à l'élevage et au marché des chevaux lourds.* Comité Permanent de Coordination des Inspections. Ministère de l'Agriculture, 49 p.

Blanc J., 1972. — Sauvegarde des espèces domestiques : espèce caprine du Rove. *Ethnozootechnie* 8, 5-6.

Bonacini I., Lauvergne J. J., Succi G., Rognoni G., 1982. — Etude du profil génétique des ovins de l'Arc Alpin italien à l'aide des marqueurs à effets visibles. *Ann. Génét. Sél. anim.* 14, 417-434.

Bonaïti B., Bertaudière L., 1982. — Interaction génotype-milieu sur la production laitière chez les bovins. I. Variation de la production laitière des primipares sous l'influence de l'indice de sélection du père et du milieu d'étable. *Ann. Génét. Sél. anim.*, **14** (2), 177-186.

Bonaïti B., Levéziel H., Boichard D., 1991. — *Analyse de la diversité des races bovines françaises pour la composition du lait.* C.R. de fin d'étude d'une recherche financée par le MRT, INRA, Laboratoire de Génétique Biochimique, Station de Génétique Quantitative et Appliquée, Jouy-en-Josas, 10 p.

Bonnemaire J., Vissac B., 1988. — Races bovines et modèles de développement. *In : Pour une Agriculture diversifiée. Arguments, questions, recherches*. L'Harmattan éd., Paris, 252-267.

Bougler J., 1975a. — Le problème de la raréfaction de certaines races ou espèces domestiques en France. *In : L'homme et l'animal*, 1er Colloque d'Ethnozoologie, juin 1975, Inst. Int. Ethnosciences, 613-621.

Bougler J.., 1975b. — Inventaire des races bovines françaises en péril. *Bull. Tech. Dépt. Génét. Anim.* 20, 47-60.

Bougler J., 1983a. — Introduction. *Races domestiques en péril. Ethnozootechnie* 33, 1-2.

Bougler J., 1983b. — Bilan de l'utilisation de l'insémination artificielle en France. *In : Les colloques de l'INRA 29, Insémination Artificielle et Amélioration Génétique : bilan et perspectives critiques*. Toulouse-Auzeville (France), 13-52.

Bougler J., 1985. — *Inventaire des ressources génétiques animales françaises*. Bureau des Ressources Génétiques et Association Française de Zootechnie. Paris, 800p.

Bougler J., 1992. — La loi sur l'élevage et l'organisation générale de la sélection en France. *INRA Prod. Anim., hors série Génétique quantitative*, 219-221.

Bougler J., Rochambeau H. de, Rossier E., 1983. — De la nécessité de la gestion génétique des races de chevaux lourds et de ses conséquences sur l'évolution des livres généalogiques. *In : 9èmes Journées de la Recherche Chevaline*, CEREOPA, Paris, 9 Mars 1983, 27-41.

Bouissou M. F., 1985. — *Contribution à l'étude des relations interindividuelles chez les bovins domestiques femelles*. Thèse d'Etat, Univ. Paris VI, 2 vol, 357p.

Bouix J., 1992. — Adaptation des ovins aux conditions de milieu difficiles. INRA *Prod. Anim., hors série Génétique quantitative*, 179-184.

Bouix J., Gruner L., Vu Tien Khang J., Luffau G., Yvore P., 1992. — *Recherches sur la résistance des ovins au parasitisme interne : mise en évidence d'une composante génétique*. Rencontres GTV-INRA Tours 14-15 mai 1992. Bull. des GTV 92-5-OV-103, 91-99.

Boutonnet J. P., 1986. — Le rôle économique et social du mouton dans le monde. *In : Actes du Congrès du Bicentenaire de la Bergerie Nationale de Rambouillet*, 29 et 30 Avril 1986, 17p.

Boyazoglu J. G., Casu S., Flamant J. C., 1979. — Crossbreeding the Sarda and East Friesian breeds in Sardinia. *Ann. Génét. Sél. anim.* **11** (1), 23-51.

Bredin 1987. — Un petit air écossais sur les Marais d'Yves. *Bull. de la LPO 9*, 4ème trimestre, 8.

Buis R. C., Tucker ER., 1983. — Relationships between rare breeds of sheep on the Netherlands as based on blood-typing. *Anim. Blood Groups Biochem. Génét.* 14 (1), 17-26.

Bulletin Technique d'Information du Ministère de l'Agriculture, 1980. — *La gestion du patrimoine génétique des espèces domestiques* 351/352, 512p.

Bureau des Ressources Génétiques, 1989. — *La Gestion des Ressources Génétiques des Espèces Animales Domestiques*. Colloque Paris, 18 et 19 avril 1989, Lavoisier Tec Doc, 244p.

Canope I., Raynaud Y., Despois E., Hedreville F., 1986. — Le Porc créole de la Guadeloupe, étude monographique. *Bull. Tech. Inf. Ministère de l'Agriculture* 408, 209-226.

Carter H. B., 1964. — *His Majesty's Spanish flock*. Angus & Robertson ed., Sydney.

Casabianca F., 1977. — *L'enquête sur les reproducteurs porcins corses*. Mémoire 3ᵉᵐᵉ année, ENSA Toulouse, 105p + annexes.

Casabianca F., 1988. — Place de la conservation de la race bovine locale dans un processus de développement de l'élevage bovin corse. *In : 3ᵉᵐᵉ congrès mondial de la production de viande Ovine et Bovine*, 19 - 23 juin 1988, INRA, Paris, 2, 344-346.

Casu S., Boyazoglu J. G., Lauvergne J. J., 1970. — Hérédité des pendeloques dans la race ovine sarde. *Ann. Génét. Sél. anim.* 3, 249-262.

Casu S., Branca A., Ledda A., Podda F., 1989. — Caractéristiques du lait des chèvres sardes spécialisées en liaison avec la production fromagère. *In : Symposium "Philetios" sur "L'évaluation des ovins et caprins méditerranéens"*, Santarem, 23-25 septembre 1987, 329-334.

Cauderon A., 1984. — Ressources génétiques, amélioration des plantes et agriculture. *Bull. Tech. Inf. Ministère de l'Agriculture* 391, 385-390.

Cavalli-Sforza L. L., Bodmer W., 1971. — Human evolution. *In : the genetics of human population*. WH Freeman and Co, San-Francisco, chap. 11, 683-752.

Cavalli-Sforza L. L., Edwards A. W. F., 1967. — Phylogenic analysis models and estimations procedure. *Evolution* 21, 550-570.

Centre Régional de Ressources Génétiques Nord-Pas-de-Calais, 1986. — *Parlons Bêtes. Races régionales : panorama et enjeux*, 80p.

Centre Régional de Ressources Génétiques Nord-Pas-de-Calais, 1991. — *Orientations du Centre Régional de Ressources Génétiques Nord-Pas-de-Calais pour le Xᵉᵐᵉ plan*. Document de travail, 11p.

Chauvet M., Olivier L., 1993. — *La Biodiversité, enjeu planétaire*. Sang de la terre éd., 413p.

Chevalet C., Malafosse A., 1979. — Le contrôle de la consanguinité dans les petites populations. *Bull. Tech. Dépt. Génét. Anim.* 31, 122p.

Coleou J., Rossier E., 1986. — Le cheval en France : situation, apports scientifiques et techniques récents. Problèmes, perspectives. *C.R. Acad. Agri. Fr.* 72 (3), 233-248.

Coleou J., Rossier E., 1988. — Le cheval et les autres équidés : outils de diversification. *In C.R. Journées : "Extensification et diversification des productions animales : quels problèmes ? quelles perspectives ?* Paris, 5-10 novembre 1988, AFZ éd., 17p.

COGNOSAG, 1985. — *Rules for nomenclature of genes with visible effect in sheep and goats: second version*. J. J. Lauvergne, INRA, Jouy-en-Josas, France, 14p.

Colloque BRG / INRA, 1993. — *Ressources génétiques animales et végétales : Méthodologies d'étude et de gestion*. Montpellier, 28-30 septembre 1993 (à paraître).

Crimella C., Cristofalo C., 1982. — Comparison of some Italian horse breeds by means of genetic markers. *Atti della Societa Italiana delle Scienze Veterinarie* 35, 551-552.

Darwin C., 1859. — *On the origin of species by means of natural selection*. John Murray, London.

Dechambre P., 1913. — *Traité de zootechnie. III Les Bovins*. Ch. Amat., Asselin et Houzeau, Paris.

Dechambre P., 1914. — *Traité de zootechnie. I. Zootechnie générale*. Ch. Amat, Asselin et Houzeau, Paris, 587p.

Dechambre P., 1925. — La Race. *Revue de zootechnie* 1, 251-259.

Dedieu B., 1984. — *L'élevage ovin sur parcours méditerranéens. Adaptations et mutations des systèmes de production en Cévennes Gardoises*. Thèse Doct. Ing., CNRS, Piren, Programme Causse-Cévennes, INA-PG, 311p + annexes.

Dedieu B., 1985. — La Raïole s'accroche aux Cévennes. *Pâtre* 328, 11-14.

Degois M., 1936. — Origines et évolution du troupeau Mérinos de Rambouillet. *In : Cent cinquantenaire de la fondation de la Bergerie nationale : le troupeau Mérinos et la Bergerie Nationale de Rambouillet, Rambouillet*, 2-19.

Delate J. J., Leguyadec P., 1990. — Le retour du cochon traditionnel en Haïti. Bilan de 3 années de repeuplement. *Porc Magazine* 223, 51-55.

Denis B., 1983. — Parenté et filiation des races bovines françaises actuelles vues par les anciens auteurs. *Ethnozootechnie* 32, 141-158.

Denis B., Guérin G., 1989. — Méthodes d'approche de l'organisation génétique des espèces animales domestiques. *In : La Gestion des Ressources Génétiques des Espèces Animales Domestiques*, Colloque Paris, 18 et 19 Avril 1989, 41-49.

Denis B., Malher X., 1988. — Les vieilles races ovines de l'Ouest de la France : aspects historiques, situation actuelle. *Bull. Soc. Sc. nat.* nouvelle série 10 (4), 177-197.

Denis B., Malher X., 1992. — Le mouton breton. *Bull. Inf. Res. Génét. Anim.* 9, 71-78.

Derveaux P., 1986. — Quelles orientations et quelle organisation pour les livres généalogiques de chevaux lourds. *Bull. Inf. Chev. Lourds*, CEREOPA 1, 45-52.

Desvignes A., Darpoux R., 1964. — Valeur d'élevage des brebis utilisées pour le croisement industriel avec différentes races de béliers. *Bull. Tech. Inf. Ing. Serv. Agr.*, 195, 893-901.

Devendra C., 1978. — The digestive efficiency of goats. *World Review Anim. Prod.* 14, 9-12.

Devillard J. M., 1980. — La politique française de conservation des races domestiques en péril. Premier bilan. Panorama des races menacées et des programmes de conservation mis en place. *Bull. Tech. Inf. Ministère de l'Agriculture*, Paris, 351/352, 591-596.

Disset R., Sigwald J. P., 1971. — Les races caprines francaises. *In : Cofranimex. L'élevage français*, Paris.

Djellali A., 1992. — *Bilan des deux programmes de conservation en races ovines Solognote et Mérinos Précoce*. Mémoire de fin d'études INA PG, 62p.

Djellali A., Vu Tien Khang J., Rochambeau H. de, Verrier E., 1994. — Bilan génétique des programmes de conservation des races ovines Solognote et Mérinos Précoce. *Génét. Sél. Evol.* (à paraître).

Doligez E., 1993. — *Méthodes de suivi des herbivores en milieu difficile*. CEREOPA, Ministère de l'environnement (Direction de la nature et des paysages) éd., Paris, 76p + tableaux et figures.

Duru M., 1982. — Approche du fonctionnement des systèmes fourragers dans les exploitations d'élevage des Pyrénées Centrales. *In : Séminaire du département d'Agronomie*. Vichy 16-18 mars, (ronéotypé) 14p.

Du Sartel C., 1983. — Actions de sauvegarde entreprises en race poitevine. *Ethnozootechnie* 22, 94-95.

Ethnozootechnie, 1975. — *Races domestiques en péril*. C.R. de la première journée d'étude du 21 novembre 1974, 20, 104p.

Ethnozootechnie, 1978. — *Races domestiques en péril*. C.R. de la deuxième journée d'étude du 18 mai 1978, 22, 147p.

Ethnozootechnie, 1979. — *Zones marginales et races rustiques*. C.R. de la journée d'étude du 26 avril 1979, 24, 99p.

Ethnozootechnie, 1981. — *Le concept de race*. C.R. de la journée d'étude du 28 novembre 1981, 29, 72p.

Ethnozootechnie, 1982. — *Les animaux domestiques dans les parcs naturels et les zones difficiles*. C.R. de la journée d'étude du 21 avril 1982, 30, 149p.

Ethnozootechnie, 1983. — *Races domestiques en péril*. C.R. de la troisième journée d'étude du 4 novembre 1983, 33, 90p.

Ethnozootechnie, 1983. — *Races en péril*. C.R. de la quatrième journée d'étude du 2 décembre 1993, **52**, 92 p.

FAO/UNEP, 1975. — *Etude pilote sur la conservation des ressources génétiques animales*. OAA, Rome, 70p.

FAO/UNEP, 1981. — *Animal genetic resources : conservation and management*. FAO Animal Production and Health Paper 24, Rome, 388p.

FAO/UNEP, 1984a. — *Animal genetic resources conservation by management, data banks and training*. FAO Animal Production and Health Paper 44(1), Rome, 186p.

FAO/UNEP, 1984b. — *Animal genetic resources : cryogenic storage of germplasm and molecular engineering*. FAO Animal Production and Health Paper 44(2), Rome, 114p.

FAO/UNEP, 1986. — *Animal genetic resources Data Bank*. FAO Animal Production and Health Paper, 59(1)/(2)/(3), Rome.

FAO/UNEP, 1987. — *Animal genetic resources : strategies for improved use and conservation*. FAO Animal Production and Health Paper, 66, Rome, 316p.

FAO/UNEP, 1990. — *Animal genetic resources : a global programme for sustainable development*. FAO Animal Production and Health Paper, 80, Rome, 300p.

Fasman K. H., Robbins R. J., 1993. — CCM 92 informatics report. *In : Genome Priority reports - Chromosome Coordinating, Meeting 1992*, Klinger HP ed. 1, 5-8.

Fédération Française des Sociétés de Protection de la Nature, 1986. — *Agriculture et environnement*, Syros, 319 p.

Fédération Pyrénéenne des Syndicats d'Elevage de la Race Bovine Blonde des Pyrénées, INRA-URSAD, 1989. — *Procès-Verbaux des assemblées générales et des Réunions du Conseil d'Administration de la Fédération Pyrénéenne des Syndicats d'Elevage de la Race Bovine Blonde des Pyrénées tenues entre le 26 octobre 1957 et le 22 février 1976.* Extraits des archives personnelles de Monsieur Marcel Erny, Président de la FPSERBBP, Collectés pour le compte d'une étude sur la race bovine Béarnaise (F Bertocchio, 1989).

Flamant, J. C., 1975. — *Possibilités de travaux sur l'analyse de la structure génétique des populations ovines et caprines*, document de travail, août 95, 6p.

Flamant, J. C., 1976. — *Aide-mémoire sur le développement des recherches zootechniques en Corse*, Document de travail, 11p.

Flamant J. C., 1988. — La dimension humaine des schémas d'amélioration génétique des races ovines. *In : "Biologie et animal"* 1, 347-365, Presses de l'Institut d'Etudes Politiques de Toulouse, 376p.

Flamant J. C., Audiot A., Vallerand F., 1991. — Les populations humaines gestionnaires des populations animales. *In : Les Exploitations Agricoles et leur Environnement. Essai sur l'espace technique et économique*. J Brossier & E Valceschini éd., 143-160.

Flamant J. C., Bibé B., Gibon A., Vu Tien Khang J., 1979. — Approche pour une amélioration génétique des races locales ovines. Notion de rusticité. *In : 5èmes Journées de la Recherche Ovine et Caprine*, 5-6 décembre 1979, 427-447.

Flamant J. C., Bisson M., Prudhon M., 1982. — Rôle et importance du climat sur les productions animales et au sein des systèmes d'élevages :

analyse de trois situations. *In : Séminaire "Actions du climat sur l'animal au pâturage"*. INRA, 7-24.

Flamant J. C., Morand-Fehr P., 1989. — Introduction au Symposium PHILOETIOS : le matériel animal dans ses rapports avec les systèmes de production, conséquences pour son évaluation. *In : Symposium "Philetios" sur "L'évaluation des ovins et caprins méditerranéens"*, Santarem, 23-25 septembre 1987, 1-13.

Fossat J. L., 1981. — Le mot race vu par les lexicologues. *Etnozootechnie* 29, 15-23.

Fossat J. L., 1984. — *Histoire sociale du concept de race. Le cas de la population bovine gasconne*. URL8, Univ. Toulouse-Mirail, 130p.

Frankel O. H., 1971. — *The significance, utilization and conservation of cropgenetic resources*. FAO Rome, 89p.

Frankel O. H., Soulé M. E., 1981. — *Conservation and evolution*. Cambridge University Press, VIII + 327p.

Gandemer G., Legault C., 1990. — Contribution du génotype et du système d'élevage à la production d'un porc labélisable. *Porc Magazine* 222, 31-37.

Geffroy B., 1978. — *Industrialiser l'élevage, cent ans d'utopie. L'encadrement professionnel des producteurs bovins et son rôle dans le développement de l'élevage de 1840 à 1940*. Thèse Doct. 3ᵉᵐᵉ cycle sociol. rur., Univ. Paris X Nanterre, 308p.

Gibon A., 1981. — *Pratiques d'éleveurs et résultats d'élevage dans les Pyrénées Centrales*. Thèse Doct. Ing. INA-PG, Paris, 106p.

Gibon A., Dedieu B., Thériez M., 1985. — Les réserves corporelles des brebis, stockage, mobilisation et rôle dans les élevages de milieu difficile. *In : 10ᵉᵐᵉˢ Journées de la Recherche Ovine et Caprine*, INRA-ITOVIC, 168-212.

Gilbert L., 1983. — Inventaire des races menacées et des actions de conservation : les ovins. *Ethnozootechnie* 33, 11-16.

Girard N., 1990. — *Utilisation des équidés pour la gestion, la protection et la valorisation d'espaces en milieu difficiles*. CEREOPA éd., 122 p+annexes.

Girard N., Duncan P., Rossier E., Doligez E., Gleize J. C., Boulot S., Tesson J. L., 1992. — *L'élevage extensif de chevaux pour la gestion d'espaces naturels*. ONC, CEREOPA, Station biologique de la Tour du Valat éd. 64p.

Gorioux F., 1982. — *Mise en place du Livre Généalogique du Cob Normand*. Mémoire de fin d'études, ENGREF, INA-PG, Paris, 175p.

Goutefongea R., Girard P., Labadie J. L., Rénerre M., Touraille C., 1983. — Utilisation d'aliments grossiers pour la production de porcs lourds : interactions entre type génétique, sexe et mode de conduite. 2. Qualité de la viande et aptitude à la transformation. *In : 15ᵉᵐᵉˢ Journées de la Recherche Porcine en France*, 193-200.

Gregorius H. R., 1984. — A unique genetic distance. *Biom. J.* . 26, 13-18.

Grosclaude F., Mahé M. F., Brignon G., Di Stasion L., Jeunet R., 1987. — A Mendelian polymorphism underlying quantitative variations of goat $\alpha 11$ casein. *Génét. Sél. Evol.* 19, 399-412.

Grosclaude F., 1988. — Le polymorphisme génétique des principales lactoprotéines bovines. Relations avec la quantité, la composition et les aptitudes fromagères du lait. INRA *Prod. Anim.* 1, 5-17.

Grosclaude F., Aupetit Y. R., Lefebvre J., Mériaux J. C., 1990. — Essai d'analyse des relations génétiques entre races bovines françaises à l'aide du polymorphisme biochimique. *Génét. Sél. Evol.* 22, 317-338.

Grosclaude F., 1991. — Structure, déterminisme génétique et polymorphisme des 6 lactoprotéines principales des bovins, des caprins et des ovins. Colloque *Qualité des laits à la production et aptitudes fromagères*, INRA-ENSAR, Rennes, 23-24 janvier 91.

Groupe de recherches sur l'élevage en garrigue, 1979. — Amélioration pastorale de la Garrigue. *In : 10èmes Journées du Grenier de Theix*, 1-3 juin 1978, INRA, 375-396.

Groupe de recherches SEI Castagniccia, 1979. — Utilisation des parcours par les éleveurs en Castagniccia. *In : 10èmes Journées du Grenier de Theix*, 1-3 juin 1978, INRA, 409-427 .

Gruner L., Bouix J., Cabaret J., Boulard C., Cortet J., Sauve C., Molénat G., Calamel M., 1992. — Effect of genetic type, lactation and management on helminth infection of ewes in an intensive grazing system on irrigated pasture. *Int. J. Parasitol.* 22 (7), 917-925.

Guénon AD., 1899. — *Le mulet intime, une réhabilitation*. Châlons sur Marne, Imprimerie de l'Union, 232p.

Guérin G., 1980. — Le polymorphisme biochimique et l'analyse des relations génétiques entre races. *Bull. Tech. Inf. Ministère de l'Agriculture* 351/352, 437-445.

Guérin G., Mériaux J. C., 1986. — La distribution des marqueurs sanguins dans les races équines. Analyse sur un échantillon de Pursang, Trotteur français et Selle français. *In : 12èmes Journées de la Recherche Chevaline*, CEREOPA, 2-13.

Guillon-Duboeuf B., 1981. — *L'élevage du cheval Comtois en 1981. La sélection et la consanguinité*. Mémoire de fin d'études ENSAA Dijon, 119p.

Haugen E., 1960. — L'hermaphrodisme chez la chèvre. *Meld. Norg. Landbrushogsk* 39 (10), 1-33.

Havy A., Bibé B., 1989. — Sélection en race bovine Salers : changement d'orientation, réadaptation des moyens. *In : La Gestion des Ressources Génétiques des Espèces Animales Domestiques*. Colloque Paris, 18 et 19 Avril 1989, 120-136.

Henry C., 1992. — *Bilans de 15 ans de sauvegarde de la race bretonne Pie Noir*. Mémoire de fin d'études Inst. Sup. Agr. de Beauvais, Société des Eleveurs de Bretonnes Pie Noir, 78p + annexes.

Hodges J., 1984. — Conservation of animal genetic resources. *Livest. Prod. Sci.* 11 (1), 1-2.

Hodges J., 1986. — Animal genetic resources in the developping world : goals, strategies, management and current status. *3rd World Congr. Genet. appl. anim. Prod.* 12, 474-485.

INRA / Conseil Régional de Midi-Pyrénées, 1992. — *Trésors vivants. Conservatoire du Patrimoine Biologique Régional de Midi-Pyrénées*, 20p.

INRA Publications, 1979. — *10èmes journées du Grenier de Theix : Utilisation par les ruminants des pâturages d'altitude et parcours méditerranéens*. INRA Theix, 1 au 3 juin 1978, 565p + annexes.

Jannin G., 1929. — Les races ovines françaises. *In : Congrès du mouton*. Paris 9-11 décembre 1929 1, 61-92.

Kaminski M., Van de Weghe A., Bouquet Y., Podliachouk L., 1976. — Marqueurs génétiques sanguins chez les chevaux de trait en France. *Ann. Génét. Sél. anim.* 8 (4), 449-460.

Kimura M., Crow J. F., 1963. — On the maximum avoidance of inbreeding. *Génét. Res.* 4, 399-415.

Lagacherie M., 1988. — *Eleveurs caprins utilisateurs de la race Rove*. ITOVIC-INRA. 43p + annexes.

Landais E., 1987. — *Recherches sur les systèmes d'élevage. Questions et perspectives*. Doc. de travail de l'Unité Versailles-Dijon-Mirecourt, INRA-SAD, Versailles, 75p.

Langlet A., Flamant J. C., Molénat G., Osty P. L., 1979. — Les parcours des Grands Causses : contraintes et possibilités techniques d'une mise en valeur par l'élevage ovin. *In : 10* ^{èmes} *Journées du Grenier de Theix*, 1-3 juin 1978, INRA, 257-334.

Langlois B., 1973. — Caractères quantitatifs chez le cheval : aspects génétiques. *Bull. Tech. Dép. Génét. Anim.*, INRA 16, 135p.

Langlois B., 1977. — *La Camargue. Note à l'issue d'une mission. Station de Génétique quantitative et Appliquée*, INRA, CNRZ, Jouy-en-Josas, Polycop, 14p.

Langlois B., 1992. — Le cheval. *INRA Prod. Anim., hors série Génétique quantitative*, 49-54.

Laurans R., 1985. — La conservation des races animales domestiques à petits effectifs. *C.R. Acad. Agric. de France* 715, 481-494.

Laurans R., 1989. — Le concept de race : approche ethnozootechnique, approche biologique. *In : La Gestion des Ressources Génétiques des Espèces Animales Domestiques*. Colloque de Paris, 18 et 19 Avril 1989, 31-40.

Lauvergne J. J., Boyazoglu J. G., Carta R., Casu S., 1973. — Caractéristiques démographiques de la race ovine Sarde. *Ann. Génét. Sél. anim.* 5, 53-72.

Lauvergne J. J., 1975a. — L'action des organisations internationales pour la sauvegarde des races d'animaux domestiques en péril. *Ethnozootechnie* 13, 12-14.

Lauvergne J. J., 1975b. — Génétique de la couleur de la toison des races ovines françaises Solognote, Bizet et Berrichonne. *Ann. Génét. Sél. anim.* 7, 321-330.

Lauvergne J. J., 1978. — Utilisation des marqueurs génétiques pour l'étude de l'origine et de l'évolution du mouton domestique. *Ethnozootechnie* 21, 17-23.

Lauvergne J. J., 1979. — Modèles de répartition des populations domestiques animales après migration par vagues à partir d'un centre d'origine. *Ann. Génét. Sél. anim.* 11, 105-110.

Lauvergne J. J., 1980. — Conservation des races domestiques rares dans les zoos et Parcs Naturels de France, Belgique, Pays-Bas et Suisse, *Bull. Tech. Dép. Génét. Anim.*, INRA 33, 38p.

Lauvergne J. J., 1982. — Génétique des populations animales après la domestication : conséquences pour la conservation des races. *2nd World Congr. Génét. Appl. Livestock. Prod.*, Madrid, 6, 77-87.

Lauvergne J. J., 1987. — *Les Ressources Genétiques Ovines et Caprines en France. Situation en 1986*. BRG et Lavoisier, Paris, 105p.

Lauvergne J. J., 1989. — La constitution des ressources génétiques animales de ferme. *In : La Gestion des Ressources génétiques des espèces animales domestiques*, Colloque Paris, 18 et 19 avril 1989, Bureau des Ressources Génétiques, 9-18.

Lauvergne J. J., Howell WE., 1978. — Un premier inventaire génétique de la chèvre Corse (gènes à effet visible). *Ethnozootechnie* 22, 86-93.

Lauvergne J. J., Laurans R., 1979. — Inventaire et conservation du matériel génétique animal de ferme en France et écodéveloppement. Une bibliographie signalétique, 1961-1979. *Ann. Génét. Sél. anim.* 11 (2), 165-185.

Lauvergne J. J., Renieri C., Audiot A., 1987. — Estimating erosion of phenotypic variation in a French goat population. *J. Hered.* 78, 307-314.

Leclerc B., Lécrivain E. 1979. — *Etude du comportement d'ovins domestiques en élevage extensif sur le Causse du Larzac*. Thèse de 3ème cycle. Univ. de Rennes I, 344p.

Lecomte T., Le Neveu C., 1986. — *Le Marais Vernier : contribution à l'étude et à la gestion d'une zone humide.* Thèse Univ. de Rouen, 630p.

Lecomte T, Le Neveu C., 1990. — Utilisation du cheval rustique pour la gestion de friches marécageuses : exemple de l'implantation de chevaux Camargues au Marais Vernier (Eure-France). *In : C.R. 16èmes Journées de la Recherche Chevaline*, CEREOPA, 7 mars 1990, 172-182.

Lecomte T., Le Neveu C., Jauneau A., 1981. — Restauration de biocénoses palustres par l'utilisation d'une race bovine ancienne Highland Cattle : cas de la réserve naturelle des Mannevilles (Marais Vernier-Eure). *Bull. Ecol.* 12,2/3, 225-247.

Lefebvre Sainte Marie M. G., 1849. — *De la race bovine courte-corne améliorée dite "race Durham" en Angleterre, aux Etats-Unis d'Amérique et en France.* Paris, Imprimerie Nationale.

Lefort-Busson M., Vienne D. (de), 1985. — *Les distances génétiques. Estimations applications.* INRA, Paris, 181p.

Les colloques de l'INRA, 1988. — *Populations traditionnelles et premières races standardisées d'Ovicaprinae dans le bassin méditerranéen*, 47, Gontard/Manosque (France) 30 juin- 2 juillet 1986, 298p.

Lemoigne J. L., 1990. — *La Modélisation des systèmes complexes.* Afcet systèmes, Dunod éd., 178p.

Le Neindre P., 1984. — *La relation mère-jeune chez les bovins : influence de l'environnement social et de la race.* Thèse d'Etat, Univ. de Rennes, 274p.

Le Neveu C., Lecomte T., 1990. — *La gestion des zones humides par le pâturage extensif.* Ministère de l'Environnement. Atelier technique des Espaces Naturels éd., Neuilly, 107p.

Le Roy P., 1989. — *Méthodes de détection de gènes majeurs : application aux animaux domestiques.* Thèse Doct. Sci. Univ. Paris-Sud, Centre d'Orsay, 229p.

Létrillart B., Péres G., 1983. — *Evaluation de la population ovine Boulonnaise. Situation actuelle et perspectives d'avenir.* Mémoire de fin d'études Inst. Sup. de Lille, Centre Régional de Ressources Génétiques Nord-Pas-de-Calais, ENR SERAE, 76p + annexes.

Lizet B., 1984. — L'impossible rencontre entre la culture locale et la tradition équestre. Le pottok, petit cheval du pays basque. Les cultures populaires. *Actes du colloque les cultures populaires*, Nantes, juin 83, Paris, Institut d'ethnologie, Coll. Archives et Documents, micro-édition.

Lizet B., 1986. — "C'est la montagne qui donne" , le pottok, petit cheval du Pays basque. *Tradition, rupture, modernité dans les systèmes d'élevage français. Production pastorale et société* 18, 112-115.

Lizet B., 1989. — *La Bête Noire. A la recherche du cheval parfait.* La Maison des sciences de l'homme éd., Paris, 340p.

Loiseau P., Martin-Rosset W., 1985. — Utilisation des pâturages pauvres en moyenne montagne humide par le cheval. *In : 36ème réunion annuelle FEZ*, Kallithea (Grèce), 30 Sept-3 Oct.

Loiseau P., Martin-Rosset W., 1988. — 1989 Evolution à long terme d'une lande de montagne pâturée par des bovins et des chevaux. *Agronomie I*, 1988, 8, 873-880 et II, 1989, 9, 161-169.

Lydtin et Hermes, 1910. — La définition du terme de "race pure" et son interprétation chez les sociétés d'élevage allemandes et étrangères. *Bull. Off. Renseig. agric.* 1, 28-50.

Maijala K., 1987 a. — Surveying animal breed resources in Europe. *In : Research in Cattle Production. Danish Status and Perspectives*, 208-218. Landhusholdningsselskabets Forlag, Copenhague.

Maijala K., 1987 b. — Possible role of animal gene resource in production, natural environment conservation, human pleasure and recreation. *In* : Varsaw, Poland, June 1986, *Animal genetic resources. Proceedings of the second meeting of the FAO/UNEP Expert Panel*, FAO, Rome, Italy, 205-215.

Maijala K., Cherekaev A. V., Devillard J. M., Reklewski Z., Rognoni G., Simon D. L., Steane D. E., 1984. — Conservation des ressources génétiques animales. Rapport du groupe de travail de la FEZ. *Livest. Prod. Sci.* 11 (1), 3-22.

Malafosse A., Cordier L., Krychowski T., 1976. — *Maintien de la variabilité génétique dans les petites populations : aspects méthodologiques et modalités pratiques de mise en place des programmes correspondants.* Document UNLG, ronéotypé, 31 p.

Malafosse A., 1977. — *Le programme poitevin.* Doc. ronéotypé UNLG-INRA, 32p.

Malécot G., 1948. — *Les mathématiques de l'hérédité.* Masson éd., Paris.

Martinand P., 1979. — *In : Réunion du Groupe de travail sur l'étude des races locales et leurs relations avec les systèmes d'élevage et les milieux naturels*, INRA Toulouse-Auzeville, le 30 mars 1979, doc. ronéotypé, 15p.

Martinand P., Millo A., 1979. — Différenciation du territoire des exploitations ovines des préalpes du sud en fonction de l'utilisation pastorale. *In : 10èmes Journées du Grenier de Theix*, 397-407.

Martin-Rosset W., Loiseau P., 1979. — Récupération des pâturages dégradés par les chevaux. *In : 5èmes Journées de la Recherche Chevaline*, CEREOPA, Paris, 7 mars 1979, 49-66.

Ménissier F., 1974. — L'aptitude au vêlage des races à viande françaises. *In : 6èmes Journées du Grenier de Theix*, 139-170.

Ménissier F., 1979. — Difficultés de mise-bas chez les bovins. *Bull. Tech. Dép. Génét. Anim.* 29, 132-190.

Ménissier F., 1982. — Present state of knowledge about the genetic determination of muscular hypertrophy or the double-muscled trait in cattle. *In* : King JWB, Ménissier F ed, *Muscle hypertrophy of genetic origine and its use to improve beef production*, 387- 428, Martinus Nijhof, La Hague.

Ménissier F., Foulley J. L., 1978. — Situation actuelle des problèmes de vêlage dans la Communauté économique européenne : importance des difficultés de vêlage et de la mortinatalité chez les bovins à viande. *Bull. Tech. Dép. Génét. anim.* 27, 5-54.

Mérat P., Ricard F. H., 1974. — Etude d'un gène de nanisme lié au sexe chez la poule : importance de l'état d'engraissement et gain de poids chez l'adulte. *Ann. Génét. Sél. anim.* 6, 211-217.

Ministère de l'Agriculture et de la Pêche, 1992. — *Races domestiques en péril : affaire de collectionneurs ou affaire collective ?* 47p + annexes.

Molénat G., 1978. — L'utilisation des pâturages à faible productivité par les ovins. *In : 4èmes Journées de la Recherche Ovine et Caprine "L'alimentation de la brebis et de la chèvre"*, INRA-ITOVIC, Paris 6-7 décembre, 138-154.

Molénat M., 1990. — Les races locales porcines en France : Etude et conservation. *World Review of Animal Production* 25, 10-22.

Molénat M., Casabianca F., 1979. — Contribution à la maîtrise de l'élevage porcin extensif en Corse. *Bull. Tech. Dép. Génét. Anim.* 32, 72p.

Molénat M., Luquet M., 1988. — Etude et conservation des races locales porcines en France. *Bull. Tech. Inf. Ministère de l'Agriculture*, 426/427, 25-45.

Morand-Fehr P., Blanchart G., Le Mens P., Remeuf F., Sauvant D., Lenoir J., Lamberet G., Le Jaouen J. C., Bas P., 1986. — Données récentes sur la composition du lait de chèvre. *In : 11èmes Journées de le Recherche Ovine et Caprine " Qualité des Produits chez les Ovins et Caprins"*, INRA-ITOVIC, Paris 2-3 décembre, 258-298.

Mohrand-Fehr P., Bourbouze A., Le Houerou H. N., Gall C., Boyazoglu J. G., 1983. — The role of goats in the mediterranean area. *Livestock Production Science*, 10, 569-587.

Moullin C., 1980. — *La chèvre du Rove*. Thèse Doct. Vet. E.N.V. Lyon, 74p.

Mourad M. M., 1986. — *Contribution à la connaissance des populations caprines dans les systèmes sylvo-pastoraux méditerranéens*. Thèse Doct. Ing. Univ. Orsay (France), 157p.

Mulliez J., 1982. — La fixation de la race Percheronne à la fin du 18ème siècle. *Ethnozootechnie* 30, 3-14.

Mulliez J., 1983. — *Les chevaux du Royaume : histoire de l'élevage et de la création des haras*. Arthaud éd., Montalba, 398p.

Mulliez J., 1984. — Pratiques populaires et science bourgeoise : l'élevage des gros bestiaux en France de 1750 à 1850. *In : L'élevage et la vie pastorale dans les montagnes de l'Europe ...*, Institut d'Etudes du Massif Central, fasc. XXVII, 289-301.

Napoléone M., Hubert B., 1987. — Caractériser et évaluer des systèmes de production caprins fortement utilisateurs de parcours ; un exemple dans le sud-est de la France. *In : Symposium "Philetios" sur "L'évaluation des ovins et caprins méditerranéens"*, Santarem, 23-25 septembre 1987, 72-84.

Nathusius von H., 1862. — *Vorträge über viehzucht und rassen kenntnis*. 1. teil allgemeinest, Berlin.

Nei M., 1972. — Genetic distance between populations. *Am. Naturalist*. 106, 283-292.

Norsa C., Casati MZ., 1982. — Comparison of some Italian sheep breeds by means of genetic markers. *Atti della Societa Italiana delle scienze Veterinarie* 35, 373-374.

Ollivier L., 1980. — Le déterminisme génétique de l'hypertrophie musculaire du porc de Piétrain. *Ann. Génét. Sél. anim.* 12, 383-394.

Ollivier L., 1981a. — *Eléments de génétique quantitative*. INRA, Actualités scientifiques et agronomiques, Masson éd., 152p.

Ollivier L., 1981b. — La notion de race vue par le généticien quantitatif. *Ethnozootechnie* 29, 39-42.

Ollivier L., 1989. — Les actions internationales. *In : La gestion des ressources génétiques des espèces animales domestiques*. Colloque de Paris, 18 et 19 avril 1989, 232-238.

Osty P. L., 1978. — L'exploitation agricole vue comme un système. Diffusion de l'innovation et contribution au développement. *Bull. Tech. Inf. Ministère de l'Agriculture* 326, 43-49.

Osty P. L., 1990. — Le fait technique en agronomie. Point de vue et questions sur quelques concepts. *In : Brossier J., Vissac B., Lemoigne J. L., Modélisation systémique et système agraire : décision et organisation*, INRA Paris, 159-180.

Pearson C. J., Ison R. L., 1987. — *Agronomy of Grassland Systems*. Cambridge University Press, 169p.

Piacère A., Elsen J. M., 1992. — Aptitude fromagère du lait et polymorphisme des protéines : perspectives d'utilisation en sélection. *Prod. Anim., hors série Génétique quantitative*, 123-128.

Perret G., 1986. — *Races ovines*. ITOVIC SPEOC éd., Paris, 441p.

Piper L. R., Bindon B. M., 1982. — The *Booroola Merino* and the performance of medium *non-peppin* crosses at Armidale. *In : Piper LR., Bindon BM., Nethery RD. ed., The Booroola Merino*, 9-20, CSIRO, Melbourne.

Pousset J., 1982. — *Le cheval : énergie douce pour l'agriculture*. La Lanterne éd., Besançon, 185p.

Poutous M., Vissac B., 1962. — Recherche théorique des conditions de rentabilité maximum de mise à l'épreuve de descendance des taureaux d'insémination. *Annales zootechniques* 11, 233-256.

Prod'homme P., 1986. — *Etude démographico-génétique du troupeau Merinos de la Bergerie Nationale de Rambouillet*. Thèse Doct., Univ. Paris VII, 240p + annexes.

Prod'homme P., 1989. — Le troupeau Mérinos de Rambouillet de la Bergerie Nationale : démographie et génétique. *In : La Gestion des Ressources Génétiques des Espèces Animales Domestiques*, Colloque Paris, 18 et 19 Avril 1989, 192-200.

Prunet P., 1956. — *Le cheval ariègeois dit "de Mérens"*. Thèse Doct. Vét., ENV Alfort, 43p.

Purroy A., Bocquier F., Gibon A., 1989. — Méthodes d'estimation de l'état corporel chez la brebis. *In : Symposium "Philetios" sur "L'évaluation des ovins et caprins méditerranéens"*, Santarem, 23-25 septembre 1987, 182-201.

Quéméré P., Bertrand G., 1976. — *La Bretonne Pie-Noir : Enquête de situation, Premiers essais de sauvegarde*. UNLG, 63 p.

Quéméré P., Colleau J. J., Krychowski T., 1980. — Bilan des actions de sauvegarde en race bovine Bretonne Pie-Noir. *In : "Technique, Economie, Sociologie en Agriculture"* 209, 35-44.

Quéméré P., Henry C., 1992. — Bilan de 15 ans de sauvegarde en race Bretonne Pie Noir. *In : Races domestiques en péril : affaire de collectionneurs ou affaire collective ?* Ministère de l'Agriculture et de la Pêche, 16-27.

Quittet E., 1963. — *Races bovines françaises*. La maison rustique. Paris (2ᵉ éd.), 79p + cartes.

Quittet E., 1965. — *Races ovines françaises*. La Maison Rustique. Paris, 96p.

Quittet E., 1975. — *La chèvre, guide de l'éleveur*. La Maison Rustique, Paris, 288p.

Quittet E., Franck M., 1983. — *Races ovines en France*. La Maison Rustique. Paris (3ᵉ éd.), 120p.

Régaudie R., Montméas L., 1978. — Reproduction des Mérinos de Rambouillet. *Ethnozootechnie* 22, 9-16.

Rochambeau H. de, Chevalet C., Malafosse A., 1979. — Le contrôle de la consanguinité dans les petites populations. Etude du programme. *Bull. Techn. Dép. Génét. anim.*, 31, 41-81.

Rochambeau H. (de), 1983a. — Méthode de gestion des petites populations. *Ethnozootechnie* 33, 55-61.

Rochambeau H. (de), 1983b. — *Gestion génétique des populations d'effectif limité : aspects méthodologiques et application aux races d'animaux domestiques*. Thèse Doct. Ing. INA-PG, 214p.

Rochambeau H. (de), Chevalet C., 1989. — La gestion génétique des populations : aspects théoriques. *In : La Gestion des Ressources Génétiques des Espèces Animales Domestiques*, Colloque Paris, 18 et 19 avril 1989, 171-180.

Ronchi A., Nardone A., Boyazoglu J. G., 1991. — *Animal husbandry in warm climates*. Proceedings of the International Symposium on

Animal Husbandry in Warm Climates, Viterbo, Italy, 25-27 Octobre 1990. EAAP Publication 55, PUDOC, Wageningen, 151p.

Rossier E., 1982. — *La traction chevaline : une nouvelle ancienne énergie.* CEREOPA, 17p.

Rossier E., 1989. — Le maintien en activité économique des races par changement d'orientation : le cas du cheval lourd. *In : La Gestion des Ressources Génétiques des Espèces Animales Domestiques,* Colloque Paris, 18 et 19 avril 1989, 107-118.

Rossier E., Bougler J., Rochambeau H. de, Collin B., 1983. — *La race Boulonnaise : Histoire. Situation actuelle. Orientation.* UNLG, INA PG, Paris, 126p.

Rossier E., Langlois B., Audiot A., 1987. — Utilization of equines maintained as a genetic reserve in agriculture, transformation, meat production, sports and other activities. *In : Proc. of EAAP/PSAS Symposium on small populations of domestic animals,* Varsovie (Pologne), juin 1986, FAO ed., Rome, 261-273.

Rousseaux E. *et al,* 1991. — *Races de pays en Poitou et Vendée.* Geste éd., 155p.

Russell N., 1986. — *Like engend'ring like : heredity and animal breeding in early modern England.* : Cambridge University Press, 271p.

Salmon P. E., 1983. — *Le cheval de trait, énergie nouvelle? Etude sur les possibilités d'utilisation du cheval de trait dans certains types d'exploitations agricoles. Mémoire de fin d'études.* INRA-SAD, ESITPSA, le Vaudreuil, 85p.

Sans P., 1991. — *Elaboration d'une charcuterie régionale haut de gamme issue de porcs gascons.* Etude de faisabilité demandée par le Conseil Régional Midi-Pyrénées, 95p + annexes.

Sanson A., 1884. — *Traité de Zootechnie. IV. Zoologie et zootechnie spéciales ; Bovidés taurins et Bubalins.* Libr. agric. Maison rustique, Paris (3ᵉ éd.).

Searle A. G., 1949. — Gene frequences in London's cats. *J. Genet.* 49, 214-220.

Settegast H., 1868. — *Die thierzucht.* Zweiter band, Brelau, Korned W. G. ed.

Signoret J. P., 1990. — The influence of the ram effect on the breeding activity of ewes and its underlying physiology. *In : "Reproductive physiology in merino sheep : Concepts and consequences".* CM Oldman. G. B. Martin and I. W. Purvis eds. University of Western Australia Publ, 59-70.

Simon D. L., Buchenauer D., 1993. — *Genetic diversity of European livestock breeds.* TiHo, EAAP, FAO. EAAP Publication 66, 581 p.

Simon M., 1986. — Chèvre poitevine. Sauvegardons cette race. *La chèvre* 155, 32-33.

Shkolnik A., Silanilove N., 1981. — Water economy, energy metabolism and productivity in desert ruminants. *In "Nutrition et Systèmes d'alimentation de la chèvre".* Symposium International, Tours France, 12-15 mai, 237-248.

Tellier X., Lefaudeux F., Tavernier A., Verrier E., Stievenard R., Pourchet B., 1993. — Analyse de la structure génétique de la race Boulonnaise et programme de gestion mis en place pour préserver sa variabilité. *In : 19ᵉᵐᵉˢ Journées de la Recherche Chevaline,* CEREOPA, 130-139.

Tertrais F., 1982. — *Situation des populations d'équidés en Corse en 1981.* Mémoire ESA Purpan, 112 p.

Texier C., 1983. — Inventaire des races menacées et des actions de conservation. Les Porcins. *Ethnozootechnie* 33, 21-24.

Texier C., Luquet M., Bouby A., Molénat M., Salliot G., 1984. — Inventaire des quatre dernières races locales porcines continentales. Bilan des trois premières années d'application du programme de conservation proposé par l'INRA et l'ITP. *In : 16èmes Journées de la Recherche Porcine en France*. INRA-ITP, 16, 495-505.

Thévenin M., 1982. — Le Pur Sang Gaulois : Le Mérens. *L'Eperon*, 254, 40-44.

Tréguer J. L., 1980. — *Situation de la population chevaline bretonne en 1980*. Mémoire de fin d'études ESA Angers, 120p.

Valilov N. J., 1925. — Studies on the original cultivated plants. *Bulletin of applied botany and plant breeding* 16 (2),1-248.

Vallerand F., 1987. — La rusticité, niveaux et méthodes d'approche en milieu réel. *In : De la touffe d'herbe au paysage : troupeaux et territoires, échelles et organisations*. B. Hubert et N. Girault éd., INRA-SAD Paris, 84-101.

Verrier E., 1982. — *La race ovine Solognote et ses systèmes d'exploitation : histoire, situation actuelle, orientations*. Paris, INA PG, Paris, 158p.

Verrier E., Boitard M., Bougler J., Chabert Y., 1985. — *Proposition d'informatisation de la bibliographie relative aux races à effectif limité ; l'exemple de la race ovine Solognote*. Bull. Tech. Dép. Génét. anim. 39, 73p.

Verrier E., Avon L., Gastinel P. L., 1992. — *Les races domestiques de ruminants menacées dans la CEE : Inventaire et état des populations ; Propositions d'aménagement des dispositifs règlementaires en leur faveur*. Communauté Economique Européenne. Institut de l'Elevage, C. R. 1986, 35p + annexes.

Viso M., 1977. — *Elevage porcin et races rustiques dans le piémont pyrénéen*. Thèse Doct. Vét. ENV Alfort.

Vissac B., 1970. — Etude génétique de la race d'Aubrac. *In : l'Aubrac (Tome 1)*. CNRS, Paris, 27-102.

Vissac B., 1972. — Une seconde révolution de l'élevage. *Sciences et Avenir* 309, 896-901.

Vissac B., 1978. — *L'animal domestique révélateur des relations entre la société et son milieu*. Département de Génétique Animale, C.N.R.Z., 78350 Jouy-en-Josas.

Vissac B., 1982. — Traction animale et systèmes agraires. *Ethnozootechnie* 30, 99-142.

Vissac B., 1992. — *Société, Race animale et Territoire* (SOCRATE) Communication personnelle, 13p.

Vissac B., Casabianca F., 1986. — Maîtrise du matériel génétique bovin à viande en vue du développement de l'élevage en zone montagneuse méditerranéenne (cas de la Corse). *In : "L'allevamento del Bovino podalico nel Mezzogiorno d'Italia"* Acerno 6-8 Juin - CNR Italia et Istitute di Recherche sull'adattemento dei Bovini et dei Buffali all'ambiente del Mezzogiorno (Napoli), 85-109.

Vissac B., Cassini R., 1980. — *Conservation des Ressources Génétiques*. Rapport présenté à Monsieur le Ministre de l'Agriculture. Juin 1980, 24p + annexe.

Vissac B., Poly J., Charlet P., 1959. — Les épreuves de descendance des taureaux d'insémination sur la valeur de leurs veaux de boucherie. *Bull. Tech. Ing. Sci. Agric.* 145, 759-787.

Vu Tien Khang J., 1989. — Analyse de la variabilité génétique à partir des données généalogiques. *In : La Gestion des Ressources Génétiques des Espèces Animales Domestiques*, Colloque Paris, 18 et 19 avril 1989, 51-60.

Vu Tien Khang J., Bibé B., Vissac B., 1979. — Bases écologiques du maintien de la diversité génétique de la biosphère et intérêt pour le développement : populations animales. *In : Ecologie et Développement*, Journées scientifiques, 19 et 20 septembre 1979, CNRS, 349-358.

Weber L., Jullian P., 1989. — Voies de développement pour les exploitations caprines en zone sèche du Var : Etude de cas. *In : "Etudes et Recherches sur les systèmes agraires et le Développement"*, I.N.R.A., Département de Recherches sur les Systèmes Agraires et le Développement 14, 47p.

Werck I., 1980. — *La race bovine Ferrandaise : explication de la formation, de l'évolution et de la disparition d'une race bovine.* Communication personnelle.

Wright S., 1931. — Evolution in Mendelian Population. *Genetics*, 16, 97-159.

Yamada Y., Kimura K., 1984. — Survival probability in small livestock populations. *Proceedings of the FAO/UNEP expert Panel meeting.* FAO, 44 (1), Rome, 105-110.

Abréviations et sigles utilisés

ADCP	Association pour le développement de la chèvre poitevine
ADCR	Association de défense des caprins du Rove
ADN	Acide désoxyribo-nucléique
AEMB	Association des éleveurs de moutons Boulonnais
AENR	Association pour l'Espace naturel régional
AFZ	Association française de zootechnie
BRG	Bureau des ressources génétiques
CEE	Communauté économique européenne
CEREOPA	Centre d'étude et de recherche sur l'économie et l'organisation des productions animales
CIA	Centre d'insémination artificielle
CIRAD	Centre de coopération internationale de recherche agronomique pour le développement
CNAG	Commission nationale d'amélioration génétique
CNRS	Centre national de la recherche scientifique
COGOVICA= **(COGNOSAG)**	Comité de nomenclature génétique des Ovins et Caprins *(Committee on genetic nomenclature for Sheep and Goat)*
CPBR	Conservatoire du Patrimoine biologique régional de Midi-Pyrénées
CRIOPYC	Centre régional d'insémination ovine des Pyrénées Centrales
CRRG	Centre régional de ressources génétiques du Nord-Pas-de-Calais
DGER	Direction générale de l'enseignement et de la recherche (MAP)
DPN	Direction de la protection de la nature (ME)
DRAF	Direction régionale de l'agriculture et de la forêt
DSV	Direction des services vétérinaires
EDE	Etablissement départemental de l'élevage
FEOGA	Fonds européen d'orientation et de garantie agricole
FEZ = (EAAP)	Fédération européenne de zootechnie *(European association of animal production)*
FFSPN	Fédération française des sociétés de protection de la nature
FPNF	Fédération des parcs naturels de France
FIDAR	Fonds interministériel pour le développement et l'aménagement rural
FNE	France nature environnement (ex FFSPN)

FSEBAB	Fédération des syndicats d'éleveurs des bovins autochtones bretons
GEMO	Groupement des éleveurs du mouton d'Ouessant
GEVES	Groupement d'étude et de contrôle des variétés et des semences
GIS	Groupement d'Intérêt Scientifique
GRD PAGE PACA	Groupement de recherche et développement du patrimoine génétique végétal et animal de Provence-Alpes-Côte d'Azur
ICAMAS	International centre for advanced mediterranean agronomic studies
IE	Institut de l'élevage (ex ITEB-ITOVIC)
INRA	Institut national de la recherche agronomique
ISA	Institut supérieur agricole
ISAVT-AGROMIP	Institut supérieur agro-vétérinaire de Toulouse
ITEB	Institut technique de l'élevage bovin
ITOVIC	Institut technique de l'élevage ovin et caprin
ITP	Institut technique du porc
INA-PG	Institut national agronomique Paris-Grignon
LPO	Ligue pour la protection des oiseaux
MAP	Ministère de l'agriculture et de la pêche
ME	Ministère de l'environnement
MESR	Ministère de l'enseignement supérieur et de la recherche
ONC	Office national de la chasse
ONF	Office national des forêts
OAA (= FAO)	Organisation des nations unies pour l'alimentation et l'agriculture *(Food and Agriculture Organization)*
ORSTOM	Institut français de recherche scientifique pour le développement en coopération
PAC	Politique agricole commune
PMU	Pari mutuel urbain
PNR	Parc naturel régional
PNUE (= UNEP)	Programme des nations unies pour l'environnement *(United nations environment programme)*
PSAP	*Polish society of animal production*
SABAUD	Association pour la sauvegarde du Baudet du Poitou
SAD	Département de recherche sur les systèmes agraires et le développement (INRA)
SAU	Surface agricole utile
SEI	Service d'études interdisciplinaires
SEPANSO	Société pour l'étude, la protection et l'aménagement de la nature dans le sud-ouest
SEPNB	Société pour l'étude et la protection de la nature en Bretagne
SERAE	Société d'études pour la recherche et l'action écologique
SIME	Service interdépartemental montagne élevage Languedoc-Roussillon
UE	Union européenne
UNLG	Union nationale des livres généalogiques
UPRA	Unité nationale de sélection et de promotion de race
WWF	Fonds mondial pour la nature *(World wide fund for nature - ex World wildlife fund -)*

Adresses utiles

Administrations

Ministère de l'Agriculture et de la Pêche -, 78 rue de Varenne -
75049 Paris
Ministère de l'Environnement - 20, avenue de Ségur -
75302 Paris cedex
Institut National de la Recherche Agronomique
147, rue de l'Université - 75338 Paris cedex 07
Service des Haras, des courses et de l'équitation*
14, avenue de la Grande Armée -, 75017 Paris

Structures nationales concernées

Association Française de Zootechnie (AFZ)
16, rue Claude Bernard -, 75231 Paris cedex 05
Bureau des Ressources Génétiques
57, rue Cuvier -, 75231 Paris cedex 05
Centre d'étude et de recherche sur l'économie et l'organisation des productions animales (CEREOPA - ERPC : Etudes et réalisations pédagogiques sur le **cheval**) - 1, rue Claude Bernard - 75231 Paris cedex 05
Fédération des Parcs naturels régionaux de France
4, rue de Stockholm - 75008 Paris
Institut du **cheval** - SIRE - BP 3 -
19230 Arnac Pompadour
Institut de l'Elevage* (**bovins, caprins, ovins**)
149, rue de Bercy - 75595 Paris cedex 12
Institut Technique du **Porc*** (ITP)
149, rue de Bercy - 75595 Paris cedex 12
Maison Nationale des Eleveurs
149, rue de Bercy - 75595 Paris cedex 12
Société d'Ethnozootechnie
25, bd Arago - 75013 Paris
Union Nationale des Livres Généalogiques (UNLG)
16, rue Claude Bernard - 75231 Paris cedex 05

---

* contact technique

Structures régionales de conservation des ressources génétiques

Association pour la Sauvegarde et l'Etude des Races Domestiques
Menacées - **Aquitaine** - Ferme Conservatoire de Leyssart -
33660 Puynormand
Centre Régional de Ressources Génétiques - **Nord-Pas-de-Calais**
Ferme du Héron - Chemin de la Ferme Lenglet -
59650 Villeneuve d'Ascq
Conservatoire du Patrimoine Biologique Régional de **Midi-Pyrénées**
INRA-URSAD - BP 27 - 31326 Castanet-Tolosan cedex
PAGE PACA : Groupement de recherche et de développement sur le
Patrimoine Genétique végétal et animal de la région **Provence Alpes
Côte d'Azur** - La Thomassine - 04100 Manosque

Contacts locaux

• Bovins

Parc naturel régional d'Armorique (**Armoricaine - Froment du Léon -
Bretonne Pie Noir**) - Menez Meur - BP 35 - 29460 Hanvec
Herd-Book **Bazadais** - Maison du Goba ZI - BP 15 - 33430 Bazas
Association pour la sauvegarde et l'étude des races domestiques mena-
cées (**Béarnaise**) **Ferme Conservatoire de Leyssart** -
33660 Puynormand
Union **Bleue du Nord** - Maison de l'Elevage du Nord
Cité administrative - BP 505 - 59022 Lille cedex
Association pour la sauvegarde et l'étude des races domestiques mena-
cées (**Bordelaise**) - Ferme Conservatoire de Leyssart -
33660 Puynormand
Société des éleveurs de la race **Bretonne Pie Noir**
5, allée de Sully - 29332 Quimper cedex
Fondation du Parc naturel régional de Camargue (**Camargue**)
Mas du pont de Rousty - 13200 Arles
Conservatoire du Patrimoine Biologique Régional (**Casta - Lourdaise**)
INRA - BP 27 - 31326 Castanet-Tolosan cedex
UPRA Gasconne - Centre National Gascon (**Gasconne aréolée**)
09100 Villeneuve du Paréage
Association pour la valorisation de la race **Maraîchine** et des prairies
humides "Nermoux" - 85370 Nalliers
Association pour la promotion de la race bovine **Nantaise**
Domaine du Bois Joubert - Maison de la Nature - 44480 Donges
UPRA **Rouge Flamande** - Maison de l'Elevage du Nord
Cité administrative - BP 505 - 59022 Lille cedex
EDE - Maison des agriculteurs (**Villars-de-Lans**)
40, rue Marcelin Berthelot - BP 2608 - 38036 Grenoble cedex
Herd-Book Race **Vosgienne** - EDE - 4, rue de l'Est - BP 1266 -
68055 Mulhouse cedex

• Caprins

Association pour le développement de la **chèvre Poitevine** (ADCP)
Saint Goard - 79160 Ardin
Chèvre **Pyrénéenne** - Conservatoire du Patrimoine Biologique Régional
INRA - BP 27 - 31326 Castanet-Tolosan cedex
Association de défense des caprins du **Rove** - Mas l'Étang -
30120 Ledenon-Remoulin

• Ovins

UPRA Ovine **Avranchin - Cotentin et Roussin de la Hague**
   Maison de l'Agriculture - Avenue de Paris - 50000 Saint Lô
UPRA des races ovines des Pyrénées Centrales (**Aure et Campan,
   Barégeoise, Castillonnaise, Lourdaise**)
   28, rue des Pyrénées - 31210 Montréjeau
Belle Ile - Landes de Bretagne - ENV - Département des Productions ani-
   males Service zootechnie - Arianpole -
   BP 3013 - 44084 Nantes cedex 03
UPRA de la race ovine **Berrichonne**
   85, bd Péreire Sud - 75017 Paris
UPRA des Races ovines des Massifs (**Bizet, Noire du Velay, Rava**)
   Route de Thiers - BP 13 - Marmilhat - 83370 Lempdes
Association des éleveurs de moutons **Boulonnais**
   164, rue Haute - 59870 Bouvignies
UPRA ovine de la race **Charmoise**
   1, route de Chauvigny - "Toutejoie" - 86500 Montmorillon
Service Interdépartemental Montagne Elevage Languedoc - Roussillon
   (**Caussenarde des Garrigues, Raïole, Rouge du Roussillon**)
   Domaine de Saporta - 34970 Lattes
Service Élevage - Chambre d'Agriculture des Hautes-Alpes (commune
   des Alpes) - 8 ter, rue Capitaine de Bresson - 05000 GAP
Union des producteurs de race **Grivette** (UPRG)
   6, Avenue Pierre Sémard - BP 47 - 69592 L'Asbresle cedex
Association pour la sauvegarde et l'étude des races domestiques mena-
   cées (**Landaise**) - Ferme Conservatoire de Leyssart -
   33660 Puynormand
Flock Book de la race **Mérinos Précoce** -
   95 bis, bd Péreire Sud - 75017 Paris
Mérinos de Rambouillet - CEZ Bergerie nationale -
   Parc du Château - 78120 Rambouillet
Syndicat de Défense et de Promotion de la race **Mourérous**
   Chambre d'Agriculture - 66, Boulevard Gassendi
   BP 117 - 04004 Digne Les Bains cedex
Groupement des éleveurs de moutons d'**Ouessant** (GEMO)
   Lande de Huaud - 44880 Sautron
Syndicat d'éleveurs de **Raïoles**
   Les Vignoles - Colognac - 30460 Lassale
Flock-Book **Solognot** (FBS) - 95, bis boulevard Péreire Sud -
   75017 Paris
Association des éleveurs de la race **Thones et Marthod**
   Lycée Agricole - 73290 La Motte Servolex

• Equins

Anes

Association française de l'**âne du Bourbonnais**
   Mairie de Braize - 03360 Braize
Association française de l'**âne Grand noir du Berry** - Maison de pays
   32, Grande rue, 18160 Lignières
Association de l'**âne Normand**
   72490 Cherizay
Association L'**âne de Provence** - Rabeyrie - 07380 Chirols
Association des éleveurs d'ânes **Pyrénéens**
   Mazères - 65700 Castelnau Rivière-Basse

Association pour la sauvegarde du **Baudet du Poitou** (SABAUD)
Maison du Parc - 17170 La Ronde

Chevaux

Syndicat d'élevage du cheval **Ardennais**
13, rue de l'Eglise - 54190 Xivry Circourt

Syndicat d'élevage du cheval de **Trait Ardennais de l'Auxois**
Direction des services vétérinaires de la Côte d'Or -
Cité Administrative Delaborde - 2, rue Hoche - 21034 Dijon cedex

Syndicat hippique **Boulonnais** - rue Sainte Adrienne - 62930 Wimereux

Syndicat des éleveurs du cheval **Breton** - 22, rue de la Libération
BP 24 - 29220 Landernau

Association des éleveurs de chevaux de race **Camargue**
Mas du Pont de Rousty - 13200 Arles

Association pyrénéenne ariègeoise du cheval **Castillonnais** (APACC)
Mairie - 09800 Castillon

Syndicat d'élevage des chevaux de race **Cob Normand**
3, Petit Marché - 77510 Saint Léger

Syndicat d'élevage du cheval **Comtois**
Service Régional des Haras - 52, rue de Dôle - 25000 Besançon

Association "Evviva u cavallu corsu" (cheval **Corse**) - 20239 Muratu

Association nationale du poney **Landais**
"Talon" - 40370 Beylongue

Service Élevage - Chambre d'Agriculture des Hautes-Alpes (commune
des Alpes) - 8, ter, rue Capitaine Bresson - 05000 Gap

Syndicat des Eleveurs des Races **Mulassière et Asine**
13, rue du Pontreau - 85370 Le Langon

Haras national (**Nivernais**)
2, rue Porte des Prés - 71250 Cluny

Société hippique **Percheronne**
1, rue Doullay - 28400 Nogent le Rotrou

Association Française d'Elevage de la **Race Pyrénéenne Ariégeoise** dite
"de **Merens**" (SHERPA) - Centre du Mérens -
32, avenue du Général de Gaulle - 09000 Labastide de Sérou

Association nationale du **Pottok**
Maison Armanenia - 64250 Espelette

Syndicat central d'élevage du cheval **Trait du Nord**
Hôtel de Ville - 59407 Cambrai

• **Porcs**

Salaisons artisanales du Pays Basque (**Basque**)
64430 Les Aldudes

Syndicat de la race porcine de **Bayeux**
Bayeux - Heurtevent - 14140 Livarot

Syndicat des éleveurs de **Blancs de l'Ouest** de type celtique
Kero Hou - Maël Pestivien - 22160 - Callac de Bretagne

Laboratoire de recherche sur le développement de l'élevage (LRDE)
(**Corse**) - Quartier Grossetti - BP 8 - 20250 Corte

Syndicat des éleveurs de porcs **Culs noirs de St Yriex (Limousin)**
Pagnon de Payzac - 24270 Lanouille

Syndicat du **Porc Noir Gascon**
Maison de l'Elevage - BP 161 - 32003 Auch cedex

Parcs naturels régionaux

Armorique - Menez Meur - BP 35 - 29460 Hanvec
Ballons des Vosges - 1, cour de l'Abbaye - 68140 Munster
Brenne - Hameau du Bouchet - 36300 Rosnay
Brière - 180, Ile de Fédrun - 44720 Saint-Joachim
Brotonne - Maison du Parc - 76940 Notre-Dame de Bliquefruit
Camargue - Mas du Pont de Rousty -
 Route des Stes Maries de la Mer - 13200 Arles
Corse - 4, rue Fiorella - BP 417 - 20184 Ajaccio cedex
Forêt d'Orient - Maison du Parc - 10220 Piney
Haute-Vallée de Chevreuse - Château de la Madeleine -
 BP 73 - 78460 Chevreuse
Haut-Jura - Maison du haut-Jura - 39310 Lajoux
Haut-Languedoc - 13, rue du Cloître - BP 9 - 34220 Saint-Pons
Landes de Gascogne - Place de l'Eglise - 33830 Belin-Beliet
Livradois-Forez - BP 6 - 63880 St-Gervais-sous-Meymont
Lorraine - Domaine de Charmilly - BP 35 - 54702 Pont-à-Mousson
Lubéron - 1, Place Jean-Jaurès - 84400 Apt
Marais du Cotentin - Maison du département - Rd-Pt de la Liberté -
 50008 St-Lô cedex
Marais Poitevin - Maison du Parc - 17170 La Ronde
Martinique - Ancien collège agricole Tivoli - BP 437 -
 97205 Fort de France cedex
Montagne de Reims - Maison du Parc - 51480 Pourcy
Morvan - Maison du Parc - 58230 Saint-Brisson
Parc naturel régional du Nord-Pas-de-Calais - **Espace Naturel
 Régional** - 19, rue Jean Roisin - 59800 Lille
 Secteur Audomarois ENR - Le Grand Vannage - Les Quatre Faces -
 62510 Arques
 Secteur Boulonnais ENR - Manoir du Huis-Bois - La Wast -
 62142 Colembert
 Secteur de la Scarpe et de l'Escaut ENR - Le Luron
 357 rue Notre-Dame-d'Amour 59230 Saint-Amand-les-Eaux
 Secteur Avesnois (projet) ENR - Château Marguerite de Bourgogne -
 59530 Le Quesnois
Normandie-Maine - Maison du Parc - BP 5 - 61320 Carrouges
Pilat - Le Moulin de Virieu - 2,rue Benaÿ - BP 17 - 42410 Pelussin
Queyras - Route de la gare - BP 3 - 05600 Guillestre
Vercors - Chemin des Fusillés - BP 14 - 38250 Lans-en-Vercors
Volcans d'Auvergne - Montlosier - 63970 Aydat
Vosges du Nord - Maison du Parc - BP 24 - 67290 La Petite-Pierre

Parcs nationaux de France

Cévennes - BP 15 - 48400 Florac
Ecrins - Domaine de Charance - 05000 Gap
Guadeloupe - Habitation Beausoleil - Montéran - 97120 Saint-Claude
Mercantour - 23, rue d'Italie - BP 316 - 06006 Nice cedex
Port-Cros - Castel Sainte-Claire - Rue Sainte-Claire - 83400 Hyères
Pyrénées - 59, Route de Pau - 65000 Tarbes
Vanoise - 135, rue du Docteur Juilland - BP 705 -
 73007 Chambéry cedex

Parcs de Visions - Musées et écomusées possédant des troupeaux conservatoires ou des animaux de races à petits effectifs

Asinerie nationale - Maison de l'Ane du Poitou
  La Tillauderie - 17470 Dampierre sur Boutonne
Bergerie nationale de Rambouillet
  Parc du Chateau - 78120 Rambouillet
Conservatoire Européen de races primitives d'animaux domestiques
  Parc de Vision de Gramat - 46500 Gramat
Ecomusée du Pays de Rennes - La Bintinais
  Rennes sud - Route de Châtillon sur Seiche - 35200 Rennes
Ecomusée de la Grande Lande - Marquèze - 40630 Sabres
Ecomusée du Daviaud - 85550 La Barre-de-Monts
Ecomusée de Haute Alsace - 68190 Ungersheim
Grand parcours du Puy du fou - 85590 Les Epesses
Muséum national d'histoire naturelle - Jardin des Plantes -
  57, rue Cuvier - 75231 Paris cedex 05
Parc animalier de Manez Meur - 29460 Hanvec
Parc zoologique et botanique - BP 3089 - 68062 Mulhouse cedex
Zoorama Européen de la forêt de Chizé
  Villiers-en-Bois - 79360 Beauvoir s/Niort

Les expériences de pastoralisme en France impliquant des races à petits effectifs

Réserve naturelle de la Tour du Valat (cheval **Camargue**)
  Le Sambuc - 13000 Arles
Baie d'Audierne - SEPNB - BP 32 - 29276 Brest cedex
Le Marais Vernier (cheval **Camargue**)
  CEDENA -place de l'église - 27680 Sainte-Opportune-la-Mare
ENR Secteur Boulonnais (mouton **Boulonnais**) - Manoir du Huis-Bois -
  La Wast - 62142 Colembert
  – Mont Hubert - Escalles - 62179 Wissant
  – Mont Pelé - 62240 Desvres
Ferme de Bois Joubert (vache **Nantaise**)
  Domaine du Bois Joubert - Maison de la Nature - 44480 Donges
Ligue pour la protection des oiseaux (LPO) (marais d'Yves)
  La Corderie Royale - BP 263 - 17305 Rochefort
Réserve naturelle de Chérine (cheval **Camargue**, vache **Casta**)
  Association de gestion de la réserve de Chérine - Mairie -
  36290 Mézières-en-Brenne
Réserve naturelle des marais de Lavours (cheval **Camargue**, poney
  Pottok) - BP 2 - 73310 Chindrieux
Société pour l'Etude, la protection et l'aménagement de la nature dans le
  sud-ouest (SEPANSO) - avenue des Facultés - 33405 Talence cedex
  – Etang du Cousseau (poney **Landais**)
  – Réserve naturelle du Marais de Bruges (poney **Landais**, vache **Casta**) -
  33250 Bruges
Troupeau conservatoire de **chèvres du Rove** - Plan de Survière -
  83610 Collobrières

Lexique

Adaptation : Modification évolutive par laquelle une cellule, un organisme ou une population, s'ajuste à une nouvelle contrainte, sa survie et sa reproduction en étant améliorées.(*)

ADN : Acide desoxyribonucléique. Macromolécule formée de désoxyribonucléotides qui constitue le matériel génétique de toutes les cellules et de certains virus ; elle est donc le support essentiel de l'hérédité.(*)

Allèle : A un locus donné, forme particulière que prend le gène, déterminant l'un des états possibles du caractère codé par ce gène.(*)

Amélioration génétique : Pour une espèce domestique ou cultivée, ensemble des méthodes et techniques (croisement, sélection, génie génétique, etc.), visant au remplacement d'une population par une autre issue ou non, en tout ou partie, de la précédente et mieux adaptée qu'elle aux objectifs économiques visés.(*)

Anticorps : Substance protidique élaborée par un organisme animal en réaction à l'introduction d'une substance étrangère, dite "antigène".(.)

Antigène : Substance étrangère qui, introduite dans un organisme vivant, induit une réponse immunitaire, par exemple par la production de molécules d'anticorps spécifiques.(*)

Aujeszky (maladie d') : Maladie infectieuse, contagieuse, affectant de très nombreux mammifères (surtout les porcins, les carnivores et les herbivores). La maladie d'Aujeszky (du nom du vétérinaire hongrois qui la décrivit pour la première fois) est provoquée par un virus du groupe des virus herpétiques et n'est pas transmissible à l'homme.(.)

Biochimie : Partie de la chimie comprenant l'étude des constituants de la matière vivante et de leurs réactions.

Biodiversité : Biodiversité est un synonyme de diversité biologique. Sous cette notion très globale, on entend la diversité que présente le monde vivant à tous les niveaux :
- la diversité écologique ou diversité des écosystèmes,
- la diversité spécifique ou diversité interspécifique,
- la diversité génétique ou diversité intraspécifique.(Chauvet et olivier, 1993).

Biologie : Science qui étudie les êtres vivants.(.)

Biologie moléculaire : Etude des phénomènes biologiques au niveau moléculaire.(*)

Biotechnologies : Ensemble des méthodes et techniques appliquées, en milieu artificiel, à des organismes vivants pour modifier leur génotype, leur reproduction, leur biosynthèse éventuelle, etc.(*)

Biotope : 1. Zone minimale dans laquelle une espèce trouve les conditions de milieu qui lui sont nécessaires. 2. Par extension, ensemble des facteurs physiques et chimiques caractérisant un écosystème.(*)

BLUP : Acronyme de l'expression anglaise "Best Linear Unbiased Prediction". Méthode de prédiction d'une variable qui repose sur un modèle rectilinéaire, ne présente pas de risque d'erreur systématique et est, pour ces raisons, la meilleure possible. Le BLUP est d'utilisation courante dans l'évaluation génétique des candidats reproducteurs.(*)

Caractère : Elément de description du phénotype d'un être vivant, plus ou moins arbitrairement délimité par l'observateur.(*)

Caractère génique : Caractère héritable dont on a établi le lien avec un ou plusieurs gènes par l'étude de sa transmissibilité au travers de croisements et d'analyses de descendance.(*)

Caractère génétique : Caractère transmis d'une génération à l'autre selon les lois de l'hérédité.(*)

Caractère qualitatif : Caractère génique (c.à.d. caractère héritable dont on a établi le lien avec un ou plusieurs gènes) non mesurable simplement et n'existant que sous un nombre limité d'états dans une population.(*) La présence ou absence de cornes, les groupes sanguins par exemple.

Caractère quantitatif : Caractère génique mesurable.(*) Ce sont par exemple, la quantité de lait, le poids vif, etc.

Caséine : Complexe protéique et salin qui se trouve à l'état liquide dans le lait frais et qui précipite sous forme de caillé en présence d'une enzyme spécifique (la présure) ou en cas d'acidification.

Carte génétique : Représentation graphique de l'arrangement des gènes, leur ordre et leurs distances relatives sur un chromosome.(*)

Centre de production de semence : Centre responsable d'opérations de mise à l'épreuve, par contrôle individuel ou par contrôle de descendance, de reproducteurs mâles préalablement autorisés et selon un programme approuvé par le Ministère de l'Agriculture. Il est également responsable de la collecte, du stockage et de la cession aux centres de mise en place de la semence des reproducteurs agréés ou autorisés pour la mise à l'essai.

Chromosome : Structure particulière contenue dans le noyau des cellules végétales et animales. Les chromosomes sont constitués principalement d'une suite de gènes, porteurs de l'information génétique.(.)

Clone: Ensemble de cellules ou d'individus génétiquement identiques, obtenus par multiplication cellulaire ou par reproduction asexuée.(*)

Consanguinité : Au sein d'une population, conséquence des modes de reproduction sexuée à la faveur desquels les unions entre apparentés sont favorisées. Elle aboutit plus ou moins rapidement à la fixation de certains caractères à l'état homozygote.(*)

Coefficient de consanguinité : Probabilité pour qu'un individu issu d'un croisement possède, à un locus donné, un même allèle ancêtre commun à ses parents par filiation directe.(*)

Consanguinité (dépression de) : Diminution de la moyenne phénotypique pour les caractères de reproduction ou d'efficacité physiologique (soit baisse de la vigueur ou "fitness"), consécutive à un mode de reproduction consanguin.(*)

Conservation dynamique = **Conservation** *in situ* : Type de conservation des ressources génétiques réalisée, pour les animaux domestiques, dans le milieu d'origine où se sont développés leurs caractères distinctifs.

Conservation statique = **Conservation** *ex situ* : Type de conservation d'éléments constitutifs de la diversité génétique des races animales en dehors de leur milieu naturel.

Contrôle : Activité permettant de s'assurer d'un certain nombre de critères qualitatifs et quantitatifs tout au long des processus de production.(.)

Contrôle individuel : Ensemble des opérations visant à l'évaluation d'un candidat-reproducteur à partir de ses propres performances.(*)

Contrôle de croissance : Ensemble des méthodes permettant de déterminer la croissance ou les variations de poids d'un animal au cours des différentes périodes de sa vie. Ces méthodes sont variables selon les espèces étudiées.(.)

Contrôle laitier : Ensemble des méthodes permettant de déterminer la production laitière d'une femelle au cours de ses lactations successives. Il est organisé pour les espèces bovine, ovine et caprine.(.)

Croisement : Mise en présence de matériels génétiques différents en vue d'une éventuelle recombinaison génétique. Dans le règne animal, on distingue deux sortes de croisements : d'une part l'accouplement de deux reproducteurs de races différentes, d'autre part l'accouplement de deux reproducteurs moins apparentés entre eux que ne le seraient deux individus de sexe opposé pris au hasard dans la population.(*)

Croisement industriel (ou croisement simple) : Accouplements de reproducteurs de races différentes, en général afin de produire des animaux non destinés à la reproduction et immédiatement commercialisables.(*)

Croisement double étage : Technique de croisement visant à tirer le meilleur parti possible d'une série de races d'animaux et de conditions de milieu de potentialités croissantes. Le premier étage de croisement consiste à utiliser sur une race rustique des reproducteurs d'une race plus productive. Le deuxième étage de croisement consiste à utiliser sur les femelles croisées ainsi obtenues des reproducteurs d'une race spécialisée dans la production de viande.(*)

Darwinisme : Théorie de l'évolution énoncée au milieu du 19ème siècle par le biologiste anglais Ch Darwin, et de façon concommitante par AR Wallace, selon laquelle les espèces apparaissent et évoluent progressivement sous l'influence de la sélection naturelle.(*)

Dendrogramme : Schéma construit sur la base de calculs de distances génétiques et qui visualise la ressemblance entre des populations ou des espèces. Son principe est de grouper de proche en proche les échantillons les plus semblables, selon un seuil de ressemblance fixé *a priori* jusqu'à constitution du schéma final qui englobe l'ensemble des groupes étudiés. Les arbres phylogénétiques sont des exemples de dendrogrammes.(*)

Dérive génétique ou "Gene Drift" : En condition d'effectif réduit, biais d'échantillonnage dans la population gamétique qui va servir à constituer la génération suivante, entraînant une variation des fréquences alléliques d'autant plus importantes que la taille de cette génération est faible.(*)

Déterminisme génétique : Modalités du contrôle d'un caractère génétique par un ou plusieurs gènes indépendants ou liés.(*)

Distance génétique : Evaluation du degré de dissemblance génétique entre deux populations ou deux groupes d'individus.(*)

Domestication : Pour les espèces vivantes, transformation génétique des formes sauvages ou spontanées en formes adaptées aux exigences de l'homme. Elle s'accompagne d'un changement d'adaptation écologique qui va souvent de pair avec une différenciation phénotypique.(*)

Diversité génétique : V. Polymorphisme génétique.

Dominance : Propriété d'un caractère génique s'exprimant chez un individu hétérozygote issu d'un croisement entre deux lignées pures qui diffèrent pour ce caractère. Ce terme s'applique également à l'allèle qui le détermine.(*)

Dominant : Se dit d'un caractère ou d'un allèle doué de dominance (*) par rapport à l'allèle non exprimé dit "récessif".

Ecologie : Science qui étudie les conditions d'existence des êtres vivants et leurs interactions d'une part entre eux et d'autre part avec le milieu.(*)

Ecosystème : Ensemble des êtres vivants, de leur environnement et de leurs interactions.(*)

Effectif génétique : Nombre N déduit, dans une population panmictique d'effectif limité, du nombre M de reproducteurs et du nombre F de reproductrices ; il permet de calculer simplement l'accroissement par génération du coefficient de consanguinité moyen.(*)

Effet direct : Résultat de l'utilisation d'un reproducteur constatable dès la naissance de ses enfants.(*)

Effet indirect : Résultat de l'utilisation d'un reproducteur constatable à l'entrée en reproduction de ses enfants.(*)

Effet maternel : Chez un individu d'une espèce à reproduction sexuée, résultat de l'expression des génomes mitochondriaux et chloroplastiques dont l'origine est essentiellement maternelle.(*)

Electrophorèse : 1. Migration de molécules ou de particules ayant une charge électrique sous l'effet d'un champ électrique créé en plaçant deux électrodes dans la solution. 2. Par extension méthode d'analyse fondée sur le phénomène décrit.

Erosion génétique : Au sein d'une espèce ou d'un complexe d'espèces donné, disparition plus ou moins progressive de la diversité génétique.(*)

Espèce : 1. Au sens traditionnel du terme : ensemble des individus ayant des caractéristiques semblables par leur morphologie, leur biochimie, leur métabolisme, leur caryotype, etc. 2. En génétique : chez les organismes à reproduction sexuée, ensemble des individus capables de s'autoféconder et dont les produits sont fertiles, l'impossibilité de s'interféconder ou la stérilité de l'hybride excluant l'appartenance à l'espèce.(*)

Ethnologie : Branche des sciences humaines qui a pour objet la connaissance de l'ensemble des caractères "anthropologiques, sociaux et culturels" des divers groupes humains (ethnies) afin d'établir des lignes générales de structure et d'évolution de leurs sociétés.

Ethologie : Terme créé par Isidore Saint-Hilaire pour désigner la science qui étudie les mœurs et les conditions de vie des animaux.(.)

Ethnozootechnie : Discipline scientifique qui étudie les interrelations entre les sociétés humaines et les animaux qu'elles utilisent.

Evaluation génétique : Phase de l'amélioration génétique consistant à estimer, pour un ou plusieurs caractères, l'écart à un groupe de référence convenu, des plantes en cours de sélection ou des candidats reproducteurs animaux.(*)

Expression génique : Ensemble des modifications provoquées par un gène et conduisant au phénotype.(*)

Fécondité : Aptitude d'un individu à produire beaucoup de gamètes viables pouvant contribuer à la formation d'un oeuf puis d'un embryon à développement normal.(*) Pour les animaux, le taux de fécondité est le pourcentage de jeunes nés par rapport au nombre de femelles mises à la reproduction.

Fertilité : Aptitude d'un individu ou d'une population à produire un grand nombre de descendants normaux.(*) Pour les animaux, le taux de fertilité est le pourcentage de femelles fécondées par rapport au nombre de femelles saillies ou inséminées.

Flux de gènes : Déplacement de gènes d'un groupe vers un autre.(*)

Fréquence allèlique : Au sein d'une population de taille N, rapport du nombre d'allèles d'un type donné au nombre total d'allèles de la population.(*)

Fréquence génique : V. Fréquence allélique.

Fréquence génotypique : Au sein d'une population, rapport du nombre d'individus présentant un génotype donné au nombre total d'individus de la population.(*)

Fréquence phénotypique : Au sein d'une population, rapport du nombre d'individus présentant un phénotype donné au nombre total d'individus de la population.(*)

Gamète : Cellule reproductrice, le plus souvent haploïde, susceptible de s'unir à une cellule similaire, mais provenant de l'autre sexe pour donner un zygote (oeuf).(*)

Gène : Unité de matériel génétique située sur un chromosome et contenant l'information nécessaire à la réalisation d'un caractère génétique spécifique.(.)

Gène majeur : Gène codant pour un caractère qualitatif.(*)

Généalogie : Suite des ascendants d'un individu et, par extension, la représentation graphique de celle-ci.(*)

Génétique : Science de l'hérédité et de la variation chez les êtres vivants.(*)

Génétique quantitative : Partie de la génétique consacrée à l'élaboration de modèles mathématiques faisant appel à la biométrie et permettant l'étude de caractères quantitatifs mesurés sur un grand nombre d'individus d'une population.(*)

Généalogie : Suite des ascendants d'un individu et, par extension, la représentation graphique de celle-ci.(*) Un livre généalogique est un registre d'état civil pour les animaux.

Génie génétique : Ensemble des concepts, méthodes et techniques permettant de modifier le matériel génétique d'une cellule ou d'un organisme.(*)

Génome : Ensemble des gènes présents dans un virus, un organite, un organisme unicellulaire, ou dans les cellules d'un organisme pluricellulaire (par extension, un individu), et qui programment et commandent sa structure, son fonctionnement et son développement.(*)

Génotype : Au sein du génome, ensemble des gènes d'un individu révélés par une analyse génétique ou moléculaire, qu'ils s'expriment ou non.(*)

Hérédité : Transmission des caractères génétiques d'une génération à la suivante.(*)

Héritabilité : Aptitude plus ou moins marquée d'un caractère génétique à se transmettre aux générations suivantes.(*)

Héritabilité (coefficient d') : Pour un caractère quantitatif, coefficient servant à préciser si les différences observées entre des individus sont liées à leur génome ou à l'influence du milieu.(*)

Hétérosis : Supériorité phénotypique (vigueur générale plus grande) quantifiable de la moyenne des individus issus d'un croisement par rapport à la moyenne des populations parentales.(*)

Hétérozygotie : Etat d'une cellule ou d'un individu dont les allèles au même locus sont différents.(*) Généralement, seul l'un des allèles dit "dominant", se manifeste dans le caractère porté par l'individu ; l'allèle caché est dit alors "récessif".

Homozygotie : Etat d'une cellule ou d'un individu dont les allèles à un même locus sont identiques.(*)

Hybridation : Croisement entre deux individus génétiquement différents. Lorsque les individus appartiennent à la même espèce, on parle d'hybridation intraspécifique, sinon on parle d'hybridation interspécifique ou intergénétique.(*)

Hybride : Chez les animaux se dit du produit de l'accouplement de reproducteurs appartenant à deux espèces différentes. "Par extension", le terme est appliqué aux produits de reproducteurs appartenant à des lignées fortement consanguines distinctes à l'intérieur d'une même espèce.(*)

Immunologie : Science de l'immunité. l'immunité étant la capacité d'un organisme vivant à reconnaître et éliminer totalement ou partiellement du matériel étranger entrant en rapport avec lui.(*)

Indexation : Estimation, aussi précise que l'on sache et que l'on puisse la faire, de la valeur génétique d'un individu, pour un caractère ou un groupe de caractères, dans des unités et par rapport à un groupe de référence convenu d'avance.(*)

Information génétique : Ensemble des messages héréditaires contenus dans le matériel génétique : il code pour toutes les structures de l'individu et leur fonctionnement.(*)

Interaction génique : Interaction entre allèles d'un même locus ou de locus différents d'un génotype donné, contribuant à l'expression d'un phénotype particulier.(*)

Interaction entre génotype et environnement : Mode non additif des relations entre effets du génotype et effets de l'environnement. De ce fait, les génotypes d'un même ensemble peuvent se classer différemment dans deux ou plusieurs milieux, par leur rang de classement ou par l'écart les séparant.(*)

Intervalle de génération : Age moyen d'un reproducteur ou d'un groupe de reproducteurs à la naissance de leurs descendants.(*)

Lignée : 1. Groupe de filiation dont tous les membres sont considérés comme descendants d'un ancêtre commun auquel il est possible de remonter par une suite ininterrompue de générations. 2. Ensemble d'individus à taux de consanguinité élevé et d'une grande homogénéité génotypique et phénotypique car homozygotes à tous leurs locus (couleur blanche du pelage chez la souris par exemple). On parle alors de lignée pure, ou lignée fixée.(*)

Locus : Sur un chromosome, emplacement occupé par un gène.(*)

Marqueur génétique : Caractère phénotypique facilement détectable et à déterminisme génétique simple.(*)

Matériel génétique : Ensemble des structures moléculaires porteuses de l'information héréditaire.(*)

Mendel (Lois de) : Lois originellement formulées par Gregor Mendel au 19ème siècle auxquelles obéit la transmission des caractères héréditaires dans les situations rencontrées par Mendel.(*)

Migration : 1. En génétique, déplacement d'un groupe d'individus d'une population vers une autre population dont les fréquences alléliques peuvent être différentes à un locus donné. (*) 2. En zoologie, déplacement cyclique (saisonnier), selon des directions précises, parfois sur de longues distances, de tous les individus d'une espèce animale à la recherche de conditions de vie favorables.

Mutant : (Se dit d'un) allèle, gène, cellule, organisme, souche, etc, porteur d'une mutation.(*)

Mutation : 1. Modification spontanée ou provoquée, le plus souvent héréditaire, du génome d'une cellule, d'un tissu ou d'un organisme. La mutation peut affecter des unités génétiques plus ou moins importantes. 2. Résultat de cette modification.(*)

Néodarwinisme : Théorie de l'évolution énoncée au début du 20ème siècle reprenant les principes fondamentaux du Darwinisme en y intégrant les données de la génétique de l'époque. La théorie de la sélection naturelle élaborée par Darwin trouvait alors son support matériel dans la redécouverte des lois de Mendel, l'identification des gènes et l'existence des mutations.(*)

Panmictique : Répondant au critère de panmixie.(*)

Panmixie : Mode de reproduction sexuée selon lequel chaque individu d'une population a une égale probabilité de se croiser avec n'importe quel autre individu de sexe opposé appartenant à la même population.(*)

Paramètres génétiques : Terme désignant l'ensemble des coefficients d'héritabilité des caractères quantitatifs d'une population pour une production donnée, et des coefficients de corrélation génétique qui les unissent.(*)

Pathologie : Science qui étudie les causes, les symptômes de l'évolution des maladies des végétaux (pathologie végétale ou phytopathologie) ou des animaux (pathologie animale).(.)

Pathogène : Qui peut causer une maladie.

Pédigrée : Représentation graphique de l'ascendance proche d'un individu.(*)

Performance : Résultat qu'obtient un individu dans une épreuve.(*)

Performances (contrôle des) : Ensemble des opérations concernant l'enregistrement matériel des accomplissements d'une série d'individus, dans des épreuves en rapport avec l'utilisation économique de la population à laquelle ils appartiennent.(*)

Phénotype : Ensemble des caractères visibles résultant de l'expression du génotype dans un environnement donné.(*)

Phylétique = phylogénétique : Relatif à une phylogénèse.(*)

Phylogénèse : Reconstitution hypothétique de l'évolution des espèces et autres taxons, qui les ferait dériver les uns des autres depuis les organismes les plus simples jusqu'aux plus complexes selon la taxinomie actuelle.(*)

Polygénique : Se dit d'un caractère résultant de l'expression de plusieurs gènes.(*)

Polymorphisme génétique : Dans une population d'une espèce donnée, présence régulière et simultanée à des fréquences supérieures à celles des mutations spontanées, de plusieurs formes différentes d'un caractère génétique dépendant de plusieurs allèles à un même locus.(*)

Pool génique : Ensemble résultant du croisement de reproducteurs de races différentes, et dont la variabilité peut servir de base à un programme d'amélioration génétique.(*)

Population : 1. En génétique, ensemble d'individus d'une même espèce vivant au même endroit et capables de s'intercroiser. Ce terme s'applique généralement à un nombre important d'individus formant des dèmes (ensemble d'individus appartenant à un certain nombre de familles) et des familles. 2. En statistique, ensemble d'individus faisant l'objet d'une étude.(*)

Pression de sélection : Au sein d'une population, action exercée par un facteur conférant un désavantage ou un avantage sélectif à certains génotypes.(*)

Progrès génétique : Ecart des valeurs génétiques moyennes de deux générations successives d'une même population, pour un caractère quantitatif donné.(*)

Prolificité : Nombre de jeunes nés par femelle ayant mis bas.(.)

Race : Ensemble des individus d'une espèce ayant en commun une part importante de leur génotype, et dont l'expression phénotypique permet de les distinguer des autres races.(*)

Récessif : Se dit d'un caractère ou d'un allèle doué de récessivité.(*)

Récessivité : Propriété d'un caractère génique qui ne s'exprime pas chez les individus hétérozygotes issus d'un croisement entre deux lignées pures qui diffèrent pour ce caractère.(*)

Réserve génétique : Ensemble de génotypes animaux ne correspondant pas aux objectifs visés à une époque et dans un lieu déterminés, mais néanmoins conservés à toutes fins utiles.(*)

Réserve naturelle : Territoire protégé par une réglementation de droit public ou de droit privé.(.)

Résistance : 1. Processus par lequel une cellule, un individu, une population surmonte sans dommage apparent l'agression d'un parasite ou d'une substance étrangère, des conditions physiques et chimiques du milieu. 2. Par extension, propriété permettant ce processus.(*)

Ressources génétiques : Ensemble des génotypes animaux ou végétaux, utilisés ou potentiellement utilisables par une collectivité.(*)

Rusticité : Qualité d'un animal ou d'une plante rustique.(.)

Rustique : Se dit d'une plante ou d'un animal qui résiste bien à des conditions climatiques difficiles ou aux maladies et qui est peu exigeant en matière d'alimentation. Les animaux rustiques ont en général des niveaux de production peu élevés. Mais ils sont intéressants pour l'exploitation des faibles ressources fourragères des zones de montagne ou des zones semi-arides.(.)

Ségrégation : Lors de la méiose (double division cellulaire pendant laquelle le noyau se divise deux fois alors que les chromosomes ne se divisent qu'une seule fois), séparation aléatoire des chromosomes homologues donc des allèles et des caractères qu'ils expriment, suivie de leur distribution dans les noyaux fils.(*)

Sélection : Processus intervenant lors de la reproduction, dans lequel les êtres vivants appelés à se reproduire ne constituent pas un échantillon aléatoire de leur population d'origine.(*)

Sélection artificielle : 1. Type de sélection orientée dont les objectifs sont définis et mis en oeuvre dans des conditions expérimentales précises par un sélectionneur. Elle fait généralement intervenir des croisements contrôlés au sein d'un groupe restreint de génotypes en vue de modifier certaines caractéristiques génotypiques et phénotypiques de ce groupe. 2. Anciennement ce terme désignait la reproduction entre animaux appartenant à ce qui était considéré comme une même race pure. 3. Terme parfois utilisé comme synonyme d'amélioration génétique en raison de la place qu'occupe en général la sélection proprement dite dans les actions d'amélioration génétique, sans toutefois en représenter la totalité.(*)

Sélection (base de) : Ensemble des animaux d'une espèce donnée, identifiés, d'état civil connu, de performances individuellement contrôlées et pouvant de ce fait contribuer à l'amélioration génétique de cette espèce.(*)

Sélection (critères de) : Caractère ou combinaison de caractères mesurables, sur des candidats reproducteurs et/ou leurs apparentés, choisis en raison de leur relation avec les objectifs de sélection visés.(*)

Sélection (index de) : En sélection artificielle, combinaison linéaire de l'ensemble des caractères à prendre en compte, affectés de coefficients déterminés par le sélectionneur d'après des considérations d'ordre génétique et économique.(*)

Sélection massale : Méthode de sélection artificielle consistant à choisir comme reproducteurs à chaque génération certains individus pour des caractères phénotypiques particuliers, dans la masse des candidats de la population, sans se soucier de leurs apparentés, ascendants, collatéraux ou descendants.(*)

Sélection naturelle : Phénomène naturel résultant de ce que, dans des conditions données, certains individus ou espèces ayant une meilleure valeur adaptative, survivent et se reproduisent mieux que d'autres. Au sein d'une population elle se traduit par la multiplication différentielle de génotypes ayant des valeurs adaptatives différentes.(*)

Sélection (objectif de) : Caractère ou combinaison de caractères pour lesquels une élévation de la valeur génétique additive moyenne d'une population est recherchée, sans que la mesure en soit nécessairement possible, ni sur les candidats reproducteurs, ni sur leurs apparentés.(*)

Sélection (pression de) : Au sein d'une population, action exercée par un facteur conférant un avantage ou un désavantage sélectif à certains génotypes.(*)

Sélection sur ascendance : En zootechnie, méthode qui consiste à choisir les reproducteurs en fonction des performances réalisées par leurs ascendants (parents, grands-parents).(.)

Sélection sur collatéraux : En zootechnie, méthode qui consiste à choisir les reproducteurs en fonction des performances réalisées par leurs collatéraux (demi-frères et demi-soeurs, frères et soeurs).(.)

Sélection sur descendance : En zootechnie, méthode qui consiste à choisir les reproducteurs en fonction des performances réalisées par un échantillon de leur descendance, normalement pris au hasard.(.)

Souche : Ensemble des animaux ayant pour origine une race, un croisement ou une population quelconque, sélectionnée par un même maître d'ouvrage, personne physique ou morale, selon des critères économiques bien précis en noyau fermé. Une souche est bien différenciée après trois à cinq générations de sélection.(*)

Standard : 1. Dans une espèce animale domestique, caractères extérieurs à prendre en considération pour y distinguer les diverses races. 2. Par extension, catalogue de ces caractères.(*)

Système agraire : Modalités d'organisation territoriale des activités agricoles mises en oeuvre par une société paysanne pour satisfaire ses besoins.

Système d'élevage : Ensemble d'éléments en interaction dynamique organisés par l'homme en vue de valoriser des ressources par l'intermédiaire d'animaux domestiques pour en obtenir des productions variées (lait, viande, cuir et peaux, travail, fumure, etc.) ou pour répondre à d'autres besoins (Landais, 1987).

Système d'exploitation : Ensemble d'activités interconnectées qu'un agriculteur ou une famille agricole pilote en fonction de ses (de leurs) objectifs ou projets, et en fonction des données et contraintes environnementales, évolutives, économiques, techniques et culturelles (Pearson *et al.*, 1987).

Système de production : Combinaison des productions et des facteurs de production (terre, travail, capital).(.)

Taxon : Unité de classification du monde vivant.(*)

Type : 1. Ensemble des caractères organisés en un tout constituant un instrument de connaissance et permettant de distinguer des catégories d'individus. 2. Spécimen permettant de faire la description d'une unité taxonomique.

Valeur adaptative ou "fitness" : Coefficient compris entre 0 et 1 exprimant en valeur relative l'aptitude à la survie ainsi que l'efficacité reproductrice d'un génotype particulier par comparaison avec un génotype de référence, généralement le plus favorisé de la population, dans des conditions de milieu données.(*)

Valeur génétique : Abréviation couramment utilisée de valeur génétique additive.(*)

Valeur génétique additive : Somme des effets moyens des gènes d'un individu qui agissent pour un caractère quantitatif, dans une population donnée.(*)

Valeur génotypique : Somme, pour un individu, de sa valeur génétique additive et des effets d'interaction de ses gènes.(*)

Variabilité génétique : Estimation de la diversité génétique au sein d'une population ou d'un échantillon à l'aide des méthodes de la génétique quantitative, par estimation des moyennes, variances, covariances, etc.(*)

Variance génétique : Pour une population génétiquement diversifiée et pour un caractère quantitatif donné, somme des variances d'additivité, de dominance, d'épistasie et de leurs éventuelles interactions.(*)

Variant : Individu qui présente des caractères différents de ceux de la majorité de la population à laquelle il appartient.(*)

Variété : En taxinomie, subdivision de l'espèce.(*)

Vigueur hybride : Expression intensifiée des caractères génétiques désirables qui font qu'un hybride est supérieur à ses parents.

Zootechnie : Science qui s'occupe de la production et de l'exploitation des animaux domestiques.(.)

Ces définitions sont extraites :
- pour celles suivies d'un (*), du *Dictionnaire de génétique* (1991), publié sous la direction de Jean-Charles Sournia, Conseil International de la Langue Française[1] éd, 352p.
- pour celles suivies d'un (.), du *Larousse Agricole* (1981), publié sous la direction de Jean-Michel Clément, Librairie Larousse[2] éd, 1208p.

---

(1) C.I.L.F., 11 rue de Navarin, 75009 Paris
(2) Librairie Larousse, 5 square Max Hymans, 75741 Paris Cedex 15

Les photos illustrant cet ouvrage sont de Gilles Cattiau (INRA Toulouse ; photothèque du Conservatoire du Patrimoine Biologique Régional) sauf : Mérinos de Rambouillet, p. 70 - Photo Jean Weber (INRA, Versailles) ; Mouton Boulonnais, p. 74 – Photo Jean-Lin Lebrun (Espace Naturel Régional, Centre Régional des Ressources Génétiques, Nord-Pas de Calais) ; Ferrandaise, p. 130 - Photo Serge Chevallier (indépendant) ; Mérens, p. 176 - Photo Isabelle Bernard, SHERPA.
Cartes postales : photothèque du Conservatoire du Patrimoine Biologique Régional.

Fichier préparé par Nicolas Perrier, société 4P
Imprimé pour vous par Books On Demand (Allemagne)
Dépôt légal : juillet 2023

www.ingramcontent.com/pod-product-compliance
Lightning Source LLC
LaVergne TN
LVHW080523200726
843508LV00006B/1456